戰爭裡的世界史

有人之地必有紛爭，戰事不休3000年

冷兵器研究所 著

目錄

古希臘時代——地中海的第一道光輝

古羅馬時代——帝國何以成為帝國

中世紀—冷兵器的黃金期

大航海時代——海軍的崛起

工業時代——冷熱兵器大對決

讀史不能沒有對比和提問

古希臘時代

地中海的第一道光輝

馬拉松之戰：絕對劣勢也能翻盤

爆發於西元前490年的希波戰爭，從某種意義上來講，是自邁錫尼時代的特洛伊戰爭之後，歐洲視角下東方和西方的第二次較量，也是亞洲文明與歐洲文明的第一次全面衝突。這次大規模戰爭最後以波斯的慘敗和希臘的勝利宣告結束。

在這場較量中，希臘多次以弱勝強擊敗波斯人，尤其是馬拉松戰役。一般的說法是，希臘在人數居於絕對劣勢的情況下擺出戰陣，結果大勝缺乏近戰能力的波斯步兵和騎兵，還創下192比6400的誇張戰損比。

這樣的描述不免讓人覺得波斯士兵戰力疲軟，然而實際上，馬拉松之戰的勝利希臘獲得得並不輕鬆，而波斯作為一個一統西亞的強悍帝國更不孱弱。正因如此，古希臘史學家希羅多德在其著作《歷史》中，才會真摯地讚美希臘的勝利者們，稱他們是「第一支看到波斯的服裝卻面無懼色，並且敢於向身著這種服裝的軍隊挑戰的希臘人」，而在此之前，希臘人「但凡聽說波斯人的名聲，都會膽戰心驚」。

我們能從希羅多德這種隱含激動情緒的讚美裡，側面感受到波斯強大的軍事力量。既然如此，馬拉松之戰為什麼還會走向如此結局？這中間經歷了怎樣的曲折？

在希波戰爭爆發前，希臘和波斯就有過頻繁的接觸，甚至是軍事對抗，但是這種對抗規模較小，雙方對於彼此軍隊的戰術打法並沒有太具體的印象，這就導致在全面衝突爆發後，他們才在戰場上第一次校驗己方應對策略的合理性。於是，軍隊的指揮者在作戰時便不可避免地犯下了一些在今天看來極為可笑的錯誤。馬拉松之戰中的一些細節就表明，波斯人對希臘的認識實在不足。

01

西元前7世紀以來，希臘發達的貿易路線重新開啟，其在亞平寧半島（義大利半島）、安納托力亞、愛琴海諸島的殖民地大規模增加，金屬武器的價格因此開始走低，逐漸平民化。有不斷發展的經濟做支撐，各城邦演化出了重步兵這一強力兵種。

不過，由於當時冶金技術的落後，輕薄且堅固的鎧甲並不存在，為了減少負重，希臘的重步兵所配備的護甲也只是分為胸甲、脛甲、頭盔三個部分。雖然敵人的弓箭不足以正面射穿這些甲冑，但士兵們身上大片的無護甲部分依舊脆弱，為了防備弓箭，他們還是需要手持盾牌。

波斯帝國軍隊的職業化程度比希臘諸國的更高，但這也意味著，其軍事裝備的成本需要帝國財政承擔。因此，即使是號稱「不死軍」的萬人兵團——王室禁衛軍，也只是一支以弓箭手為主的輕裝步兵部隊。電影《300壯士：斯巴達的逆襲》裡那些頭戴面具、背插雙刀的古怪戰士，與歷史上的「不死軍」除了名字外，沒有一點相同之處。

波斯以十進位編制軍隊，一軍為1萬人，由十個千人營組成，再往下是百人連和十人隊。這1萬人中，只有每個十人隊的隊長可以手持2公尺左右的短槍和大盾，其餘士兵則完全依靠弓箭殺敵。而一塊出土的古波斯釉面磚雕上的內容顯示，這一時期，波斯士兵幾乎沒有穿戴盔甲的習慣，即使是那些負責保護身後弓箭手的十夫長也是如此。「不死軍」同樣不例外，只不過，為了彰顯尊貴的身分，這些戰士們會穿著長及腳踝的特製罩袍。

這樣的部隊裝配看起來不太合理，因為幾乎沒有近戰能力，但此前波斯皇帝大流士能夠依靠這支部隊平定叛亂，建立統一帝國，就說明其戰鬥力並不孱弱。

步兵之外，在戰場上一起出現的還有波斯騎兵。

和希臘不一樣，波斯帝國是一個擁有大量騎兵的國家，騎兵和步兵相互配合，共同作戰。這些波斯騎兵同樣依靠遠端武器發動攻擊，再加上其天然的速度優勢，波斯軍可以快速行進至敵軍的兩翼，並從側後方襲擾敵軍陣營中無盾牌防護的位置。受到這種攻擊，敵軍往往會陷入混亂，最後在三面夾擊中崩潰。

面對希臘軍，戰力強悍的波斯軍隊原本應該擁有很大的優勢，然而事實卻正相反：在馬拉松之戰中，波斯軍的優勢根本施展不開。

02

按希羅多德的說法，波斯海軍統帥大提士選擇在馬拉松登陸，是因為這裡是希臘沿海少有的適合騎兵作戰的平坦區域，但這顯然是一個由結果倒推原因而得出的錯誤結論。

《西洋世界軍事史》的作者富勒雖然認可希羅多德在歷史學上的貢獻，卻也曾尖銳地指出，這位史學前輩的某些敘述「在根本上缺乏任何明白的戰略觀念」。在富勒看來，大提士之所以要選擇從馬拉松灣登陸，是因為這裡距離希臘的雅典城邦足夠近，能夠對雅典產生威脅，繼而引誘雅典人出城迎戰。只要能將雅典人的主力調出城，城中已經倒向波斯的阿爾克邁翁家族就能尋找機會拿下城池。

有人可能會想，這樣的做法難道不是在反向迫使雅典人據城固守嗎？

還真不是。

此時的雅典沒有像希波戰爭結束後那樣，在周邊建立起比雷埃夫斯港和與其連通的甬道，因此一旦遭遇圍困，城中的人很容易被一網打盡。尤其是在波斯大軍壓境的情況下，正面迎擊才是最有利於他們的。

從歷史的發展來看，在戰略上，大提士的計畫成功了：波斯軍在馬拉松的登陸確實讓雅典人產生了恐慌，他們派出軍隊趕往馬拉松灣。但從戰術層面考慮，大提士的計畫卻是將波斯軍隊置於險境。

前文提到，波斯軍隊裡的主力兵種並非重步兵，而是弓箭手和輕騎兵。想要讓這樣一支軍隊發揮最佳作戰效能，需要平坦的地形、開闊的視野。馬拉松灣並不能滿足這些條件，它根本不是波斯人的理想戰場。

以波斯軍的角度來看，對戰雙方擺開後的陣形如同兩條長蛇，軍陣的左側緊挨著泥濘的小沼池地區，而右側則被卡拉德拉河所阻擋，即便在實際戰鬥中希臘軍隊不可能故意貼近小沼池或卡拉德拉河南岸行進，兩軍之間的機動空間也已經極為狹窄。另外，這個戰場的地形還相當複雜，除了中間有少量平坦的地區，四周全都起伏不定，波斯騎兵在這樣的環境裡行進，希臘步兵的身影甚至會時隱時現。這樣 來，騎兵的作用已經被抵消掉大半。

除了地形限制，還有另一個嚴重的問題：波斯軍隊的騎兵數量處於嚴重不足的狀態。

在希臘的亞歷山大大帝東征時期，迎戰希臘大軍的波斯軍隊中騎兵會占據相當大的比例，但在馬拉松戰役爆發時，參戰的波斯騎兵數量很少。雖然各種文獻資料對馬拉松戰役裡波斯軍隊的兵力構成莫衷一是，但大體估算一下，波斯軍隊應在2．6萬人左右，這還未計算被波斯陸軍統帥阿爾塔費尼斯帶去攻打埃雷特里亞城的另一路兵力，而這裡邊只有1000人是騎兵。

波斯人絕不是不重視騎兵，只不過當時他們只能依靠海船運輸軍隊，騎兵的數量自然就受到了限制。畢竟，一匹馬的運輸成本要遠遠大於一名戰士。

03

當然了，在波斯人看來，即使缺少騎兵，他們也足以碾壓希臘。希臘人自己也是這麼認為的，因為希臘軍隊的人數還不及波斯的一半。

得知波斯大軍壓境的時候，希臘一方可用的只有1萬雅典人和1000普拉提亞人。由於兵力上的劣勢，希臘軍最初的策略比較保守，主要寄希望於10天後斯巴達援軍的到來——此時正值斯巴達人的重要節日卡尼亞節，按照傳統，他們要在節日期間祭祀太陽神，所以僅允諾滿月升起後出兵。

就這樣，希臘軍在等待中和波斯軍對峙了整整8天。

轉機出現在第九天。埃雷特里亞城因內奸而陷落的消息傳來，雅典人意識到雅典城也隨時有可能被內奸占領。在雅典統帥米太亞德等人的慷慨陳詞下，他們臨時決定不再等待援軍，直接向波斯軍隊發起衝擊。馬拉松戰役就在這種充滿機緣巧合的情況下爆發了。

不知是不是為了防止被繞後包圍，雅典人將部隊的陣形擺得和波斯軍隊一樣寬，不過由於兵力嚴重不足，中間部分的縱列縮水為4列，而兩旁則以8人縱深應敵。對此希羅多德在《希波戰爭史》中記載道：

「他們（雅典人）戰線的長度和波斯一樣長，但是中軍部分隊列比較稀疏，這裡是全軍最薄弱的部分，而兩翼隊列密集，實力雄厚。」

之後希羅多德又寫道：「雅典人是跑步前進，一直跑了8斯泰底亞（約1500公尺）。」但對這個說法是否正確存在不同看法，因為《圖解世界戰爭戰法》中記錄的現代實驗表明，「一支身披鎧甲、緊密編隊的步兵部隊不可能在地中海火辣辣的烈日下，以最快速度奔跑那麼遠的距離，同時還保持隊形不散。如果他們在最後200到300公尺還遭到了弓箭射擊，那就更不可能做到了。」

波斯軍隊投射的弓箭殺傷距離在200碼（約183公尺）左右。為了破解波斯軍弓箭手的遠攻優勢，希臘人先是緩步推進，直至進入弓箭的殺傷範圍才開始加速衝擊，縮短兩軍間的距離。重步兵和輕裝部隊的差距自此展現出來，依靠身上的鎧甲和握持的大盾，希臘士兵們在衝鋒過程中沒有受太多的傷。

戰鬥進入短兵相接的階段。

憑藉近戰經驗和裝備，希臘軍陣兩翼的步兵迅速擊敗了對手，但人數的劣勢還是使中央方陣的希臘步兵們頻頻受挫。波斯軍隊的指揮官都在中間，為了保護指揮官，他們中間的人數本就多於兩翼。依靠人數的優勢和久經戰陣的悍勇，波斯軍陣中間部分的精銳不僅沒有後退，反而一步步向前推進。

希臘軍沒有坐以待斃，兩翼獲勝後，士兵們沒有選擇追擊敗退的波斯人，而是組成一軍，回過頭從後方進攻波斯軍中路。前面正在被波斯人追擊的希臘軍趁機回頭繼續作戰，波斯的中路部隊頓時陷入被前後夾擊的困境，形成一個難以施展戰鬥力的「圓陣」。

把此時波斯人的隊形稱為「圓陣」只是一句玩笑，因為在冷兵器戰爭史上，並不存在所謂的「圓陣」。圓形陣形裡的士兵無法規則排列，而且一旦受迫，陣形很容易向內收縮，士兵們擠在一處，難以進

部分古典時代會戰傷亡紀錄[1]

會戰	年代	參戰人數	國家	陣亡數	陣亡比（約數）	傷亡數	傷亡比（約數）
馬拉松之戰	西元前490年	11000人	希臘	192人	1.75%	2100人	19.09%
普拉提亞會戰	西元前479年	110000人	希臘	1360人	1.25%	15000人	13.63%
喀羅尼亞會戰	西元前338年	50000人	希臘	2000人	4%	18000人	36%

行調度，也無法戰鬥，最後只會很快敗下陣。

波斯人開始向船的方向撤退，他們逃到船邊，在這裡留守的波斯軍隊和敗逃下來的波斯軍隊一起組成一道戰線。戰鬥進入最激烈的時刻，雅典多位將領死於此處，但最後，背海一戰的波斯人還是被推進了海裡，他們敗退了，希臘人獲得了勝利。

04

馬拉松戰役的最終，希臘戰死192人，波斯戰死6400人。

造成這個結果，從希臘一方分析，是因為他們的重步兵有鎧甲防護，得當的戰術運用也是很重要的原因。而在波斯一方，則是因為他們對希臘重步兵的作戰方式十分陌生，同時，對戰場選擇的不當又讓他們的弓箭手和騎兵缺乏相互配合的條件。可以這樣說：大提士所率領的不是一支完整的波斯軍隊。

另外要強調的一點是，192只是希臘的死亡人數，不包括那些受傷的人。按照美國歷史學家希歐多爾・道奇根據後世戰役做出的統計，有時候古希臘的陣亡率與傷亡率相差會很大。

以馬拉松之戰為例，希臘人的陣亡率約1.75%，傷亡率卻高達

19．09％，也就是2100多人。近1／5的參戰士兵或死或傷，可見希臘人贏得並不輕鬆，要是算上傷亡數，馬拉松戰役的勝利也就沒那麼傳奇了。

① 引自希歐多爾．道奇的統計。其中受傷者數字大多以古典時代慣用的10倍於陣亡者的比例估算而來，但實際上這一比例相對較低，12倍於陣亡者似乎更加合理。

溫泉關之戰：虛構的斯巴達悲歌

發生在西元前480年的溫泉關之戰，由於電影《300壯士：斯巴達的逆襲》等文藝作品的影響，在今天的人們心中名氣很大，有不少人對這場戰爭充滿好奇和想像。那麼，這場戰役在電影、小說中展現出的傳奇色彩，被描繪得如史詩般恢宏的戰鬥場面，究竟有多少真實成分呢？

01

西元前480年，波斯帝國的萬王之王薛西斯親自率領大軍入侵希臘。

關於這場戰爭的起因，要追溯到十餘年前。當時，一群來自米利都的愛奧尼亞人來到雅典。作為愛琴海東岸的希臘殖民地中最強大的一個，米利都使者此行的目的是向自己的同族兄弟們請求支援，以反抗波斯人的統治。在此之前，他們已經去過了斯巴達，但斯巴達人拒絕了他們。除了對海外事務不感興趣外，斯巴達拒絕的原因可能還有一個——斯巴達人是多利安人，與米利都的愛奧尼亞人並非同族。

面對米利都使者的懇求，雅典人的反應截然不同。20條裝滿了重甲步兵（大概1000人）的艦船駛離雅典，用行動支持米利都的反抗。

戰爭一開始進行得很順利，他們攻占並洗劫了波斯呂底亞行省的首府薩爾迪斯，每個雅典人都獲得了豐厚的戰利品。在離開之前，希臘士兵們縱火焚毀了許多房屋，其中就有萬物之母希栢利的神廟。

行囊沉重的雅典士兵在歸途中遭到波斯援軍的截擊，幾乎沒有人能活著回到船上，雅典的艦隊甚至湊不齊戰艦的槳手。等艦隊艱難返回雅典，關於波斯帝國實力強大的消息被傳播開來，雅典公民們在大會上投票，決定不再參與愛琴海彼岸的戰事。但事情顯然不會就此終結。

得知神廟被焚的波斯王大流士發誓要向雅典人復仇。不過，波斯王這麼做更可能是因為他意識到了一個問題：愛琴海東西兩岸同屬一個民族，雖然東岸在波斯的掌握之下，但它的每一次動盪，都會成為西岸的希臘人插手的良機。如果不想讓這塊領地成為帝國的潰瘍，波斯唯一的選擇就是征服西岸，讓亞得里亞海成為帝國的西部邊境。現在唯一的問題是：波斯帝國有能力征服整個希臘嗎？

從西元前492年到西元前490年，波斯大軍兩次遠征希臘，均以失敗告終。波斯王大流士死後，他的兒子薛西斯登上王位。薛西斯為實現父親的遺願，發誓要踏平雅典，征服希臘。

西元前5世紀初的波斯帝國是人類歷史上最龐大的帝國之一，許多古代史書對其君主統治的土地面積之廣、軍隊之多的記載已經到了神化的地步。例如希羅多德，這位被尊為「歷史之父」的古希臘學者在《歷史》一書中一口咬定，薛西斯為征服希臘一共徵集了數百萬人。

也許是出於誇耀希臘士兵們勇猛無畏的目的，這個數位顯然被誇大了，因為當時的技術條件根本不可能維持一支如此龐大的軍隊的補給。根據考證，現代歷史學家奧斯溫・默里認為，薛西斯的遠征軍中陸軍應該有20萬人，海軍戰艦有600艘；鄧肯・海德則將這一個數字進一步細化，他指出，步兵應是14・6萬人，騎兵最多不過4萬人，海軍則有650艘戰艦。

雖然不是百萬大軍，但如果我們看一下波斯帝國的財政，就可以知道雅典人即將面對的仍是一個可怕的龐然大物。

波斯王每年可以從埃及行省獲得700塔蘭同②白銀的貢金，這還不包括12萬蒲式耳③的穀物以及亞麻布、紙草等其他物品，而埃及行省在波斯所擁有的二十個行省中賦稅額不過排行第三。反觀雅典，即便後來因為擊敗波斯成了提洛同盟事實上的盟主，它從上百個城邦中獲取的全部貢金也不過460塔蘭同，大概只比波斯帝國一個行省貢金的2／3略少，而這筆錢已經足以讓雅典維持自身地位，擁有東地中海地區最強大的海上力量。

02

面對來勢洶洶的薛西斯大軍，各希臘城邦以當時實力最強的斯巴達為首，組織起1萬步兵外加大量色雷斯騎兵組成的一支軍隊，做最初的抵抗。

希臘人一開始駐紮在奧林帕斯山和奧薩山之間，但當時還是馬其頓國王的亞歷山大勸他們不要駐守在這裡，並且透露了波斯軍隊龐大的數量。希臘人聽聞消息選擇撤退，來到溫泉關。

因為對波斯的恐懼，這時的希臘軍隊人數已經急劇減少。按照希羅多德的記載，溫泉關內的希臘軍隊只有3100名士兵，但根據古希臘歷史學家狄奧多羅斯的記載，應該另外還有1000名拉西代蒙士兵，而後來考古所得的銘文證據表明，此時的溫泉關有4000名希臘士兵。

鑑於希臘軍隊已經士氣大降，希臘聯軍的統帥、斯巴達國王列奧尼達決定不再後退，就駐守在易守難攻的溫泉關。溫泉關的關口地形狹窄，守住這裡，能讓波斯軍隊無法發揮兵力優勢，也能限制波斯騎兵的活動。

為迎接即將到來的戰鬥，列奧尼達開始重新修建溫泉關的原城牆。這也就是說，溫泉關之戰並不是後世人們印象中的野戰，而是一場守城戰。

03

既然不能發動大規模進攻，騎兵也派不上用場，波斯王薛西斯選擇採取步兵輪番衝擊的方法進行強攻，打消耗戰。在大戰第一天，他派出的是附庸國米底人和塞迦人。雖然現在似乎有所謂「波斯人只敢射箭不敢肉搏」的說法，並認為當時米底人和塞迦人是在射箭之後才去近戰肉搏的，但在希羅多德的原文中實際只寫了這樣一段話：「米底人衝上前去，向希臘人發起進攻，許多人倒下……」到底是射箭還是肉搏，並沒有說明。這種程度的戰鬥細節，看來只是後世人們的腦補。

儘管有不少傷亡，波斯軍這一天的進攻還是失敗了。希臘聯軍反擊激烈，最終波斯軍不得不退回待命。

第二天戰鬥繼續，這一次，薛西斯派出了帝國的精銳部隊「不死軍」。希臘軍沒有硬碰硬，而是用了

---

② 1塔蘭同（拉丁語：talentum）約26公斤。
③ 按英式演算法，1蒲式耳約為36.3688升，按美式演算法則為35.238升。

些計謀。希羅多德寫道：「他們轉身佯裝逃走，異族人不知是計，就大喊著衝上去。」顯然，斯巴達人是有準備地出城野戰，假裝敗退引敵人上鉤。

波斯人真的上當了，以為斯巴達人已經被擊敗，開始發動衝鋒。戰鬥講究隊列，依仗地形，而波斯人處於追擊狀況下，隊列形態本就不是很好，等衝進溫泉關，狹窄的地形更是讓他們無法展開陣式，前後軍不能相互配合。結果可想而知。斯巴達人依託城牆，突然轉身重整隊列，猛地撲向敵人，波斯軍再次被打退。

第三天，波斯人再一次全軍出動。雙方攻守地點是溫泉關的城牆和城門。雖然不知道具體戰鬥細節，但是按照希羅多德的記載，「希臘按城邦列陣，依次輪流出戰……因此，當波斯人看到希臘人和前一天的表現毫無二致時，他們就再次敗退下來」。

事不過三，這一次失敗之後，薛西斯決定換一種方法。他用金錢收買了一名願意為波斯服務的本地人，從他口中得知可以從一條小路繞到希臘聯軍的背後去。薛西斯大喜，派出軍隊抄希臘人的後路，準備合圍希臘聯軍。

探知消息後，為了給之後的決戰保留實力，部分希臘軍隊開始撤退。留下來掩護他們的是以列奧尼達為首的斯巴達人、其他一些希臘人，還有數量不少的扈從與奴隸。這些希臘戰士最終全部英勇戰死，波斯人拿下了溫泉關。

列奧尼達和他的部下做到了斯巴達社會對斯巴達人的要求，這一點很重要，因為當時的斯巴達人對逃跑和投降都是零容忍。這種面對強敵永不後退的大無畏精神掩蓋了溫泉關戰役中希臘人的失敗與失誤，也為希臘聯軍重振士氣贏得了時間，並激勵著希臘人繼續作戰，最終取得此次希波戰爭的最終勝利。

斯巴達人的英勇讓人欽佩，他們的故事被許多人傳誦，後來甚至流傳出「300壯士：斯巴達的逆襲大戰百萬波斯大軍」的故事。不過，這就只是後世人們為紀念列奧尼達們的精神而做的藝術加工了。

斯巴達為什麼在古希臘軍隊的內鬥中由盛轉衰？

《300壯士：斯巴達的逆襲》是講述希波戰爭期間溫泉關之戰的一部電影，許多人也是透過這部電影知道了古希臘城邦斯巴達。但事實上，希臘古風時代斯巴達步兵的無敵形象，並非僅源於溫泉關這一場戰爭。得益於嚴苛的軍事訓練和尚武的社會風氣，斯巴達士兵無論是作戰意志還是戰技、體能，都冠絕希臘。希波戰爭結束後，雅典、斯巴達之間又爆發了伯羅奔尼撒戰爭，雅典的提洛同盟不敵斯巴達領導的伯羅奔尼撒同盟，斯巴達成了希臘地區新的霸主。

然而，斯巴達的霸主地位沒能維持多久。先是底比斯在留克特拉等戰役中以弱勝強，多次擊敗斯巴達及其同盟，之後，馬其頓人的再次崛起更是給了斯巴達一個痛擊。面對馬其頓方陣，斯巴達軍再未能展現出昔日的輝煌。

01

先來聊一聊斯巴達和其他希臘城邦的差異。

在提到希臘城邦的軍事制度時，我們經常會說他們是「全民皆兵」，但事實上，大多數希臘城邦只會以占據總人口三四成的富裕市民為核心建立軍隊，也就是規模龐大的重步兵方陣。希波戰爭中，這種重步兵方陣在面對波斯大軍時顯露出了不俗的戰鬥力。

不過，希臘重步兵雖然戰鬥力很強，但從本質上看，他們依舊是徵召而來的民兵。希波戰爭前，希臘各城邦之間的戰爭持續時間都相當短促，參戰的重步兵們在平原地區列陣廝殺，有時只短暫地打一個下午。戰鬥結束後，他們就解甲歸家，做起原本的工作，回歸自己的生活。

斯巴達是個例外。

斯巴達國王曾經對同盟裡其他城邦的將領們驕傲地宣稱，他麾下的士兵沒有農民和工匠，都是專業的戰士。這句話沒有絲毫誇張之處。斯巴達的戰士們不事生產，專注戰鬥，可以說是早期的職業軍人。他們的出現，與斯巴達實行的黑勞士制度有很大關係。

在對外擴張的過程中，斯巴達人會將被征服者全部視為奴隸。大約在西元前8世紀後期，斯巴達人征服了拉科尼亞南部海岸的黑勞士城，城中的居民就全部淪為斯巴達的奴隸，他們因地得名，被稱為「黑勞士」。

其實，在古風時代，各希臘城邦內均有奴隸存在，但奴隸和公民數量的比例相差最大的當數斯巴達。西元前5世紀，斯巴達徹底征服麥西尼亞，之後將黑勞士制度也推廣到麥西尼亞地區。想要維持住奴隸制度，斯巴達必須長期保持其對被奴役者的武力優勢，但與人數眾多的麥西尼亞居民相比，斯巴達的人數完全處於劣勢，於是他們選擇以全民皆兵的方式增加軍隊的人數。這裡所說的「全民皆兵」，顯然要比其他城邦更加徹底。

軍隊在壯大，戰鬥力也要跟上。為了提高軍隊的品質，進入「全民皆兵2・0版本」之後，斯巴達人的軍事訓練強度也越來越大，在古希臘時期顯得相當「異端」。

就像許多人知道的那樣，斯巴達兒童一出生就要接受城邦長老的挑選，那些體格孱弱或者天生殘疾的將遭到遺棄。7歲後，男孩開始接受訓練，內容包含賽跑、跳躍、角力、投鐵餅、擲標槍等諸多項目，訓練的強度則會隨著年齡的增長逐漸強化。18歲後，他們開始接受正規的軍事訓練，20歲正式參軍，然後持續服役到60歲。可以想見，一名斯巴達男子的一生幾乎都在過軍旅生活。事實上，不只是男子，就連斯巴達的女性，也會在成年前接受和男子類似的訓練，據說這是為了提高下一代的身體素質。

和從小開始進行軍事化訓練的習慣相適應，斯巴達的社會風氣也稱得上粗暴，甚至可以說是暴虐。大人們不僅默許男孩之間的毆鬥，甚至會鼓勵他們盜竊，期待以此培養他們機敏、勇敢的品質：「他們去偷竊他們所要的東西……但是如果一個孩子偷竊被抓住了，那麼他就要遭到酷烈的鞭打，就像一個不小心和不熟練的賊一樣。」

斯巴達人崇尚武力，對於知識卻始終抱持鄙薄的態度。在他們看來，除了簡單的讀寫計算，其他如天文地理等知識毫無用途，而一名斯巴達人如果在外邦學了修辭學又被人知道，回國後不僅要被嘲諷，甚至還要受到懲戒。

這種一切為軍事戰爭和武力鎮壓做準備的社會，造就了斯巴達軍隊強橫的軍事實力，但也讓它走向極端。

02

希臘城邦時期的作戰方式以重裝步兵為絕對核心，然而，這種作戰模式有著許多限制：其一，城邦之間的戰爭持續時間較短，對戰雙方往往以會戰的方式約定戰場，這使得騎兵、輕步兵等兵種的機動能力受到限制，難以發揮更多的戰略作用；其二，較短的戰場距離使得補給問題被掩蓋。

在希波戰爭後期的普拉提亞決戰中，希臘聯軍的大規模集結致使補給線的問題顯現，波斯騎兵針對希臘的補給線進行襲擾，以致希臘聯軍被迫撤軍，繼而導致雅典、斯巴達被迫直面波斯、底比斯的攻擊。不過，因為斯巴達軍隊在正面戰場擊敗了數量龐大的波斯輕裝部隊，這一戰依舊以希臘的勝利告終。

希波戰爭後，由於戰爭形式的複雜化，輕步兵、騎兵開始承擔更多的軍事任務。到了伯羅奔尼撒戰爭時期，重步兵方陣的問題變得越發明顯，輕步兵、騎兵、海軍等的軍事作用則越發重要。為了應對新的戰爭局面，希臘各城邦開始擴充軍隊，雇用、徵募那些原先被忽視了的輔助兵種。

但對於斯巴達來說，招募輔助部隊困難重重。

自來古格士改革後，斯巴達逐漸形成了以公民為核心的元老院體制，城邦的決策者除了兩位國王以外，其餘28名元老均來自60歲後從軍隊退役的斯巴達公民。沒錯，從某種意義上來講，軍國主義氾濫的斯巴達其實是一個實行有限民主制的國家，鄰邦雅典的僭主統治甚至都是在斯巴達的干涉下終結的。在這樣的制度下，根本不存在一個類似羅馬貴族的階層，自然也無法像後者那樣從中招募騎兵。同時，利用小額鐵質貨幣控制消費的斯巴達社會，也沒有富餘的資金去裝備一支職業騎兵。

輕步兵的問題就更嚴峻了。希波戰爭前，希臘城邦對於輕步兵極其輕視，各類輕步兵往往以貧民、奴隸充當。遭遇波斯後，希臘各城邦才開始正視輕步兵的協助工具，並招募、訓練更加職業化的輕步兵。

普拉提亞之戰中，斯巴達在派出5000名重裝步兵外，同時還調配了3．5萬名輕步兵。這些所謂的「輕步兵」是由拉科尼亞人構成的黑勞士，而他們的主要任務其實是背負斯巴達重步兵的裝備、補給等物品，在戰場上難堪大任。

斯巴達輕步兵缺乏訓練的情況，直到伯羅奔尼撒戰爭時期都沒有發生改變。這不僅是因為斯巴達人對於輕步兵戰鬥力的輕視，更是因為斯巴達人的擔憂：大規模訓練黑勞士輕步兵，會導致本邦的軍事壓制失效，處於底層的奴隸恐怕會暴起反噬。

值得一提的是，雖然在許多語境中，我們將「黑勞士」一詞與「奴隸」畫上等號，但實際上，黑勞士可以分為兩個不同的群體，一個是拉科尼亞黑勞士，另一個是麥西尼亞黑勞士。相比於始終不忘恢復自由的麥西尼亞人，拉科尼亞人對斯巴達人更加馴服。

自麥西尼亞地區被斯巴達征服後，比麥西尼亞人先成為奴隸的拉科尼亞人的狀況就變得十分特殊。他們雖然依舊難稱自由，但地位卻比麥西尼亞人高上許多，斯巴達往往在他們之中招募海軍。西元前5世紀左右，為了彌補新戰術體系下的劣勢，斯巴達人甚至從拉科尼亞人裡徵募重步兵作為軍隊的補充。

03

為了應對形勢的變化，斯巴達並非只會一味增加軍隊人數，在軍事訓練中，士兵們也開始嘗試新的作戰模式。

早期的重步兵戰爭，往往以線列式的衝擊為主要對抗手段，雙方作戰時依靠的是軍隊數量、戰鬥意志以及訓練成果。隨著戰爭的洗禮，戰術逐漸發展，希臘人開始意識到軍陣兩翼的重要性：一旦兩翼被打散，中路步兵很難僅依靠厚盾保護自己，崩潰就會隨即發生；相反，如果不在中間部分的方陣中放置那麼多人，就像馬拉松之戰中雅典軍處於劣勢的中路步兵一樣，只要保證他們不被徹底擊潰，兩翼的優勢就可以迅速轉化為盛勢。

希臘傳統以右翼為尊，習慣上，各城邦會把全軍精銳壓在右翼，於是，透過靈活的變陣用己方右翼包圍、擊潰對手的左翼就成了新的作戰要點。為此，斯巴達人在軍事訓練中會有意識地利用右翼部隊變陣，這樣一來，在實際作戰時，於雙方線列陣接觸前的一瞬，他們就可以熟練地在保持戰陣完好、整齊的情況下繼續向右側旋轉，包圍對手的左翼。

這種變陣的訓練極其困難，《西方戰爭藝術》中就提到，斯巴達人的包圍戰術「需要預先計畫的列隊機動」，也需要「由行軍隊形迅速轉化為戰鬥隊形的能力」。在此書作者阿徹·瓊斯看來，當時最適宜運用這種戰術的其實是亞歷山大麾下的夥伴騎兵（夥友騎兵）。的確，在古典軍陣中，士兵們主要依靠盾牌、鎧甲進行防護，幾乎沒有騰挪躲避的空間，甚至奔跑時不慎摔倒都有可能導致整個方陣的混亂。不過，長期的軍事訓練可以化不可能為可能，斯巴達士兵在庫納克薩戰役裡的表現就證明了這一點。

斯巴達人接受雇用，參與到了這場由波斯王子小居魯士發動的波斯王室內亂中。戰場上，他們率先衝向嚴陣以待的波斯大軍，在奔跑過程中由列陣狀態轉為分散，從而毫髮無傷地穿過波斯戰車的衝擊陣形，然後再次結陣，趁勢逼退了嚴陣以待的波斯重步兵（也有可能是中了後者的調虎離山之計）。斯巴達步兵體能的強悍和變陣的熟練，整個希臘無人可出其右。

然而，庫納克薩戰役最終以小居魯士的戰敗身死宣告結束，斯巴達雇傭兵們所取得的短暫優勢絲毫未能挽救敗局，甚至被波斯騎兵劫營之後，他們就連歸鄉都變得艱難。

這就是伯羅奔尼撒戰爭之後重裝步兵們的尷尬境遇。原先依靠重步兵衝擊一決勝負的時代已然過去，新的戰爭模式已經產生。在對手大多使用多兵種配合作戰的情況下，斯巴達的戰術體系顯得緩慢、僵化，即使以近乎內鬥的方式一再強化訓練，提高了方陣中士兵之間的默契程度，結果也不會改變。

留克特拉戰役中，重步兵人數處於劣勢的底比斯利用斜線戰術，依靠右翼輕步兵短暫牽制住斯巴達人的左翼，同時，左翼先行的精銳部隊如攻城錘般將斯巴達人的右翼砸成齏粉。遭遇這種打法，斯巴達軍根本無從發揮自身優勢。

事實上，從伯羅奔尼撒戰爭爆發後，不按套路出牌的打法就經常出現。比如雅典領導人伯里克里斯就針對強勢的斯巴達軍隊，制定了「陸守海攻」的作戰策略，即在陸上據城以守，然後依靠海軍優勢切斷伯羅奔尼撒同盟的海上貿易線。後來，即使是在正面對決中，斯巴達軍也往往被對手的輕步兵牽制，不能依靠強大的重步兵方陣快速包圍對方的重步兵。在缺少海軍、輕裝部隊馳援的情況下，他們可是吃盡了苦頭。

曾經烜赫一時的斯巴達重步兵，漸漸成了明日黃花。

希臘輕步兵：邊緣兵種決定戰爭成敗

在冷兵器時代，輕步兵往往給人以二線部隊的印象，畢竟沒有鎧甲、武器、馬匹，他們的戰鬥力不會很強。與之相反，重步兵往往是一支軍隊的中堅力量。在古希臘時期，雅典、斯巴達的重步兵，馬其頓的長槍兵，乃至亞平寧半島上誕生的羅馬步兵，都是典型的重裝步兵。

不過，即使是在重裝步兵大行其道的時候，輕步兵也並不只是跟在重步兵身後補刀、撿漏的配角。或者這麼說，一開始他們也許是，但希波戰爭之後，輕步兵在希臘各城邦中的地位呈現一種曲折上升的趨勢，逐漸在戰場上有了自己的一席之地。

這和希臘輕步兵在歷次戰役中的優異表現有關。

01

我們先來說說什麼是希臘輕步兵。

希臘輕步兵的內涵相當寬泛，輕盾兵、弓箭手、投石兵、標槍兵都可歸於其中，它們最大的共同點在於無護甲防護。弓箭手、投石兵除了弓箭、投石索之外，一般只會裝備簡陋的寬刃短劍或者匕首，一旦被敵人近身，往往毫無還手之力。標槍兵的情況則更加尷尬，隨身攜帶的裝備只有兩到三支標槍，標槍的威力雖然不小，可如果投擲完了，就只能在戰場上想辦法回收後再使用了。輕盾兵和標槍兵一樣，也裝備了標槍，不同之處在於，他們還會配備一支短劍、一面內側裝有把手和皮帶子的小圓盾，在投擲完標槍後，他們可以依靠盾牌短劍進行肉搏戰。

希波戰爭爆發之前，希臘各城邦中的輕步兵地位十分低下，這和當時的經濟發展水準有關。

各希臘城邦的部隊中，最重要的是重裝步兵，這些人都是富裕的城邦居民，由於財力充足，他們可以自備全套的青銅甲冑、短劍、長矛。其次是騎兵，這些人的經濟、政治地位更高，有能力裝配更加齊全的武器裝備，但由於人數較少，又受到作戰方式的限制，所以只能作為支援戰場的輔助力量，很難決定一場戰爭的勝敗。

比騎兵更加邊緣化的就是輕步兵了。

早期，希臘軍隊中並沒有本土的輕步兵，希臘人往往雇用色雷斯地區的輕盾兵作為輔助。色雷斯位於希臘世界的邊緣，那裡農耕技術落後，經濟水準難以和希臘眾城邦相比，因此色雷斯雇傭兵們往往只佩戴短劍、圓盾，再配合投擲長矛。他們在戰場上的作用有限，一般會被部署在重步兵的前面或者兩側。

在戰鬥中，作戰雙方的輕盾兵會先以散兵線的方式接近並互相投射標槍，以此來掩護大部隊的前進。當然了，如果他們在交戰過程中能戰勝對面的同行，就可以繼續對對方的重步兵進行襲擾。在側翼時，他們會作為重步兵方陣的補充，翼護重步兵難以被盾牌保護到的側面。真正發揮輕盾兵作用的時刻，反而是在重步兵們勝負已分後。勝利者需要輕盾兵追亡逐北，敗者也需要輕盾兵掩護大部隊撤退。有趣的是，由於騎兵在希臘的地位較高，當時承擔斥候（偵察敵情的哨兵）、偵察職能的也是他們。

和輕盾兵類似，弓箭手、投石兵似乎也並非希臘的本土產物，前者多是克里特人和斯基泰人，後者則從羅德島的牧民中招募。來自異邦接受雇用的輕步兵們填補了希臘重步兵方陣的弱點，但當時的希臘人對他們的態度並不好。在希臘人眼中，這些只能在遠處投射武器而不敢真刀真槍拼殺的弱兵簡直不堪一擊，如果不是一些雜活需要他們跑腿，根本就不會有他們出場的機會。就像《劍橋插圖戰爭史》中說的那樣：「輕裝弓箭手如散兵常常遭到重裝甲步兵的蔑視，他們被看作無地的窮鬼，既沒有青銅的甲冑，也不能對戰鬥給以任何投資。」即使在輕裝步兵的作用開始突顯後，因為傳統觀念的影響，希臘人依舊輕視這些無法參與正面廝殺的脆皮部隊。就算是平民，一般情況下也不願意以輕步兵的身分參與戰鬥，只有少數底層的無地希臘平民才會這麼做。

02

從客觀來講，對於輕裝步兵的蔑視並非毫無緣由。接受雇用的輕裝步兵本身就是為了金錢而參戰，作戰欲望和士氣無法與肩負守土之責的重裝步兵們相提並論，在一些戰役的關鍵時刻，他們也經常「不負眾望」地潰敗逃散。

在後伯羅奔尼撒時代的留克特拉戰役裡，斯巴達將最精銳的城邦重步兵部署在右翼，卻遭遇以300底比斯聖隊為首的底比斯精銳的重錘，斯巴達國王克里昂布魯圖斯當場戰死。與此同時，斯巴達軍的左翼——由其同盟軍的重裝步兵和部分輕裝步兵組成的部隊卻毫髮未損，而對面的底比斯右翼部隊則是由數量極少的輕步兵構成。若斯巴達的左翼部隊馬上開始衝擊，那麼留克特拉戰役至少不會以斯巴達的慘敗作為結局，然而，無論是同盟軍的重步兵還是雇用來的輕步兵，在看到右翼的潰敗後都喪失了戰意，開始向營地潰逃。

與雅典等城邦中民兵性質的軍隊不同，斯巴達的重步兵是真正意義上的職業軍人。在征服麥西尼亞之後，斯巴達實際上形成了金字塔結構的征服者政權，人數眾多的麥西尼亞人作為奴隸，被壓制在社會底層。為了對被征服民族進行有效統治，斯巴達公民「不參加任何生產勞動，也不從事各種藝術活動」，專注提升武力，男孩在7歲時就要參加軍事訓練，女孩也一樣，不過是為了養育更加健康的後代。

仗著長期的訓練，斯巴達的重裝步兵們有著充沛的體能和默契的配合，他們戰力驚人，因此對輕易逃跑的輕步兵們極盡鄙視。但問題是，輕裝步兵的不足也只是因為沒有經過訓練，不懂得進退攻守，一旦他們得到了類似程度的軍事訓練，那麼，輕重步兵間的攻守態勢很有可能會發生翻轉。

伯羅奔尼撒戰爭中，隨著戰鬥烈度的加劇，各城邦國家都開始雇用或者訓練輕裝步兵補充兵員。這一時期的輕裝步兵，在訓練和待遇上，已遠非之前的同行們可以比擬的了。

普拉提亞之圍中，剛一開打，作為進攻方的雅典人就擊敗了哈爾基斯人的重裝步兵和輔助軍隊。如果在先前的城邦紛爭時期，戰爭進行到這裡基本就要宣告結束了，然而時移世易，事情依然不同。因為另一片戰場上的哈爾基斯輕裝步兵和騎兵擊潰了對面希臘軍中的同行，戰爭的結局變得不那麼確定了。

戰前，雅典人並未準備足夠的攻城設備，而是希望透過內應奪城，結果計策失敗，他們被迫固守在城外的營地裡。這可給了哈爾基斯人機會，他們軍隊中來自克魯西斯、奧林蘇斯的標槍手以及部分騎兵開始大展神威。趁雅典的輕裝步兵、騎兵缺位，哈爾基斯軍對其進行反復襲擾，最終，雅典全軍士氣崩潰，指揮官和430餘名士兵戰死。

希臘重裝步兵雖然名為「重裝」，但和中世紀歐洲那些武裝到牙齒、和鐵罐頭一樣的重裝步兵不一樣，他們的鎧甲並不能保證讓他們免受遠端武器的傷害。這一方面是因為此時的鎧甲防護力有限，另一方面也是因為，輕盾兵和標槍兵所使用的標槍在近距離攻擊時的殺傷力不容小覷，而投石兵、弓箭手所使用的遠端武器雖然殺傷力無法與標槍相比，但配備充足、射程更遠，一旦被其射中無鎧甲保護的部位，同樣致命。

如果說斯巴托洛斯戰役是輕步兵依靠標槍擊潰重步兵的典型案例，那麼斯法克特里亞之戰展現的，就是輕、重裝步兵配合作戰對傳統重步兵方陣的碾壓了。

戰役爆發前，雅典激進派領袖克里昂（又譯為克勒翁）為謀取個人威望，主張嚴厲懲戒斯巴達人，為此他誇下海口，說只需帶領利姆諾斯人、印布洛斯人以及從伊納斯來助戰的輕裝步兵，再從別處調用弓箭手400名前往斯法克特里亞，就能生擒被困在島上的420名斯巴達人。然而事實是，島上的斯巴達軍隊因封鎖的漏洞得以持續獲得水源和糧食的補充，反倒雅典海軍的物資由於駐紮地缺乏泊船的海港變得越來越難以為繼。

因此，在戰鬥發生前，克里昂的內心是崩潰的。但充滿戲劇性的是，這場大戰對雅典軍來說其實出奇順利。

由於忌憚斯巴達人的赫赫威名，雅典同盟的重裝步兵並沒有按照傳統的方式與他們硬碰硬，而是固守原地，轉而派出輕步兵頻繁用石頭、弓箭、標槍攻擊他們的側翼和後背。斯巴達軍一開始還能抵擋，但很快就力不從心了。

曾經有外國學者參照希臘鎧甲的形制製作仿製品，頭盔、胸甲、脛甲再加上盾牌的重量加起來超過30公斤。長時間佩戴如此重量的鎧甲，即使是從小就進行軍事訓練的斯巴達人也難以承受，所以，一旦無法快速推進，陷入以消耗為主要目的的拖延戰，斯巴達的重裝步兵們便只能顧此失彼，最終無力再戰。最後，陷入空前絕望狀態的斯巴達人向雅典人投了降。

希波戰爭中，希臘曾經依靠強大的重裝步兵擊敗幾倍於己的波斯大軍，溫泉關之戰更是成就了斯巴達勇士之名，只是，它也同樣暴露了希臘城邦軍制中的缺陷：和波斯軍隊相比，希臘軍隊中的輕裝步兵很難發揮應有的作用。在這之後不久，伯羅奔尼撒戰爭爆發，戰爭雙方不再像之前一樣以類似會戰的方式決定勝負，騎兵、輕步兵、海軍等原本作為輔助存在的兵種開始與傳統的重步兵配合作戰，它們執行種種危險係數極高的任務，如偵察、襲擾、掩護，同時參與戰鬥，承受著遠超重裝步兵的傷亡。漸漸地，它們成為可以左右戰場局勢的重要因素。可是，由於成見，直到伯羅奔尼撒戰爭結束，輕步兵依舊是希臘軍隊中的邊緣兵種，始終不被人們認可。

撤開特洛伊木馬計，古希臘人如何攻克一座城池

《荷馬史詩》裡有這樣一個故事：特洛伊大戰時，希臘士兵們藏在巨大的木馬塑像中被運入特洛伊城，之後與城外的希臘軍隊裡應外合，特洛伊因此陷落。不過，木馬計的故事主要是神話，現實中的古希臘人如何攻城呢？

01

第一階段，簡單時期。

這一時期的攻城手段不是很多，從西元前430年普拉提亞圍攻戰中就可以看出。

當時，斯巴達人為了攻克普拉提亞城，「利用所砍伐的樹木建築環城的木柵，以防止城內出兵突擊。然後他們靠著城牆造了一個土山，他們預料到，因為有這樣多的軍隊參與工作，他們會迅速地攻陷普拉提亞的」[4]。雙方圍繞著土山展開了一場驚心動魄的攻防戰。普拉提亞人為防禦進攻加高了他們的城牆，

④ 修昔底德《伯羅奔尼撒戰爭史》。

於是斯巴達人也相應地加高了土山。被圍攻的普拉提亞人沒辦法，開始偷偷破壞土山，他們在土山下面挖了一條隧道，不斷將土從隧道中運走。

斯巴達人的手段不止於此，他們還使用攻城器械，不過也被普拉提亞人見招拆招：

> 這些機械之一被用來衝擊土山對面的大木柵，木柵很大的一部分被轟擊下來了，引起普拉提亞人很大的恐慌。其他機械是用來攻擊城牆各部分的，不過這些機械有的被普拉提亞人利用套索捉著後破壞了。普拉提亞人又利用兩個木桿平放在城牆頂上，木桿的一端用一根長長的鐵索懸掛一條巨大的梁木，當斯巴達人把撞牆車安置好，準備撞擊的時候，他們就扯著梁木，使它和撞牆車成直角，然後放鬆繩索，梁木突然落下來，就能打掉撞牆車的頭部。（修昔底德《伯羅奔尼撒戰爭史》）

在這裡我們可以發現，斯巴達人使用了攻城的衝車，並且可能使用了投石機（因為這個時候弩炮還沒有出現）。不過這一切手段都沒有成功，最後他們只能放棄強攻，改而圍城。

對比一下與古希臘差不多同一時期的中國的攻城手段吧。《墨子·備城門》主要講述了墨子的守城之法，而他針對的攻城法，就是當時被普遍運用的「臨、鉤、衝、梯、堙、水、穴、突、空洞、蟻傅、轒轀、軒車」十二種。用現在的話說，即：築土為山，以高臨下窺望城中；用飛鉤鉤著城壁援引而上；用衝車衝入敵城；架雲梯攀上城樓；填塞護城河；決水淹城；挖隧道通向城內城；挖穿城牆衝入城中；出其不意突然進攻；用密集兵力強行攻打；製作不怕金、木、火、石的轒轀車直抵城下；架樓車環城，臨陣觀陣。

可見，當時的中國攻城時也會堆土堆、用器械，只是有一點與古希臘人不一樣——人們還會運用水攻。出現這個差別主要是因為希臘大部分地區都是山地，很少有湖泊河流，這也是攻城法的因地制宜。

02

第二階段，成熟時期。

這一階段，古希臘的攻城器械有了很大的發展，出現了攻城塔與弩炮之類的東西，發生在西元前332年的提爾之戰就是個很好的例子。

馬其頓國王亞歷山大四處征戰，在橫掃腓尼基後，他率領馬其頓遠征軍包圍了提爾城。提爾城與亞歷山大所在的陸地隔海相望，由於海很淺，亞歷山大決定直接填補這段距離。

> 附近有大批石頭和木頭，木頭就在石頭上堆著，因此在泥裡打樁會是很方便的，這些泥又可以把一塊塊的石頭很好地、很牢固地黏結在一起。（阿里安《亞歷山大遠征記》）

提爾人沒有乖乖等死，立刻開始反擊。他們首先使用各種投射武器來進攻，同時，由於掌握制海權，他們還會用船一會兒衝擊這邊，一會兒衝擊那邊，不斷騷擾亞歷山大的工程隊。為了應對，亞歷山大採取了措施：

（亞歷山大）又在已經伸入海中很遠的堤道上築起兩座塔，在塔上安裝了許多擂石器，還用各種獸皮把它們遮起來，以免遭受從城牆上扔過來的火焰標槍的襲擊，築堤的人也等於有了擋箭屏障。此外，如果提爾人乘船過來攻擊築堤的人，塔上就可以往下射箭，這樣也容易把他們打退。（阿里安《亞歷山大遠征記》）

提爾人派出一艘巨大的火船衝擊這些工事，這座船是腓尼基的工匠們將一艘巨大的運輸船（原來是用來為騎兵運送馬匹的）裝上兩套桅杆和帆槓改裝來的。他們在桅杆上掛了4口大鍋，鍋裡裝滿硫黃、瀝青及各種各樣的易燃物質，甲板前部擺滿了用雪松紮的火把、瀝青油及其他易燃品，船舵部位放置了乾樹枝，上面撒滿更多易燃易爆的化學物質。等到風向合適的時候，水手們就將這艘巨大的火船拖向新建的防波堤。

亞歷山大第一階段的攻城準備就這樣失敗了，但他沒有就此放棄，而是開始組建一支龐大的海軍，之後又將各種攻城器械裝到船上。當這些準備完成之後，亞歷山大最終攻克了提爾城。

03

第三階段，改進時期。

希臘化時期的攻城器械有了更大的發展，最經典的戰例是發生在西元前305年的羅德島圍攻戰。

亞歷山大死後，為了爭奪他留下的龐大帝國的統治權，他的繼業者們展開一系列戰爭。羅德島在安提柯王朝和托勒密王朝的戰爭中保持中立，這樣的態度引起了安提柯的不滿，他派出兒子德米特里率大軍前來攻島。

在這一次圍攻戰中，有「攻城者」之稱的德米特里建造了一座被稱為「城市攻占者」的巨大機器，它高141英尺（約43公尺），擁有一個4628平方英尺（約430平方公尺）的底座，並有八個輪子，需要200人操縱一個大絞盤來控制，其表面還覆蓋有鐵板以防止被火攻，上面則有各種投石器和弓弩。除此之外，機器的每一側都有一處隱蔽的木質通道，這些通道中的一些通往操作室，人們在操作室內可以控制滑輪操縱177英尺（約54公尺）長的槌，或82英尺（約25公尺）長且一端鋒利的木質大梁——它能在敵人的城牆上撞出洞來；通道的另一些則通往閣樓，人們從這裡進入城壕，然後挖坑道攻擊城牆。

「城市攻占者」出現在城牆前的時候，一定讓羅德島守軍大為驚恐。德米特里使用這座巨大的攻城塔樓成功攻破羅德島的3道城牆，但是在隨後的攻防戰中，羅德島人打退了德米特里的突擊隊。

雙方你來我往互有勝負。圍城一年後，因希臘地區形勢出現變動，雙方達成議和的條件，德米特里退兵。

鐮刀戰車：古典世界的重型坦克

從西元前401年波斯人與希臘雇傭軍交手的庫納克薩戰場，到西元前47年本都軍隊與凱撒對壘的澤拉之戰，鐮刀戰車在中東地區盛行了將近四個世紀。它始於波斯帝國，馳名於馬其頓帝國的亞歷山大與波斯帝國的大流士三世對決的高加米拉會戰，其後又在塞琉古帝國和本都王國得到頻繁運用。

作為古典時代的「重型坦克」，鐮刀戰車因車軸兩端長約1公尺的巨型鐮刀而得名，這樣的裝備設計往往能夠讓它摧毀敵方步兵的密集隊形，給敵軍帶來嚴重的生理和心理創傷，製造極大的恐慌，堪稱古代絞肉機。

01

聽說那鐮刀戰車的利刃時常在混亂屠殺中驟然撕裂四肢，肢體離開軀幹墜落地面，而飛快傷害帶來的疼痛思想和意識仍不知曉。

——古羅馬詩人盧克萊修《物性論》

從這一段描述中已經能看到鐮刀戰車的恐怖之處，而記載鐮刀戰車最為熱心的古典作家要數色諾芬。

作為最早與這種新式兵器交手的希臘人之一，色諾芬不僅在自傳《長征記》、史書《希臘志》中給出了對它最初的幾份實戰紀錄，還在政治教育著作《居魯士勸學錄》裡，煞有介事地講述了波斯第一帝國開國君主居魯士大帝發明鐮刀戰車的故事：

他（居魯士）改換了那種特洛伊人先前使用的戰車，代之以一種更加合用的戰車，這種戰車的車輪十分堅固，可以經受顛簸，同時，由於採用了長軸，也使寬大的底盤更為結實，而馭手的座位則移至一個可以叫做高臺的東西上，這個高臺用硬木打造，延伸到戰車的前沿，在車身板的上面還要留出一塊地方讓馭手駕馭戰馬。馭手全身護具齊全，只有兩隻眼睛露在外面。他在戰車兩側的輪轂上還安裝了工匠打製的一種2肘尺（約為1公尺）長的鐮刀，還有一種則安裝在木質車架底下，朝向下面，以備不時之用。居魯士發明的戰車形制就是如此，這種形制的戰車至今在波斯帝國的臣民當中還在使用。

儘管色諾芬對鐮刀戰車的技術特性給出了頗為細緻也較為準確的描述，但正如西塞羅所說，「色諾芬講述居魯士並非源於歷史目的」。《居魯士勸學錄》這部基於歷史題材創作出的政治著述，往往會出於教育目的，將諸多作者所處時代的波斯風俗、習慣乃至器物歸結到主人公居魯士大帝的身上。事實上，哪怕是在大流士和薛西斯遠征希臘的時代，也沒有任何有關鐮刀戰車的可靠記載。希羅多德曾經不厭其煩地詳述波斯帝國各地特色兵種，其中甚至還包括印度藩屬的野驢戰車和利比亞藩屬的戰車，但鐮刀戰車始終未曾出現在《歷史》當中。

據聖彼德堡國立大學歷史科學博士涅費德金考證，鐮刀戰車實際上應當出現在阿爾塔薛西斯一世統治時期（前465—前424），它是兩次遠征希臘失利後，波斯帝國為應對希臘式密集重步兵隊形而創造出的東西。

中東地區原有的普通戰車在戰鬥中是否能起到作用，要看車載戰鬥人員的發揮。這些戰車戰士往往會在步兵交戰前進行戰車間的對抗，在步兵交戰時負責掩護己方戰線側翼，步兵交戰結束後展開追擊或抵禦敵方戰車的追擊，只有在敵方沒有戰車或敵方戰車已被逐出戰場時，他們才會偶爾正面攻擊敵方步兵。

新的鐮刀戰車的戰術職能與它的先輩截然不同，它完全取消了車載戰鬥人員，僅僅保留披甲馭手，因此殺傷力完全源自從車軸伸出的鐮刀和戰車本身的衝擊力。若是面對來去如風、隊形鬆散的輕步兵或輕騎兵，鐮刀戰車當然很難發揮作用，甚至可能在對方的投射打擊下幫倒忙，可一旦馳騁在平坦戰場上，面對缺乏得力投射兵種輔助的重步兵集群，它就是無人能敵的大殺器。

02

接下來，我們可以從古典文獻記載中逐次探究鐮刀戰車的戰術表現。

西元前401年的庫納克薩會戰是波斯王子阿爾塔薛西斯（日後的阿爾塔薛西斯二世）和小居魯士進行的爭奪王位之戰。當時，小居魯士手頭的王牌是10400名希臘重步兵、2500名希臘輕盾兵和20輛鐮刀戰車，相比而言阿爾塔薛西斯的兵力要雄厚得多，但他最依賴的仍是150輛鐮刀戰車。

狄奧多羅斯指出，「阿爾塔薛西斯在戰線正面部署了許多鐮刀戰車」；普魯塔克認為，「阿爾塔薛西斯將最強大的鐮刀戰車部署在正對希臘人的位置上，為的是在近接戰鬥前利用戰車的衝擊力分割（希臘人的）隊形」，色諾芬則在《長征記》中提到，「他們（阿爾塔薛西斯部）前方是所謂的鐮刀戰車，彼此之間留有一定間隔……其意圖為直驅希臘軍陣並割裂其隊形」。可見，無論是小居魯士方的傭兵頭目色諾芬，還是阿爾塔薛西斯方的御醫克特西亞斯（狄奧多羅斯和普魯塔克的記載歸根結底都源自此人的《波斯史》），都充分意識到了鐮刀戰車針對密集重步兵群的巨大戰術作用。

不過，決定戰爭勝負的主要因素終究還是人。波斯人改進了戰車裝備，希臘人的戰爭藝術也同樣在此前數十年發生的伯羅奔尼撒戰爭中得到了長足發展。在戰術方面，他們的重步兵裝備不斷強化，輕盾兵的戰術地位也一再上升，單純的重步兵集群逐步退出歷史舞臺。至於戰鬥經驗方面，參與此戰的希臘傭兵幾乎都可說是百戰餘生的勇武老兵，對面的波斯人卻遠非如此，正如色諾芬在《居魯士勸學錄》中所述：

那些（波斯）指揮官對戰車士兵竟然滿不在乎，反倒自鳴得意地認為沒有經過訓練的人也能夠像那些經過訓練的人一樣達到目的。這樣，戰車士兵倒是可以草草速成了，但這種人甚至還沒有衝到敵軍陣前就已經有一半倒在了自己的戰車裡，另外一些則會自行跳出戰車。那些小隊沒有了駕馭戰車的人，因而對自己人造成的傷害甚至超過了對敵人的傷害。今天的這些波斯人……總是想要放棄戰鬥……必須依靠希臘人的幫助去面對敵人。

庫納克薩的戰況正是如此。希臘傭兵在雙方戰線相隔500～700公尺時對當面對手發起衝擊，還用長矛敲擊盾牌以嚇唬馬匹，一時竟嚇得當面的波斯軍隊敗陣逃跑。鐮刀戰車部隊一方面失去了加速衝擊的空間，另一方面也因為馬匹受驚和馭手缺乏訓練而陷入混亂。戰車士兵紛紛棄車逃跑，失去控制的鐮刀戰車有的在己方隊列裡製造慘劇，有的雖然衝向希臘傭兵隊列，也迫使希臘人閃開了缺口，卻沒有己方部隊能夠配合跟進利用戰機。

總的說來，庫納克薩之戰的確證明了鐮刀戰車對付重步兵的戰術職能，但波斯軍隊糟糕的人員素質導致它難以發揮作用。

而在西元前395年的達斯庫里烏姆戰鬥中，情況發生了變化。此戰交戰雙方為斯巴達國王阿格西萊和波斯的佛里幾亞行省總督法那巴佐斯。

那是在西元前396年，已經取得希臘霸權的斯巴達派遣國王阿格西萊率領2000名「新公民」和6000名同盟軍前往小亞細亞開疆拓土。根據色諾芬在《希臘志》第4卷第1章的記載，到了西元前395年冬季，趁希臘士兵在佛里幾亞首府達斯基里昂附近分散搜集糧秣之際，法那巴佐斯指揮2輛鐮刀戰車和400名騎兵發起攻擊。希臘人看到波斯戰車和騎兵向他們迫近，趕緊集合成一個約700人的密集陣，法那巴佐斯見狀當機立斷，將戰車置於最前面，他本人和騎兵跟隨在戰車後面，隨後下令繼續向希臘人進攻。戰車突入密集的戰陣，希臘人被衝得七零八落，波斯騎兵快速跟進，又殺死大約100名希臘士兵，其餘的希臘人則逃回營地。

作為一場波斯人以少勝多的翻身仗，達斯庫里烏姆戰鬥充分展現了優秀的指揮官應當如何運用鐮刀戰車。首先，法那巴佐斯實踐了兵貴精不貴多的原則，僅僅400名騎兵和區區2輛戰車可以相對容易地完成兵種協同。其次，突然的襲擊使得希臘人沒有時間構建配備一定投射兵力的完備戰線。最後，鐮刀戰車充分發揮了突擊威力，在騎兵尚不具備撕裂密集步兵陣的能力時，它充當了後世的重騎兵角色，破壞了希臘步兵的隊形，令他們在面對跟進的波斯騎兵時門戶大開。

西元前331年大流士三世對陣亞歷山大的高加米拉戰役，則更是一場鐮刀戰車的獨角戲。由於阿里安、庫爾提烏斯·魯福斯和狄奧多羅斯提供的古典史料，這場戰爭也成為對鐮刀戰車記載最為豐富的一場會戰。

在這個時候，數十年來的勝敗經驗已經令波斯人意識到騎兵與戰車配合的重要性。根據阿里安的記載，大戰開始時，波斯大軍左翼前方部署了塞迦騎兵、1000名巴克特里亞騎兵和100輛鐮刀戰車，右翼前方部署了亞美尼亞、卡帕多西亞騎兵和50輛鐮刀戰車。不過，中軍前方的50輛鐮刀戰車雖然應當有戰象配合，但實戰中可能並未如此行事，大約是害怕大象驚嚇己方馬匹。庫爾提烏斯·魯福斯和狄奧多羅斯還指出，大流士三世帶來的是他著手強化過的武備，戰車的車轅和車軸末端加裝了長矛和更長、更寬的鐮刀。

按照古典時代的傳統，馬其頓軍的左翼相對薄弱，這一翼配屬的輕步兵也僅有一些克里特弓箭手和來自亞該亞的傭兵，這樣的投射火力似乎還不足以阻擋波斯鐮刀戰車和騎兵的協同作戰。戰鬥開始，根據庫爾提烏斯·魯福斯的記載，波斯右翼的50輛戰車立即在戰前特地平整過的戰場上飛奔，朝著馬其頓左翼全速衝擊，其後又有1000名騎兵（狄奧多羅斯說是3000名）適時跟進，結果「有些馬其頓士兵被遠遠伸到車轅前方的長矛撕碎了，另一些被戰車兩側朝下的鐮刀撕碎。馬其頓人非但沒有逐步退卻，反而散亂地潰逃，令他們的隊列陷入混亂」。此後，波斯右翼騎兵甚至突入馬其頓營壘，一度奪占輜重並救出大流士三世的家眷。

馬其頓左翼之所以會陷入如此慘劇，顯然也是因為波斯騎兵緊隨其後密切配合戰車：他們既可以殺傷馬其頓方面的輕步兵，減輕戰車的損失，也能夠利用戰車打出的缺口將馬其頓步兵的後退、躲閃轉化為潰敗。

狄奧多羅斯的《歷史叢書》生動描繪了鐮刀戰車的殺傷效果：

巨大的衝力和轉動的利刃使得馬其頓的很多士兵喪命，造成的傷勢更是形形色色。鋒利的刀具和強大的力道使得撞上的東西都被它斬斷，包括很多手臂、盾牌、武器和其他的裝備，還有不少的例子是頭顱被從頸部快速切掉，落在地面的時候眼睛仍舊張開，驚嚇的表情也沒有改變，在有些情況之下割開肋骨帶來一個致命的切口，使得受傷的人很快死亡。

不過，善於為尊者諱的阿里安則對上述戰況不置一詞，轉而著力描寫與左翼表現大相徑庭的馬其頓軍右翼的戰況：早在戰車出擊前，大流士三世就貿然出動了塞迦騎兵和巴克特里亞騎兵，最終被馬其頓騎兵擊退。此時，缺乏騎兵配合的鐮刀戰車雖然企圖衝散馬其頓方陣，卻也遭到馬其頓輕步兵的痛擊。遭受了一輪輪猛烈地投射後，戰車衝擊的威力銳減，雖然有少數衝入方陣，也造成個別駭人的創傷，對整個戰局來講終究是無濟於事。

儘管阿里安在《亞歷山大遠征記》中將鐮刀戰車寫得近乎廢物，但諸多繼業者卻表現得頗為誠實。西元前301年，在決定亞歷山大帝國瓜分命運的伊普蘇斯決戰中，取得最終勝利的塞琉古軍隊便出動了至少100輛鐮刀戰車。至羅馬人一統地中海為止，鐮刀戰車一直在帝國廢墟上的大小交戰中扮演著重要角色。其後，儘管鐮刀戰車不再作為實戰利器被應用，卻始終沒有離開武器專家和設計師的頭腦，哪怕到了19世紀中後期，人們仍然可以找到腦洞大開的鐮刀戰車後繼者。

馬其頓方陣：亞歷山大大帝的勝利祕訣

亞歷山大大帝之所以能在東征戰場上一次次戰勝軍隊人數遠超於己的對手，拋開他本人驚才絕豔的軍事才能，其父腓力二世創建的馬其頓方陣功不可沒。然而，由於一些影視作品的影響，如今許多人在提及馬其頓方陣時，最常也是最先聯想到的往往是訓練有素的馬其頓長槍兵，以及披掛重甲、來去如風的夥伴騎兵。可事實上，除了這兩個主要兵種，馬其頓方陣裡其實還有許多重要的配角，他們的存在雖然不如長槍兵、夥伴騎兵那樣光彩奪目，但馬其頓方陣能一次又一次戰勝強敵，與這些黃金配角有著密不可分的聯繫。

01

雖然馬其頓方陣名為方陣，但和以前的希臘重步兵方陣不同，它並非只有重裝步兵一個兵種，而是由重裝步兵、輕盾兵、投射步兵、重騎兵、輕騎兵聯合組成的，其中最負盛名且最常擔當主力的，就是歸類於重裝步兵的馬其頓長槍兵。

早期的馬其頓重裝步兵受希臘重步兵的影響，穿著類似的胸甲、頭盔、脛甲，並以希臘式盾牌保護脆弱的軀幹。只是由這種重步兵組成的方陣雖然防護力較高，但成軍價格也很昂貴，且行動緩慢遲滯，在戰場上很難和其他部隊配合，達成戰術目的。因此，亞歷山大之父馬其頓國王腓力二世進行了改革，自此之後，馬其頓長槍兵們開始穿著脛甲和有金屬保護的亞麻甲，左肩用皮帶攜帶一面直徑在60～70公分的小型盾牌。

之前，由於裝備上相近，希臘重步兵間的對決往往會演變成長矛刺擊與盾牌推擊並用的競賽，只有待一方體力不支、士氣不振時方能分出勝負。馬其頓長槍兵則不同，由於在防護裝備上削減開支，他們不再依賴重盾、堅甲，而是以密集長槍攢刺來殺傷敵人。為了使更多的士兵同時與敵人接戰，這一時期的馬其頓長槍兵們的武器開始增長，遠超原先的希臘同行們，這樣一來，後排士兵的長槍也能直指敵人。後來，馬其頓長槍兵所使用的長槍演變成一種名為「薩里沙」的長矛，長度在4．5～5．5公尺。

古希臘史學家波利比烏斯曾經記載過一種長度達14腕尺的薩里沙長矛，換算下來大概有6．93公尺長。當然，這種長槍已經異化，繼業者時期的君主們對於馬其頓方陣的狂熱催生出這種超長槍，但它的實際效用其實未必比得上之前的原版。

02

和馬其頓長槍兵配合最為密切的當數夥伴騎兵，這些身著金屬胸甲、頭戴波奧蒂亞式頭盔、身披馬其頓式紫色金邊斗篷的騎兵，在亞歷山大時代時常被部署在戰陣右側，承擔最艱難的攻堅任務。在馬其頓城邦早期，這是一支由騎術精湛的馬其頓貴族組成的精銳騎兵部隊，到腓力二世時期則開始由上層公民擔任。從某種意義上來講，夥伴騎兵與馬其頓國王的關係類似於中世紀時期的國王與領主——前者分封後者土地，而後者則宣布效忠，同時為其提供武力支援。

腓力二世改革前，馬其頓軍力不振，步兵尤為孱弱，唯一可堪一戰的就是騎兵部隊。事實上，直到亞歷山大時代，騎兵尤其是夥伴騎兵，一直是馬其頓方陣中最重要的核心，馬其頓長槍兵雖然同樣承擔著正面迎敵的任務，但在戰術上往往要配合騎兵。

雖然此時的騎兵還沒有馬鐙、馬鞍之類的配件，但憑藉著艱苦的馬術訓練和戰技訓練，他們的戰鬥力不可小覷。

為了方便騎戰，這些騎兵所持的長槍經過專門設計，長度上比步兵用槍短上少許。作戰時，因為缺乏馬鞍、馬鐙的固定，為了防止反作用力將自己推下戰馬，他們並不會如中世紀騎士那樣將長槍夾在腋下，平端後進行騎士衝鋒，而是單手倒握騎槍，槍尖向下戳刺敵人，並在刺中的瞬間將騎槍丟棄。

這種戳刺技法，對於騎兵的騎術、武技都有著較高的要求，因此，這支精銳部隊的數量始終是一個問題。夥伴騎兵在腓力二世時期只有800人，隨著亞歷山大的軍事擴張，總編制數才膨脹到1800人。事實上，亞歷山大之所以能在東征過程中迅速將夥伴騎兵總數擴編一倍有餘，絕不是因為馬其頓貴族或是公民數量在短時間內暴增，更重要的是，他將原先一些並未被列至夥伴騎兵的馬其頓騎兵部隊納入夥伴騎兵編制內。這也從一個側面反映出馬其頓方陣對於優質騎兵的迫切需求。

03

馬其頓方陣中另一支重要的騎兵部隊是色薩利騎兵。色薩利和下馬其頓一樣，在山地縱橫的希臘地區是少有的戰馬來源地。腓力二世在西元前352年被選為色薩利執政官，依靠這一身分，色薩利騎兵成了馬其頓軍的重要騎兵補充。

有意思的是，色薩利騎兵和夥伴騎兵在許多方面如同鏡像。夥伴騎兵以200人為一組，稱為騎兵中隊，色薩利騎兵則是225人為一中隊。兩支部隊在亞歷山大東征時期都長期保持8連隊的總數，同時，夥伴騎兵中最精銳者為「王伴騎兵中隊」，又稱「皇家夥伴騎兵」，而色薩利騎兵則對應建立了一支「法薩莉亞中隊」，戰鬥力絲毫不遜色。

雙方的裝備也有許多有趣的趨同。色薩利騎兵同樣以頭盔、胸甲作為防護裝備，披風顏色一樣為紫色，只是並非金邊，而是以色薩利式的白邊加以區別。武器選擇上，兩支部隊都列裝了希臘風格的弧形砍刀，並配備騎槍進行衝鋒。只不過，夥伴騎兵使用的是緒斯同或薩里沙騎槍，色薩利騎兵的騎槍則以兩支6英尺（約1.8公尺）長的標槍「兼職」。雖然這種標槍在長度上不及專用騎槍，但由於可以投擲也可以近戰，色薩利騎兵的戰術更加多變。

憑藉著更加充足的兵源，色薩利騎兵部隊對於馬其頓軍隊的作用也絲毫不遜色於夥伴騎兵。西元前338年，在馬其頓一統希臘的喀羅尼亞戰役中，18歲的亞歷山大以馬其頓左翼指揮官的身分率領色薩利騎兵作戰。他利用錘砧戰術，從側翼襲擊了底比斯的300聖軍。正在與馬其頓長槍兵纏鬥的底比斯聖隊被奔襲而來的騎兵淹沒，曾經在留克特拉戰役中陣斬斯巴達國王、打破斯巴達不敗戰績的傳奇軍隊就此全軍覆滅。

不過，雖然色薩利騎兵的戰鬥力不輸於夥伴騎兵，但由於附庸身分的關係，在馬其頓軍中的地位要遠遠低於純粹由馬其頓人組成的夥伴騎兵。作戰時，夥伴騎兵一般被部署於右翼，而色薩利騎兵則列於左翼。這是從希臘時代流傳下來的一種習慣，精銳部隊部署在右側，左側則是戰力較弱的隊伍，雙方作戰時，往往要看哪一方能夠率先擊破敵人的弱勢翼。當然了，這種對於附庸部隊的隱隱歧視也並非毫無緣由。色薩利叛服無常，作為指揮官在部署戰場時自然要有所考慮。事實上，亞歷山大在東征期間，出於穩定考慮就一度遣散了色薩利騎兵隊，從後來的事態發展來看，他的這一舉動並非過於謹慎——亞歷山大死後，色薩利騎兵就迅速倒向了反馬其頓聯盟。

04

色薩利騎兵、夥伴騎兵均屬於衝擊騎兵，往往承擔著衝擊敵人的艱巨任務。除此之外，馬其頓還有一種騎兵，只是它的存在經常被人們遺忘，它就是作為斥候的偵察騎兵。

在一些喜歡冷兵器即時戰略遊戲的玩家看來，騎兵充當斥候是理所當然的事，然而在古希臘時期卻並非如此。古希臘城邦時代的軍隊是按照地位、財力區別兵種的，貴族們財力雄厚，會成為騎兵，富裕市民階層則充當重裝步兵，偵察這種任務往往被分配給地位低下又沒有財力給自己配備武器裝備的輕裝步兵。騎兵充當偵察兵的情況，在當時只能算是兼職。

腓力二世改革後的馬其頓軍隊就不一樣了。這是一支多兵種配合作戰的部隊，各兵種之間想要配合默契，就需要極高的反應速度，因此，馬其頓軍隊中準備了專門負責偵察、襲擾、探路的前哨騎兵部隊。與我們印象中的斥候騎兵不同，前哨騎兵雖然不裝備重甲，卻和夥伴騎兵一樣裝備衝鋒用的長槍。這使得他們在面對對面依靠刀劍作戰的輕騎兵時，往往能獲得作戰優勢。

值得注意的是，前哨騎兵同樣來源於下馬其頓地區，騎術精湛且戰馬優良。從某種意義上來講，他們其實可以算是夥伴騎兵的後備兵員，只是由於偵察任務的需要，他們不得不被另外分配到前哨騎兵中。亞歷山大東征後期，馬其頓開始招募亞洲地區的輕騎兵為自己服務，而原先在前哨騎兵中隊裡效命的馬其頓人，則被劃入夥伴騎兵的隊伍中。

05

馬其頓方陣並非一成不變的既定體系，亞歷山大東征期間，其組成就多次發生變動。總的來說，雖然馬其頓方陣得名於馬其頓長槍兵，但像隸屬於重騎兵序列的夥伴騎兵、色薩利騎兵，隸屬於輕騎兵系統的波多茱騎兵、色雷斯騎兵，以及其他如輕步兵、輕盾兵、戰象等方陣部隊，都是它的重要組成部分。如果沒有這些配角的補充、配合，曾經橫掃西亞的馬其頓方陣也就很難成就它的傳奇了。

馬其頓的崛起與戰爭的藝術

馬其頓國王腓力二世和亞歷山大之所以能征服古希臘和波斯帝國，很大程度依靠了強大的馬其頓方陣，但如果認為這就是全部原因，那可就想簡單了。

01

故事要從腓力二世的老師伊巴密濃達說起。

腓力二世的崛起離不開他的老師，那位發明斜線陣的底比斯名將伊巴密濃達。伊巴密濃達很有謀略，他的才能在與斯巴達人對決的留克特拉之戰中多有體現。

西元前371年，斯巴達率大軍來到了波奧蒂亞南邊的小鎮留克特拉，想要逼迫底比斯徹底放棄對波奧蒂亞的控制權。戰前，由於一些不祥預兆，底比斯軍隊普遍士氣低迷。為了鼓舞士氣，伊巴密濃達不斷偽造底比斯必勝的預兆，比如散播神諭，說斯巴達將會在少女紀念碑的地方被擊敗。顯然，他成功了。按古希臘的歷史學家狄奧多羅斯在《歷史叢書》裡的記載，「他們（底比斯士兵）全都改變心意，提起奮勇無前的士氣與敵人作戰」。

底比斯的總兵力是7500人。伊巴密濃達負責指揮左翼，他從全軍挑選最勇敢的士兵配置在這裡。

右翼是軍中戰鬥力最差的部隊，伊巴密濃達讓他們在開戰的時候盡可能避免與敵人交戰，受到攻擊就向後撤退。斯巴達的總兵力是11000人，但是其中的斯巴達人只有700人，國王克里奧布羅多斯在右翼，另一位國王阿西勞斯的兒子阿契達穆斯統領左翼。雙方都將騎兵布置在最前面。

羅馬帝國時代的希臘作家普魯塔克在《希臘羅馬名人傳》中說，伊巴密濃達將方陣布置成斜形，縱深有50排。由於方陣的一翼會在雙方短兵相接的時候不斷後退，斯巴達方陣必然出現斷裂，然後，底比斯人就可以形成縱長戰力在該翼發起猛烈攻擊。

在戰鬥一觸即發的時候，發生了一件事：底比斯的市場供應商和運輸隊在離開戰場的時候遭到了斯巴達雇傭軍的伏擊，他們被趕回了底比斯的營地。這是戰前的小插曲，但有一個問題，斯巴達的雇傭軍為何出現在這個地方？可能他們是要偷襲底比斯的營地，不過計畫因為這場意外遭遇被打斷了。

大約同時，戰場之上，雙方騎兵開始戰鬥，斯巴達騎兵很快敗北，並與後面的重裝步兵混雜在一起。為了應付底比斯的進攻，斯巴達將方陣擺出新月陣形，準備攻擊底比斯的兩翼。而在斯巴達剛剛開始變陣的時候，底比斯名將佩洛皮達斯當機立斷，立刻率領300名聖軍發起進攻，同時伊巴密濃達也把大軍壓了過來。

對於戰鬥剛開始時的戰場形勢，歷史上的說法多有不同。古希臘史學家色諾芬記載，戰鬥一開始是斯巴達占上風，但是按狄奧多羅斯的記載，抵抗的斯巴達軍隊陷入苦戰，普魯塔克也說佩洛皮達斯指揮部隊敏捷前進，而古羅馬人奈波斯更是在《外族名將傳》中直接寫道：「佩洛皮達斯在伊巴密濃達麾下，率領一支精兵，首先擊潰了斯巴達人的方陣」。所以綜合來看，色諾芬的記載顯然有誤。

在伊巴密濃達和佩洛皮達斯的打擊下，斯巴達右翼統帥克里奧布羅多斯和大批高級軍官戰死。斯巴達右翼軍隊敗北潰逃，左翼看見右翼失敗之後也逃離戰場，底比斯軍乘勝追擊，大獲全勝。戰後統計，斯巴達損失1000人，底比斯損失300人。

按通常觀點，底比斯能勝利是靠著50排縱深的斜線陣，但其實不僅是這樣，因為底比斯一直都主張將方陣變成厚縱深，早在西元前424年的得利翁戰役中，底比斯軍就布置成了25排縱深的方陣。而色諾芬在《希臘志》中記載，西元前394年，底比斯與斯巴達在科羅尼亞交戰，「皮奧夏人（底比斯人的盟友）放棄了16人縱深的規定，認為讓自己的分隊越深入越好」。此戰的結果是底比斯一方遭遇慘敗，可見，厚縱深並不是無往而不利的。

底比斯贏得留克特拉之戰，確實有縱深戰術被再一次加強的原因，但更多還要靠伊巴密濃達的個人將道。首先，他將聖軍集中使用，在此之前聖軍的排布都是分散的；其次，他又將戰陣按斜形布置，並使出後退戰術——這一點是此次勝利的必備條件，因為它為左翼擊敗對面的斯巴達軍提供了時間與空間上的保證。

02

西元前338年，讓馬其頓稱霸希臘的決定性戰役喀羅尼亞之戰爆發，腓力二世指揮作戰，充分發揮了老師伊巴密濃達的戰術。

此戰，馬其頓擁有3萬名步兵和2000名騎兵，而按照羅馬帝國時期的歷史學家查士丁的說法，希臘聯軍應在4萬~5萬人，擁有很大優勢，一支由雅典人指揮，另一支由底比斯人指揮。

為了克制馬其頓強大的騎兵力量，希臘聯軍選擇將軍隊布置在喀羅尼亞，以期憑藉左翼群山和右翼基菲索斯河的保護，迫使腓力二世派出步兵硬碰硬。腓力二世將馬其頓右翼交給兒子亞歷山大，並且派了一些老將來輔助他，自己則指揮左翼，還將軍隊按照斜形方式布置。

雙方軍隊不斷靠近，腓力二世細細觀察了雅典人，知道他們不能被輕易打敗，便下令讓士兵保持陣形慢慢撤退。雅典人看到大喜過望，認為馬其頓人被自己的聲勢所嚇，於是發起全面追擊。底比斯人看出情況有些不對勁，但是無力阻止，只能寄希望於己方強大的軍力。

腓力二世為什麼要這麼做？塞．尤．弗龍蒂努斯的《謀略》給出答案：「腓力二世注意到他的士兵都是經過長期實踐鍛鍊的，而雅典人雖然囟悍，但缺少訓練，只是在進攻時還有股猛勁。因此，他故意拖延交戰時間。」人的體力是有限的，特別是對身披甲冑、手持盾牌的士兵來說，戰場上的每一秒都在消耗。呂厚量先生在文章《雅典古典時期的埃菲比亞文化》中提及：「考古學家們在雅典周邊，已發現了24塊書寫於西元前333或前332年至西元前324或前323年間的埃菲比亞銘文，而在此之前的銘文證據一直付之闕如。這似乎說明，在來古格士政治改革期間，在喀羅尼亞戰役慘敗的背景下，雅典政府開始（或大大強化）了對埃菲比亞教育模式的組織和管理，將原本流傳於民間的、其訓練強度與水準可能尚無法滿足國家的埃菲比亞傳統制度化和法律化了。」可見，雅典軍隊的體力問題比較突出。

雖然消耗了不少體力，雅典人還是成功追上了腓力二世，另一邊的聯軍也與亞歷山大正面交戰。戰鬥十分激烈，雙方互有殺傷，一時間僵持不下。隨著時間推移，希臘人的體力不斷下降，未來的馬其頓國王亞歷山大趁此機會，「用不屈不撓的意志尋求勝利……接著成功撕裂堅強的敵軍正面戰線，使得很多人在戰鬥中遭到屠殺」⑤。大概在同時，腓力二世也發起反攻，擊敗了雅典軍隊。

從戰役過程中可以明顯地看出，腓力二世的馬其頓方陣並沒有展現出對希臘方陣的巨大優勢，最後能勝利，靠的是馬其頓士兵長久訓練出來的體力和腓力二世與亞歷山大的個人能力。後者十分重要。《戰爭與武器的演變》的作者、軍史作家杜普伊在分析馬其頓戰勝希臘聯軍的原因的時候，便在那段「戰勝……任何一支軍隊」的話前面特意說了前提：「假如在腓力二世，後來又在亞歷山大的親自統率下。」

03

馬其頓征服了希臘，下一步便是征服波斯。

一直以來，波斯軍隊的戰鬥力總是被人輕視，人們說波斯軍隊不敢肉搏，所以被馬其頓方陣碾壓了。現實真的如此嗎？

波斯軍隊不敢肉搏、戰力很弱的說法，出自古希臘學者色諾芬的《居魯士勸學錄》，在其《長征記》之中，講到庫納克薩之戰時也有類似的說法。但要注意的是，《居魯士勸學錄》其實是一本政治教育小說，史料價值不高。更有研究者直接認為，這個說法就是色諾芬偽造的。

首先，普魯塔克在《希臘羅馬名人傳》中有這樣的紀錄：「希臘人一直到蠻族（波斯人）疲憊不堪，才將他們擊敗，接著跟在後面追擊了很長一段路程。」可見贏得不容易。對於色諾芬，他則說：「我要補充

⑤ 狄奧多羅斯《歷史叢書》。

他所忽略的史實，特別是那些有報導價值的資料，如果我還是照本宣科地複誦一遍，可以說是愚不可及的行為。」其次，色諾芬自己的記載其實也有明顯的前後矛盾。在《長征記》中，他前面說波斯軍一箭未發就逃走了，後面又說「敵軍（波斯軍）方面的戰車有的衝過自己的隊列，另外一些也闖入希臘軍隊行列……每當希臘軍隊看到敵人戰車前來，便擺開一個缺口讓他們通過」。可以看出，波斯軍還是敢於戰鬥的。

要說馬其頓和波斯的對決，就不得不提著名的高加米拉戰役。

據狄奧多羅斯記載，波斯皇帝大流士三世對此戰有如下戰略規畫：第一，要在馬其頓國王亞歷山大抵達敘利亞地區之前，將帝國各處的軍隊集合起來，並且製造更長的長矛和佩劍配置給軍隊，同時製造200輛鐮刀戰車；第二，加強軍隊訓練，同時與亞歷山大開始議和；第三，精選一支軍隊守住底格里斯河，並且採用焦土戰術；第四，以高加米拉為防守地點。但對於大流士三世來說，最緊缺的就是時間。

拿破倫說過：「步兵需三個月的訓練，就應該能機動自如，並能承受起敵人的進攻。」18、19世紀，士兵們對戰時只用排隊射擊，戰術已經相當簡單，尚且需要三個月的訓練期，在冷兵器作戰的古代，需要的戰術動作只會更繁雜。透過數月的訓練，大流士三世的軍隊最多只能脫離烏合之眾的狀態，遠遠算不上一支戰鬥力強悍的精銳部隊。雪上加霜的是，因為底格里斯河正在漲水，守衛在那裡的波斯部隊認為亞歷山大無法渡河，竟擅做主張撤回去了。實際上，亞歷山大為了過河確實費了很大的功夫，如果他們不撤走的話，必然會給亞歷山大帶來很大的麻煩。

雙方終於還是在戰場上相見了。

亞歷山大總兵力有4．7萬人，他將這支大軍從右到左依次布置為夥伴騎兵、王室騎兵部隊、勞西亞斯等人指揮的騎兵中隊與另一支王室騎兵部隊，緊挨著騎兵的是步兵中最精銳的軍團，然後是其他的近衛步兵部隊與其他將領指揮的步兵軍團。左翼步兵由克拉特魯斯指揮，在他旁邊的是聯軍騎兵與色薩利騎兵。為了加強方陣的力量，亞歷山大還布置了第二線，如果波斯人包圍了第一線，他們就迂迴過去迎擊。輕裝步兵一半被布置在右翼，在他們前面是雇傭騎兵，另一半一部分被布置在右翼騎兵後方，一部分被布置在左翼方陣前面。在輕裝步兵之前還布置了大量騎兵。

大流士三世的軍隊左翼從左到右依次是巴克特利亞騎兵、達海人、阿拉提亞人，之後是波斯步騎混編部隊，緊接著是蘇西亞部隊和卡杜西亞部隊。右翼則是敘利亞人和美索不達米亞人，之後是米地亞部隊與帕西亞和薩西亞部隊，然後是塔普瑞亞和赫卡尼亞等部隊。中央是波斯的精銳萬人不死軍，另有印度卡瑞亞人和馬地亞弓箭手。後面是由巴比倫人和來自紅海地區的士兵組成的縱深部隊。在左翼之前，大流士三世布置了西徐亞騎兵和巴克特利亞部隊，還有100輛鐮刀戰車；中軍前有50輛鐮刀戰車，右翼則是亞美尼亞和卡帕多西亞騎兵與50輛鐮刀戰車。其總兵力，歐美大部分學者認為在10萬，或者稍微少一點。

兩軍漸漸接近，亞歷山大忽然將部隊向右移動，目的是將軍隊移動到不平的地區，以此讓波斯騎兵與戰車不能發揮作用。波斯方面反應迅速，兩翼的騎兵快速前進，向馬其頓兩翼發起進攻。

右翼，亞歷山大起初命令雇傭騎兵正面對抗，但他們明顯不是對手。亞歷山大又派非王室部隊的其餘騎兵去支援他們，一時取得上風。大流士三世那邊迅速派出騎兵支援，雙方展開了激烈的騎兵戰，最後以亞歷山大的勝利告終。

另一邊情況大不一樣。在指揮官馬舍烏斯的指揮下，波斯人成功壓制住了馬其頓騎兵，並且還派出一部分騎兵洗劫了亞歷山大的營地，迫使馬其頓人後退。

大流士三世開始派出他的戰車部隊。既然右翼已經擊敗了波斯騎兵，亞歷山大便把右翼士兵調去對付波斯戰車兵。左翼的情況大不相同，馬其頓士兵們被波斯騎兵牽制，無力對付這些戰車，更何況在戰車部隊之後，大流士三世又把整個方陣都調了上來，他們一時間陷入危機。大流士三世卻沒有將重心放在這邊，他此時的戰術如原來一樣，還是迂迴進攻亞歷山大的右翼。亞歷山大為此派出一支騎兵進行反擊，成功突破波斯大軍的前沿陣地，然後他當機立斷，將騎兵與最近的方陣布置成錐形，向這個突破口發起進攻。轉瞬之間，馬其頓人殺到了大流士三世的中軍。

之後的事，不同的希臘史料出現了分歧。阿里安記載，大流士三世直接逃跑了，但在狄奧多羅斯和普魯塔克的記載中，是他身邊的軍隊先一步逃走的。根據出土的巴比倫天文日記裡的內容看，後者的情況更接近真實。

此時，另一邊的情況大不一樣。大流士三世的右翼軍隊長度要超過亞歷山大的左翼，明顯形成了包抄之勢。為解危局，第二線部分軍隊按照亞歷山大留下的命令，迂迴過去進行迎擊。兩線合成一線，陷入苦戰。

亞歷山大開始追擊逃跑的大流士三世，並沒有顧及左翼的問題。這是一個失誤，直接導致左翼軍隊被還不知道大流士三世已經逃跑的波斯軍包抄合圍，幸虧馬其頓老將帕曼紐一面派人尋找亞歷山大，一面不斷組織部隊進行抵抗，這才拖到亞歷山大歸來。這時候，越來越多的波斯士兵知道了大流士三世逃跑的消息，波斯軍隊終於開始全面潰敗。

傳說中神乎其神的馬其頓方陣，在與希臘和波斯軍隊對戰的時候其實並沒有展現出一邊倒的優勢。總的說來，馬其頓能打贏希臘和波斯，靠的是優秀將領的指揮和精銳士兵的戰力以及一些好運氣。戰爭是一種複雜的藝術，在古典時代，想要僅靠某種優秀兵種和體系就征服天下，根本不可能。

征服印度，亞歷山大最後的勝利

先後征服了希臘和波斯，亞歷山大建立起馬其頓帝國，將版圖擴張到了前所未有的程度，但馬其頓征伐的腳步並未就此停止。亞歷山大定下的下一個目標是印度。波斯人在印度的統治已經瓦解，對亞歷山大而言，那裡是一片充滿誘惑的神祕土地。

01

想要征服印度，必然要靠矛與劍，而亞歷山大手中最強的武器，就是每天全副武裝、能背負20天口糧徒步30英里（約48公里）的馬其頓重裝步兵。這支精銳包括手持5公尺長薩里沙長矛的長槍兵和手持大盾的持盾衛隊，他們既可以像普通馬其頓士兵那樣作戰，也可以如輕裝步兵那樣投射標槍。此外，亞歷山大還有由色薩利人與馬其頓人組成的騎兵隊，並雇用了其他重裝步兵與輕裝步兵。

在馬其頓的步兵部隊中，一個16排、16列的正方形軍陣為一個團，六個團構成一個旅，六個旅組成一個大方陣軍團。他們在作戰的時候會將長矛對準正面的敵人，形成一面矛牆阻止正面的敵人，使其不能靠近。至於騎兵，由馬其頓人組成的夥伴騎兵布置在右翼，旁邊是馬其頓精銳的持盾衛隊，色薩利騎兵則布置在左翼。在戰鬥時，馬其頓軍隊會成斜形，其右翼的部隊在前，形成進攻姿勢，左翼部隊在後成防禦姿勢。戰鬥開始，輕裝步兵會先進行遠距離投射打擊，進入肉搏戰後，則由右翼率先發動進攻，左翼用來防禦。

這樣一支軍隊原本應該戰鬥力超強，但在此時，它已經不是當年的樣子了。

馬其頓國王與穩坐朝堂的東方君主不一樣，他們自身就是直接領導士兵的軍事首領。可在喀羅尼亞戰役結束以後，馬其頓士兵稱腓力二世為將軍，卻稱亞歷山大為國王——顯然，亞歷山大這位國王已經無法讓他們滿意了。

西元前329年2月至6月，從寒冬走到炎熱的夏天，連續四個月的行軍讓許多馬其頓士兵再也無法忍受。先是同盟色薩利騎兵集體抗命——他們的老統帥帕曼紐剛剛被亞歷山大所殺，正是軍心不穩的時候，之後，亞歷山大麾下的老兵也紛紛加入其中。迫於無奈，亞歷山大選擇將他們解散，此舉導致馬其頓士兵數量嚴重下降，為此，亞歷山大將目光瞄向本土的「蠻族」，大量新兵被招入軍中。

同時，由於長時間在異鄉作戰，馬其頓軍隊裡面還出現了大量非戰鬥人員。這與腓力二世剛剛進入亞洲時的馬其頓軍是不一樣的。腓力二世時期，馬其頓軍隊為了保證機動性，禁止任何人使用車輛，每名騎兵只能有一個隨從，每10名步兵才可有一名僕從，他們負責攜帶磨臼和繩索。而現在，除了越來越多的僕從，隊伍中甚至出現了官員、妻子、兒童、教師、辦事員、商販、營妓、馬夫等各樣人士，可以稱為「流動的國家」，機動性已經變得非常弱。

02

中國兵法有云：「上兵伐謀，其次伐交，其次伐兵，其下攻城。」雖然時間、地域皆不同，但亞歷山大也深知這個道理。

來到印度之後，亞歷山大讓原來在波斯人手下服務過的印度王公科托斯作為使者，去拉攏那些願意歸順的印度王公。此時的印度早已陷入混亂，由於波斯勢力退出，另一些強權取代了波斯人的位置迅速崛起，其中就包括亞歷山大未來的對手波洛斯，他現在正不斷地壓迫當地王公。亞歷山大征服印度，需要拉攏本土勢力，而本土勢力則需要利用亞歷山大打擊波洛斯，雙方一拍即合，約定在喀爾布河谷見面。

亞歷山大將軍隊一分為二，一路由他自己親率，沿著庫納爾河而上；另一路由赫費斯提翁和佩爾狄卡斯率領，並由印度王公作為嚮導，從開伯爾山口向印度河進軍。赫費斯提翁一路上順順利利，亞歷山大卻遭到印度人的激烈反抗——他們仗著自己有城池可依，又處在山高路險之處，並不懼怕馬其頓的入侵者。不過亞歷山大攻下過無數城市，擁有當時世界上最先進的攻城技術，印度人仰仗的城市防禦根本無法阻止他的兵鋒。經過一番艱苦奮戰，印度人的城市被亞歷山大一個個拔掉。兩路大軍最終成功在印度河會合。

亞歷山大到達印度河的時候，印度王公安比送來大量禮物，並且許諾會交出塔克西拉。馬其頓軍休整一個月，之後前往安比的領土。見面後，安比表現得比之前更為熱情，送給亞歷山大更多禮物。亞歷山大也非常需要安比作為自己在印度的踏板，他一面給予其更多的回禮安撫安比，一面不斷派出間諜搜集情報，並讓王公派出使者招降反抗者——他的理想是可以兵不血刃地征服印度。

這裡需要介紹一下印度的軍隊構成。

印度軍隊裡的步兵手持長弓或者佩帶標槍，還有一個小生皮盾牌，他們的近戰武器是1把長刀；騎兵手持2把如長矛一樣長的標槍，外加1面小盾；另外還有車兵，每輛戰車有4匹馬、6個人，其中2人為駕車手，2人為盾牌手，2人為弓箭手；還有象隊，戰象背乘4人，分別為3名弓箭手和1名駕馭手。

在作戰時，印度人會將各軍種一分為四，稱為四軍。他們的編制是：第一軍由單純的騎兵組成或者由其他軍隊單獨組成，可能是用於偵察敵情；第二軍用於前哨戰，有象馬、車馬、象步、步騎、車步、象車等多種組合方式；第三軍的組成是象馬車，或者馬象步，或者馬車步；第四軍是用於決戰的部隊，是一支象馬車步集合的綜合軍隊。

憑藉這樣的軍隊，外加海達斯佩斯河阻隔，波洛斯有足夠的信心抵抗亞歷山大。面對馬其頓遞出的橄欖枝，波洛斯回應道：我會帶著全部軍隊去見你，我要為保衛自己的國家而戰。可另外的印度王公就不一樣了，他們缺少海達斯佩斯河這道天險，還要面對來自亞歷山大和其他印度王公的雙重壓力，所以只好投降。至此，印度土地上不屈服的人就剩下波洛斯了。

03

亞歷山大自然不會善罷甘休，他立刻率領大軍來到海達斯佩斯河，而在河的另一面，敵人早已準備好了。

亞歷山大想試探一下對面印度軍隊的實力，同時也要看看這些「蠻族」軍隊的戰鬥力，便派出一隊士兵進攻河中間的一座小島。此時正是6月雨季，河水湍急，士兵們好不容易才能登島。一番苦戰，他們雖然大量殺傷敵人，但也全軍覆沒了。

這一次小小的戰鬥大大鼓舞了河對面波洛斯的信心，而亞歷山大則決定不再強攻。

亞歷山大把軍隊分成很多份，命他們朝著不同方向不斷地來回移動，一方面是為偵察好的渡河點，一方面也是裝作把物資從各地運來，準備長期駐紮的樣子。為了繼續迷惑波洛斯，他還抓住印度人非常重視間諜這一點，當著5000名印度士兵的面說，此時過不了河，要做好準備，等待以後。

波洛斯果然知道了，他開始相信亞歷山大不會過河，但也沒閒著，而是立刻與喀什米爾王公聯繫，成功說動他出兵進攻亞歷山大。正在這時，亞歷山大忽然讓軍隊大聲喧嘩，做出一副要強渡的樣子。波洛斯被這突如其來的情況嚇了一大跳，立刻率領大軍沿著河岸來回奔走堵截。過了一會兒，他發現馬其頓軍似乎沒有強渡的打算，又擔心自己的士兵會體力不支，也就停止了行動，同時派出偵察部隊沿著河岸繼續偵察。

河對岸，亞歷山大率領1萬士兵趁著吵鬧聲偷偷到達上游，那裡有早已準備好的各種渡河工具。他們準備就這樣神不知鬼不覺地過河，但天不如人願，海達斯佩斯河中原有一島，此島很大，在非雨季和對岸由一條很淺的小河相連，是條渡河捷徑，但此時河水暴漲，渡河點被淹沒了。亞歷山大心急如焚，擔心自己功虧一簣。等到好不容易找到渡河點，又發現其水頗深，馬匹只能露出頭，再加上湍急的水流，過河仍然十分危險。

亞歷山大毫不畏懼，身先士卒率先過河，其他士兵也紛紛效仿。這一舉動被波洛斯的偵察兵探知，他們迅速向波洛斯匯報。此時的波洛斯有兩條路可以走：第一，全軍出擊殲滅亞歷山大。但是，此時對面還有一支馬其頓大軍，在不知道哪邊是主力部隊的情況下貿然全軍出擊顯然不明智。第二，派出一支前哨部隊去探一探虛實，如果是小規模部隊就消滅他們，如果是大規模主力，可以趁未過河之時發動攻擊，就算未能成功阻止，也可以迅速撤退帶回消息。波洛斯選擇了第二個方案，派出２０００騎兵與１２０輛戰車，由他兒子率領。

這一小支印度軍到達之時，亞歷山大的軍隊剛好渡河完畢，他立即派出弓箭手進攻，之後親率騎兵部隊進行攻擊，其他部隊快速跟上。印度人看見了馬其頓的皇家騎兵，以為是亞歷山大的主力部隊到達，立刻回頭就跑。此時道路泥濘，戰車難以快速撤退，為了掩護戰車，騎兵只能硬著頭皮打了一仗，結果戰車全部被俘，騎兵戰死４００人，波洛斯的兒子也戰死當場。

波洛斯得知亞歷山大已經過河，決定派出大部分軍隊與其決一死戰。他來到一片平坦而堅硬的沙地，開始布置軍隊：２００頭大象在第一線，每隔30公尺布置一頭；第二線是3萬步兵，由於數量過大，他們的隊列超過了第一線的戰象；最後，兩翼是戰車，後排則布置騎兵。完成之後，印度軍開始向前移動。

亞歷山大並沒有立刻讓步兵參戰，因為經過長時間的行軍，他們已經非常勞累。步兵在休息，騎兵部隊則被分開，一部分由德米特里亞斯與科那斯領著埋伏起來。１０００名馬弓手向印度軍左翼發動攻擊，他們以常人難以招架的排箭衝擊將左翼敵軍打亂。為了應對，波洛斯將全部騎兵與戰車集中在這個方向。這時，亞歷山大率領主力騎兵發動衝擊，進攻過程中，他也特意向左移動，引誘印度騎兵進入埋伏圈，伏兵趁機發動進攻。兩面夾擊之下，印度軍隊大敗，不少士兵逃向了步兵與戰象的隊列，印度軍陣中出現混亂。

亞歷山大的騎兵隊這時殺到，為了阻止他，波洛斯讓戰象發動反擊。馬其頓的戰馬沒有受過訓練，受不了戰象的氣味，四散而逃。亞歷山大於是派出輕裝部隊，讓他們不斷射擊大象。大象受驚又受傷，被打得落荒而逃，但是一會兒又恢復過來，並且反殺了追擊而來的輕裝步兵。另一面，馬其頓的重裝步兵則在對戰那些沒有大象保護的印度士兵。

印度的騎兵和戰車重整完畢，重新投入戰鬥，但是亞歷山大的騎兵也完成重組，再一次擊敗了他們。這些二次戰敗的印度兵逃到戰象附近，而亞歷山大的騎兵轉頭乘勝進攻印度的步兵。這些逃到戰象附近的印度軍極大壓縮了戰象的空間，使戰象每次行動都會造成印度一方的重大損失。顯然，波洛斯也意識到戰局不利，想要撤退，可是此時亞歷山大的另一支部隊早就過河成功，他們與亞歷山大會合，成功圍殲波洛斯。

戰鬥進行到這個時候，印度人敗局已定，但是波洛斯還是英勇戰鬥，一直到最後才撤退。亞歷山大佩服其勇氣，派人前去勸降，波洛斯思考再三，最終還是接受了。

古羅馬時代

帝國何以成為帝國

公民軍制：自備兵器上戰場的羅馬人

在希臘人之後，羅馬人憑藉其強大的軍團馳騁歐洲，建立起不朽的偉業。可對於在背後支撐起羅馬軍團的公民軍制，關注的人並不太多。因此在這篇文章中，我們將嘗試著揭曉羅馬公民軍制的奧祕。

01

一個國家的軍制往往與其社會制度是緊密相關的。在羅馬共和國時期，就曾經有過一段非常特殊的歷史。

西元前509年，羅馬人驅逐了國王，建立起羅馬共和國，王政時代就此結束。但羅馬的內部矛盾沒有因此得到解決，即便號稱「共和」，大權卻依然是由貴族把持，下層平民生活困苦、受貴族壓迫和盤剝的情況也沒有絲毫改變。

西元前495年，羅馬遭遇沃爾西人入侵，急需兵員，可平日裡飽經剝削的羅馬平民又怎會願意出力？他們毅然發起撤離運動，從羅馬遷往「聖山」，拒絕服役。可以說，這些平民實際上是在以「兵役」為籌碼，向國家索求正當的權益。他們先後三次進行抗爭活動，羅馬的貴族階層不得不做出妥協，推出《十二銅表法》，讓出部分利益，徵兵這才得以繼續。

羅馬平民產生怨憤是一件必然的事情。按照古羅馬法律規定，符合財產要求的17～46歲公民均有服役的義務，而在西元前2世紀之前，服役公民的武器裝備尚需要由他們自己配備。這已經屬於終極「吃霸王餐」了，可羅馬的平民還要遭到貴族的長期剝削。為了進一步食其肉啖其骨，貴族甚至在借債的基礎上，又發明了「借債奴」這種奇特的奴役關係。平民們在層層剝削下失去了土地、失去了財產，又怎麼肯為國家出力呢？直到抗爭運動以後，平民的境遇得到改善，羅馬的公民兵制度才得以維持。

02

因為要求自備武器裝備，羅馬的軍隊會依照財產水準劃分作戰序列。

在羅馬的軍事體系中，常規的作戰序列一般是重步兵占63%，輕裝步兵占26%，騎兵占10%，工程兵占1%。和古希臘時代的軍隊一樣，羅馬人的軍隊依然以重步兵為主要構成，而騎兵部隊，哪怕在尤利烏斯・凱撒去世之時，也僅擁有1萬人，由體格強壯的高盧人（凱爾特人）以及日耳曼人組成。擔當騎兵的是羅馬最有錢的那一小部分人，他們需要自備馬匹；家裡條件還不錯的就擔任重步兵，自備鎧甲和長矛；最窮的沒有裝備，自然只能做輕裝步兵。為了保證戰鬥效果，擁有資歷的老兵與新兵會被編入不同的百人隊，以便在作戰之時通過戰術相互配合。

卡米盧斯執政期間，廢除了根據財產來分配士兵戰鬥序列的做法，羅馬軍團開始根據士兵受訓練的程度以及年齡配置戰鬥序列，步兵軍團由此劃分出青年兵、壯年兵與後備兵，三列式軍團模式就此出現。

所謂三列式軍團，便是分3列排布士兵：第一列是青年兵，配備標槍、短矛、短劍和1面長盾；第二列為壯年兵，一般配有1支長長的哈斯特刺矛以及1柄短劍，還裝備頭盔和胸甲，更富裕一些的則會另外配備1對脛甲；第三列為後備兵，他們都是些經驗豐富的老兵。由於鎧甲需要自備，除了少量富裕家庭外，其餘士兵的鎧甲並不齊全，但頭盔以及胸甲往往是必備的。武器基本由國家統一配發，但仍需士兵自己掏錢。

相對來說，三列式軍團的隊列整齊，即便在作戰過程中也要求保持整齊。依據這種戰法，隊列截面呈鋸齒狀排布，每一個作戰單元之間都存在一定的空隙，不同的戰鬥序列可以通過這些空隙交替上陣，而空隙之間形成的縱深也可以較好地割裂敵人的陣形。一旦敵人進入了陣中，就會遭到來自前列的青年兵與來自後列的壯年兵的夾擊。

然而保持了陣形，三列式軍團必然就欠缺靈活性。因此，羅馬通常在三列式軍團外配置著一支機動部隊，由1200名左右的輕裝步兵以及300名騎兵組成，若敵人襲擊羅馬軍團的側翼，就該輪到它上場了。這些輕裝步兵通常配備幾支標槍、1柄短劍及1面直徑大概0．9公尺的圓形盾牌，他們並不負責近身戰鬥，也沒有厚實的鎧甲，而是在戰鬥開始後與散兵一起穿梭於方陣之間，憑藉較高的機動性投射標槍或開弓射箭，攻擊了就跑，之後再由重裝兵團負責近身作戰任務。給他們配備圓形盾牌而不是盔甲也是出於這個原因，小圓盾已經足夠應付來自敵軍的遠程攻擊了。

與古代中國不同，羅馬騎兵的數量稀少，因此其作用就被相對弱化，往往布置在重裝軍團的側翼或尾翼，主要任務在於牽制敵方的騎兵。古羅馬史學家塔西佗在《編年史》第13卷第40章中記載：「輜重被配置在隊列內部，保衛後方的是1000名騎兵，而給這些騎兵的命令是：在受到敵人迫近的進攻時便加以反擊，但敵人如後退，則不要追擊。安排在兩翼的是徒步的弓手和其餘的騎兵，左翼沿著一排小山的山麓一直伸展開去，這樣，如果敵人強行突入，則他們既可以從正面迎擊，又可以把他們包圍起來。」

但若是遇到敵方大規模騎兵侵擾，僅占總數10%的羅馬騎兵就難以抵抗了。在第一次及第二次布匿戰爭之時，迦太基人就依仗平原地形，靠戰象以及高機動性的輕騎兵襲擊羅馬軍團的側翼與尾部，一度獲得優勢。羅馬軍團的重步兵所向披靡，只是憑人力無法抵禦戰象的衝擊，而騎兵的數量又比迦太基軍隊少得多，機動性嚴重缺失，這才幾乎變成了活靶子。

因此隨著時間發展，羅馬軍團開始在各地雇用大量騎兵，以保證軍團中騎兵的絕對數量。彌補了騎兵缺失這一致命弱點後，羅馬軍團的攻勢更加猛烈，最終征服了義大利半島。

在共和國時代的早、中期，羅馬軍隊憑藉其制度牢牢攏住了公民的心，讓他們能夠為軍隊付出努力。羅馬在與迦太基的戰鬥中一度損失慘重，卻又能在短時間內再度湊出一支強軍，憑藉的正是其政治制度帶來的歸屬感。在戰法之上，獨特的三列式軍團更具戰鬥力，當面對希臘方陣那種臃腫的隊列時，能夠迅速將敵人進行分割，就算略有不足，也在之後透過人規模雇用騎兵進行了彌補，這些都為羅馬稱霸歐洲提供了堅實的基礎。

當羅馬的統治逐漸擴大到整個義大利半島，新被納入羅馬控制之下的國民很難形成對羅馬的歸屬感，因此在西元前2世紀前後，羅馬就在軍中推動雇傭制度，而武器裝備也改由國家供應。原來實行公民兵制度的時候，人們雖也要服兵役受訓練，但大多時間主要還是從事生產，如今儘管開銷增加了不少，實行雇傭制度卻也推動了軍隊的職業化，增強了軍隊的戰鬥力。儘管隨著時間的推移，雇傭軍隊與羅馬政權逐漸腐朽，但英勇的羅馬軍團的傳奇卻流傳下來，一直被人銘記。

羅馬共和時代，人們如何攻下一座城池

不可否認，羅馬人的攻城技術源於希臘，但是正如有些學者所說，「（早期）羅馬人在攻城方面除了封鎖和突擊以外一無所知，但他們逐漸從希臘那裡學會並改進了圍攻戰術，最終將這項技術用於對抗其發明者，並征服了整個地中海」[6]。

01

在早期羅馬，攻城手段還是比較落後。羅馬人進行的第一次圍攻戰是西元前405年爆發的維愛戰爭，面對維愛的城牆，羅馬人竟然毫無辦法，戰爭拖延10年之久。在這裡，羅馬人第一次任命卡米路斯擔任獨裁官，卡米路斯「採用被許多研究者稱之為『特洛伊戰爭翻版』的坑道戰術，即挖一條直通城內的祕密地道，預伏一支奇兵，以配合地面部隊的進攻」[7]。不久之後，維愛陷落，羅馬取得了對外圍攻戰的第一次勝利。

雖然羅馬人成功攻下維愛，但依然可以看出其攻城手段的落後。可正如羅馬城不是一天修成的，羅馬的攻城技術也是在慢慢積累、漸漸增強。

西元前264年，羅馬軍隊開進西西里，對迦太基的阿格里真托展開圍攻。波利比烏斯在《羅馬帝國的崛起》中記載此事：「羅馬人建立兩個營區，各在城之兩側，然後以壕溝、柵欄以及高牆來加強防衛兩營之間的地帶。他們接著將攻城機移向利比亞海方向最靠近大海的一座塔樓，每前進一些，就會在結構上增強一些，用這樣的方式設法將攻城機往前及往側邊擴大，直到他們摧毀連接海邊塔樓的其他六個塔。」在後文，波利比烏斯又明確地說羅馬人使用大錐子撞牆，所以這裡的攻城機明顯是衝車。

迦太基人採用各種措施想要摧毀衝車，多次未成，最後還是在一場大風的幫助下才將羅馬人設下的保護衝車的防禦措施摧毀。迦太基人立刻抓住機會，不斷向羅馬人的衝車投入大量火把與容易燃燒的東西，憑藉風勢，很快就將羅馬人的攻城器械全部燒毀了。羅馬人對此無可奈何。

在經歷了這一次災難之後，羅馬人放棄了用攻城器械進攻，開始使用圍城的手段。雖然最後羅馬人勝利，但從過程可以看出，此時的羅馬人還沒有吸收希臘人先進的攻城技術，其技術雖有發展，但還是不如希臘人。

02

第一次迦太基戰爭結束之後，羅馬人意識到自己的攻城技術存在缺陷，開始積極吸收希臘人的攻城技

---

⑥ 邁克・E・哈斯丘《圖解世界戰爭戰法》。
⑦ 王建吉《古羅馬共和國軍事史》。

術。到共和國中後期，西元前213年發生敘拉古圍攻戰時，羅馬軍隊已有了長足進步。

羅馬軍隊從水、陸兩面進攻敘拉古城。普魯塔克在《希臘羅馬名人傳》中記載，海上，「馬克盧斯親自帶著60艘有5排划槳的戰船，上面配備各種武器和投射裝置，還有一個用8艘船連起來構成的平臺，架設著可以發射石塊和標槍的弩炮，它可以用來攻擊各處的城牆」，並且羅馬人還使用了一種叫「散布卡」的攻城機。波利比烏斯的《羅馬帝國的崛起》詳細介紹了這種攻城器械：「雲梯寬4尺（約1．3公尺），從其立足之處足以抵達城牆上端。每側以有高度的保護性胸牆圍起，而且這器具在上方還有柳條編織的頭部防護。它被平放在船隻結合之處的兩側，其一端突出船首相當的距離，在船艦桅杆的頂部則固定有滑輪以及繩索。」

此時的敘拉古有當時地中海地區最優秀的工程師阿基米德，他讓敘拉古變成地中海最堅固的城市。在此次戰鬥中，阿基米德發明的一種強力弩炮展現出極強的攻擊能力，迫使羅馬艦隊輕易無法靠近敘拉古城。

羅馬將領馬克盧斯在黑夜的幫助下來到敘拉古城下，阿基米德使用一種用槓桿原理製造的機械進行還擊。他首先將綁著巨石堆的一頭上升到城牆之上，並伸出城牆，之後開始迴旋，把巨石砸向羅馬人的「散布卡」。之後，他又在城牆上留下大量小口，使用一種名叫「蠍子」（可能是日後的蠍子駑）的機器進行射擊。他還發明了一種類似大型抓鉤的東西，將羅馬人的船以一定的角度抓起來然後放下，讓船出現側翻。羅馬人被打得幾乎沒有應對之法。

從海上進攻的羅馬人遭遇慘敗，由陸上進攻的羅馬人也苦不堪言。最後，馬克盧斯迫於無奈只能放棄強攻，開始圍城。

03

雖然羅馬人的攻城器械在敘拉古圍攻戰中基本上沒起到任何用處，但到共和國末期，羅馬人的攻城技術已達到地中海世界的一流水準。他們憑藉先進的攻城技術與強大的軍隊，很快就征服了希臘化的世界，並且在內戰中再一次大展神威。

西元前49年的馬西利亞圍攻戰與幾乎發生在同一時期的布隆迪西烏姆圍攻戰，最能展現這一時期羅馬人的攻城技術。

凱撒的《內戰記》記載了馬西利亞圍攻戰中羅馬人建造的一座巨大的塔樓：「（塔樓）造到可以鋪設樓板的高度時，他們把樓板砌到牆壁上去，把架設樓板的擱柵的頂端都隱嵌在外牆內部，不讓它們伸出在外面，以免敵人縱火燒它……在樓板上砌上小磚，再在它上面距外牆不遠的地方架上兩根交叉的木梁，作為屋頂覆蓋這座塔樓的木蓋頂就架在它們上面。木梁上直交地放上擱柵，用棧子把它們釘牢……建築在這一層木蓋頂下面的牆壁，是抵擋和掩蔽外來的攻擊之用。在這層木蓋頂上面，他們又鋪上磚頭和泥灰，以免敵人縱火損壞它們，再在它上面放上一層遮墊，防止敵人投射過來的武器穿透樓板，或者從弩機投擲過來的石頭打壞磚頭。他們還做了3條用船纜繩編起的遮簾，長度齊著塔牆，闊4羅尺（約1．2公尺），正好掛在塔樓面向敵人的3面，就繫在擱柵伸出來的那一部分上……從這一層起，他們再又升起更高一層的樓板和遮簾。就用同樣方式，安全地、毫無傷害地，它一直造到6層高，而且在磚牆上他們認為適於利用弩機的地方，又留下射箭的洞眼……在它下面墊滾木……一直推到敵人的碉堡……」

面對羅馬人的這一招，起初馬西利亞人還是使用槓桿讓巨大的石頭從城牆上滾落下來，想以此摧毀塔樓，但是以失敗告終。於是他們使出詐降計，告訴羅馬人，只要凱撒來了他們就投降。由於凱撒曾經囑咐過，不要用武力攻下這座城市，所以羅馬人放鬆了警惕。趁此時機，馬西利亞人突然出擊焚燒了大量攻城器械。羅馬人的鬥志沒有因此下降，他們很快就修好了被毀壞的攻城器械，捲土重來。馬西利亞人徹底陷入絕望，他們的糧食變得極端匱乏，周圍的城市也已經被凱撒占領，無奈之下只能投降。

在與馬西利亞圍攻戰同一時期的布隆迪西烏姆圍攻戰中，羅馬人還展現了一種「填海造陸」的技術。凱撒記載道：「這件工程是這樣著手的：他在港口狹窄的隘口兩岸都堆起一道泥土堤壩，因為在這些地方，海水本來很淺；但當堤壩伸出去一段路，水已經很深，土堤無法再延伸的時候，他就在堤壩的末端接上兩個浮筏，每一邊都是30羅尺（約81平方公尺），它們的四角各用一枚錨釘牢，以免被波浪捲走。它們建造成了而且被固定在位置上之後，他又在它們靠外面的一邊再連接上大小相同的另外一個浮筏……在它們上面，他還給蓋上泥土；在它們的正面和其他各邊，他都給築上木柵和護牆，作為防護。每隔三個浮筏便造一座兩層高的望塔，使它更便於防禦船隻的攻擊或縱火。」

面對凱撒的圍攻，元老院派的龐貝不想束手就擒，他不斷想辦法摧毀凱撒的封鎖工事，但都以失敗告終，最後只能狼狽逃跑到希臘。

04

羅馬共和國時期的攻城器械和曾經的希臘一樣，都是從簡單落後走向複雜與先進。其中固然有積極吸收希臘人先進技術的原因，但是最後能超過希臘，達到當時地中海一帶的最高水準，最重要的還是羅馬人在不斷發展創新，沒有故步自封。

重步兵為主的羅馬軍團，首選武器竟是短劍

俗話說：「一寸長一寸強，一寸短一寸險。」在冷兵器時代對武器的選擇上，這句話可以說是金科玉律，但羅馬軍團的選擇顯然是個例外——以重步兵為主的羅馬軍團，首選的肉搏武器竟是短劍。

在征服地中海世界的過程中，羅馬人面對過各式各樣的長武器，最終卻憑藉短劍登上王者的寶座，原因究竟為何？

01

在談羅馬人為何選擇短劍作為主要肉搏武器前，我們必須清楚兩個重要的前提：

第一，羅馬軍團從未淘汰過長兵器，譬如矛。從開始淘汰希臘化裝備到馬略改革之前，每個羅馬軍團裡擁有至少600名矛兵，他們就是著名的後備兵「triarii」，位於三條重步兵戰線的最後是軍團裡的老兵和精銳。馬略改革後，軍團內各兵種之間的實際裝備差距消失了，重步兵們將重標槍端起來組成矛陣，以此來對付騎兵，甚至在安東尼東征時成功阻擋了帕提亞鐵騎的正面衝擊。所以我們談羅馬人使用短劍，並不需要考慮對付騎兵，而僅需要考慮對付步兵的情況。

第二，結陣作戰不同於決鬥，相較於提供充分移動空間的決鬥場，陣戰往往缺乏閃轉騰挪的空間。明

末清初的著名武術家吳殳就曾談到過這一點，他在《手臂錄》中大讚槍「乃諸器之王」，但仍明言：「蓋長之所以制短者，用其虛也，然遠則可以用虛，近則不得不實……但兩陣相對，必無虛退之槍耳。」簡而言之，長槍之所以比短兵強，是因為可以利用閃轉騰挪獲取距離優勢，但兩軍對壘之時根本沒有這樣的空間，所以談論羅馬人選擇短劍作為陣戰兵器時，我們不能用決鬥的思路來理解。

02

確定了前提後，我們就可以從羅馬軍備發展的源頭談起。

羅馬人是從東地中海進入義大利的移民，形成城邦不早於西元前8世紀，在那時，他們還算「蠻夷」，需要向居住在義大利的希臘人學習建設城邦的必要技術，其中就包括軍事技術。所以，至少在西元前4世紀卡米盧斯改革以前，羅馬人一直以希臘方陣為範本應對戰爭。

照搬照抄不可取，很快，來自高盧地區的凱爾特人就給羅馬人上了一課。這些手持長劍的蠻族勇士用迅猛的突擊戰術擊垮了羅馬人的希臘方陣，甚至一度攻破羅馬城，給羅馬人留下了深刻的印象。等卡米盧斯終於成功驅逐他們之後，一場改革便開始在羅馬軍隊中悄然進行了。此後，直到西元前3世紀第一次布匿戰爭前，羅馬人開始進行高盧化改革，使用高盧人常見的蒙式頭盔和鎖子甲，並將主武器改成了劍。改革後的羅馬軍隊，組織和戰術風格也發生著變化，相比之前大且密集的矛陣，羅馬人開始改用120人的中隊作為基礎的作戰單位，戰鬥風格也從大方陣人挨人的推搡擠壓，變成了各自拉開約0．9公尺的距離進行搏鬥，短劍成為他們的武器。

不過，羅馬人也吸取了高盧人重視個人勇武而忽視結陣掩護、善於猛力劈砍卻疏於刺擊的失敗教訓（刺擊更省力也更容易對人體造成致命傷害）。他們採用了西班牙人的設計，把劍尖做得細長而利於刺擊，又把劍刃做寬，好讓武器更為耐久、不易變形，並且依舊重視陣列的維持和使用長盾掩護。在這樣的戰術思想影響下，於有限範圍內做出準確而讓人難以預料的攻擊成了首要需求。

共和時代的軍團士兵使用的盾牌是個長128公分、寬60～70公分的龐然大物，搭配它的最好武器是長不足1公尺的劍。劍若超過1公尺，劍刃超出盾牌的部分將會很長，士兵更容易暴露在敵人視野下，操控性也會下降，最直接的體現就是部分極具威力的戰鬥動作無法做出。

陣戰雙方一旦交鋒便很難快速後退，這幾乎無法避免，除非像馬其頓方陣那樣擁有阻礙敵人前進的矛牆。當雙方被迫進入臉貼臉、盾貼盾的近距離搏鬥階段，且對方同樣擁有大盾掩護，要攻擊到對方的薄弱處，就得從上方、後方、側面向其頸部、後背和小腹刺入，而人的臂展大致和身高相等，1．7公尺身高的人一條手臂長僅有約0．6公尺（算上誤差，去掉手長），假如劍刃長達1公尺，劍尖便無法從後面、上方和下方刺入。縱使是1．8公尺的大高個，去掉對方身體的厚度、兩人對抗產生的距離和自身手臂彎曲損失的長度，也完全無法使用長劍做出這種動作。這對羅馬人來說顯然是很難接受的。一味劈砍已被證明難對防護精良的敵人造成威脅，更有效的攻擊則需要盡可能地縮短武器，權衡之下，羅馬人毫不猶豫地選擇了後者。

03

根據出土的文物來看，早期的羅馬短劍其實並不算很短，刃長在58～77．3公分之間，而且六個樣本中四個超過了60公分。但是，鐵器時代的凱爾特人使用的劍刃長一般在55～80公分，最長的不過90公分；中世紀盛期，單手使用的劍通常在30～40英寸，也就是76．2～101．6公分。所以，把羅馬人的劍稱為「短劍」，也不算名不副實。

羅馬短劍縮短到後面我們認知的長度，是長期演變的結果。到共和時代末期，新式短劍的刃長已經只有43．5～64．4公分了，八個樣本中兩個低於50公分，五個不超過54公分，僅有一個達到64．4公分。至西元1世紀下半葉，劍的長度更是掉到谷底，十四個樣品中僅有五個達到50公分以上，其餘均在48公分左右。

這樣的改變顯然源於戰場實踐：第一，並非所有的戰場都能擁有足夠的戰鬥空間；第二，戰鬥的進程並非總能一帆風順，在被敵人逼得節節後退時，搏鬥的空間自然又會縮小；第三，面對善於使用衝擊戰術的敵人時，密集陣列更容易保證不被擊破。

前兩點，在西元前216年與迦太基人進行的坎尼會戰中展現得淋漓盡致。此戰，戰場上容納了過多的軍隊，羅馬人不得不在開始布陣時就縮小了士兵之間的間隔；戰鬥過程中，羅馬軍團被敵人逐漸包圍，空間被進一步擠壓，最終擠得武器都揮舞不開，落得個大敗的下場。

第三點則在馬略改革後到元首時代初期的史料和浮雕中得以窺見。這一時期，羅馬需要面對擁有強力騎兵、以凶猛衝擊聞名的條頓人。相較此前，對戰役的記載更頻繁地提到密集陣列對抗敵人的例子，而浮離中出現的步兵陣列間隔往往也不大。凱撒在《高盧戰記》中更是記載，他下令連隊拉開距離以便更自由地使用劍，足見羅馬指揮官對武器靈活使用的關注和當時戰場極容易造成擁擠的趨勢。

武器長度的改革是卓有成效的，西元16年，日耳曼尼庫斯麾下的羅馬軍隊於山林空地大戰日耳曼人，短劍的優勢就已經體現出來了。此戰，雙方被迫擠在一塊狹小的空間裡死鬥，日耳曼人擁擠在一起，人無法移動，矛刺出後也無法抽回，羅馬人卻能使用短劍自由地攻擊，結果戰局不出意料地倒向羅馬人。

相反，當西元3世紀以來，羅馬人使用一種名為「spatha」的長劍⑧取代短劍作為步兵的主武器後，史書中便再次有了坎尼會戰時那般擁擠到抽不出武器的記載。根據羅馬帝國晚期重要的歷史學家馬賽里努斯的說法，在西元378年的阿德里安堡會戰裡，羅馬軍隊的士兵便再次被擠得難以拔劍，武器刺出後也難抽回手。

出現這種情況，與西元4世紀以後長劍的加長有著密切的聯繫。雖然長劍早在西元前1世紀就已出現，並且據塔西佗記載，在西元1世紀還被用於全體輔助軍，但當時長劍的刃長實際不過62～74公分，七個出土樣本僅有兩個超過70公分，故而幾乎沒有羅馬步兵武器難以施展的記載。而西元4世紀以後，長劍便沒有低於70公分的，七個出土樣本中最低的73公分，最高達到81．5公分，其餘均在79公分左右。

說到這裡有人會覺得奇怪，羅馬的敵人中不乏使用超長槍的步兵，且不說繼業者和泛希臘化王國，就連凱撒都在日耳曼人那裡遇到了使用長槍的步兵，羅馬人為何不學習他們使用長槍方陣呢？這是羅馬戰術體系的原因。超長槍方陣雖然正面肉搏時近乎無敵，但需要建立在完整嚴密的步兵陣線的基礎上，在彼得那會戰中，即便是一直都以長槍兵為主力的馬其頓方陣，陣線一露出縫隙，遭到羅馬人的穿插後，也立刻就落入下風。

要做到陣線無懈可擊是非常困難的：首先，在複雜的戰爭環境下，起伏破碎的地形才是常態，而受地形影響，各戰鬥單位展開的速度會有不同——狗頭山戰役中，馬其頓方陣正是因為一翼方陣受到山地阻礙，未能及時展開而落得個失敗的下場；其次，戰鬥並非在任何陣線都一樣，當陣線各處因為戰鬥進程不同而脫節時，陣線也就難以維持平整。如此一來，長槍方陣就只適合做錘砧戰術中的砧，在平整的戰場上以相對靜態慢速有序地逼近對手，再配合優勢騎兵完成致命的攻勢。羅馬軍隊中的絕對主力是重裝步兵，卻恰恰缺乏一流的騎兵，軍團步兵們既需要維持陣線，又要突破敵人、擊垮對手，那麼就絕不能僅滿足於做一個砧，還要有在各種複雜地形中快速展開並適應的能力，也就是說，他們要相對獨立地作戰。

由此不難看出，羅馬人選擇短劍是基於凱爾特戰鬥風格的基調，為適應複雜的戰爭環境，根據自身依賴步兵的軍事傳統做出的一種自然選擇。雖然這對士兵素質提出了較高的要求，因為貼身肉搏需要勇氣，靈活使用刀劍和熟練維護陣列則需要大量練習，但也因此帶來了戰鬥水準和適應性的提升。當然，拿戰爭當家常便飯的羅馬軍隊正是因為本身就有著較高的軍事素養，才能兵行險著還不翻車，最終登上王者的寶座。

⑧ 一種源於高盧長劍的武器，當羅馬人縮短劍的長度後，它開始成為騎兵的副武器。

日耳曼人對戰羅馬：沒訓練、沒裝備也能以弱勝強

古羅馬軍團是精銳的代名詞，依靠整肅的訓練、充足的後勤補給和嚴明的紀律，羅馬人建立了足以匹敵任何一支部隊的龐大軍團。但羅馬人的擴張之路並不是一帆風順，在面對北部的日耳曼人時，羅馬軍團經常處於一種極為被動的地位。

日耳曼人是如何在組織、武備以及文化全面落後於羅馬的情況下，還能做到跟羅馬軍團抗衡的呢？

01

在與馬其頓、迦太基等勢力的交鋒中，羅馬軍團無疑展現出了它應有的威力。與馬其頓爆發了4次大規模戰爭後，羅馬最終控制了曾輝煌一時的馬其頓王國，這也經常被認為是馬其頓方陣不敵羅馬軍團的證明。這話多少有些片面，因為馬其頓戰爭的勝負最根本是取決於兩國國力的差距，不過羅馬軍團在對抗馬其頓方陣時顯現出的靈活、機動優勢確實不可忽略。

羅馬軍團自馬略軍事改革後幾乎成了職業軍隊的標竿。與改革前相比，新的羅馬軍團廢棄了源自王政時期的徵召兵制，原先的財產資格限制被取消——沒錯，在此之前窮人連當兵的資格都沒有。自此，包括無產者在內的所有羅馬公民都可以應募入伍，士兵的武器裝備由國家統一調配，也是出於這個原因，羅馬

軍隊中除了少數輔助性質的輕裝部隊外，都整合成了更加精銳的重裝步兵。

改制之後的羅馬士兵不再像先前那樣只在戰時進行臨時性的徵召，而是變成了常備軍，在入伍後至少要服役16年。長期服役年限的存在讓軍事訓練的價值可以保存下來，畢竟如果士兵只能臨時應召，無法確定服役年限和從軍時間，那麼再多的訓練都會變得毫無意義。

對於冷兵器時代的軍隊而言，軍事訓練的重要性還不止於此。訓練還會在潛移默化中強化紀律的重要性，在這一點上，早期的雅典人不如斯巴達人，斯巴達人不如色諾芬時代的希臘雇傭軍，而雇傭軍又難以與羅馬軍團相匹敵。

按照《通史》的作者波利比烏斯的說法，「希臘人從來沒有學會真正的服從」。作為一個希臘人，波利比烏斯的這句話可不是在誇耀希臘公民對抗暴政的不屈，相反，這可能是他眼中希臘軍隊的癥結之一。即使是軍事化程度最深的斯巴達人，面對權威也經常展現出不羈之心。軍隊不同於他處，令行禁止極為重要。希波戰爭後期的普拉提亞之戰中，希臘聯軍因斷糧不得不後撤，結果一位斯巴達將領卻臨陣抗命，導致後撤行動延期，斯巴達與其他希臘軍隊之間出現巨大空當。雖然這個軍事失誤並沒有導致戰爭的失敗，但斯巴達軍人的固執可見一斑。

類似的事件在斯巴達發生過不止一次。西元前418年，斯巴達國王阿吉斯率軍入侵阿提卡，他本已經隨親衛出擊，結果一名監軍（或者說顧問）卻在戰場上高聲反對他的出擊決定，不得已之下，他又灰溜溜地後撤回來。阿吉斯的尷尬處境遠沒有結束，同年的曼提尼亞又有兩位斯巴達將領在戰鬥中公然反對其決定。斯巴達國王對此類事件沒有絲毫辦法，只能等到戰爭結束後在公民大會上指控抗命者犯下瀆職罪行。

斯巴達的老對手雅典在軍事紀律方面的表現也沒有多好。色諾芬曾經在《回憶蘇格拉底》中借雅典政治家伯里克里斯之口抱怨：「雅典人很聽健身教練和合唱指揮的話，雅典的騎士和重裝步兵卻總與長官發生爭執。」

羅馬軍隊中的情況就全然不同了，即使不提那令人駭然的「十一抽殺律」，森嚴的軍事紀律依舊足以震懾士兵乃至軍官們。軍營之中，不僅抗命、畏戰要被處以極刑，就連巡邏時忘記佩帶標準武器也有可能會被當作典型處置。羅馬執政官的身邊往往跟隨著6名手持束棒的扈從，這種名為「法西斯」的信物在幾千年後演變為強權、暴力的恐怖烙印，至於更基層的百夫長，則是以木棒充作刑罰之具。值得一提的是，威嚴的軍法不僅針對普通士兵，貴族、軍官同樣受其限制。執政官曼利烏斯之子在作戰時違抗軍令，拋棄將領職責與羞辱他的敵人決鬥，結果被其父大義滅親，當著全營士兵的面斬首。可以說，羅馬軍團戰鬥力的提升，與其良好的訓練、充足的武器裝備以及嚴整的紀律都有密不可分的聯繫。

02

和羅馬人的正統方式相比，日耳曼人的軍事素養無疑存在明顯差距。

日耳曼人的冶鐵技術十分低下，從出土的文物來看，即使是日耳曼貴族都沒有多少鎧甲進行武裝。萊茵河、易北河等地富含鐵礦石資源，但這兩地的日耳曼人都不善於利用鐵礦製作兵器。和鄰居羅馬人、馬其頓人乃至凱爾特部落不同，他們還沒有熟練掌握延展胚料的技術，因此武器製品相對簡陋，而鎧甲之類的製品更是少之又少，最普遍使用的防具是木質的覆革大盾以及由生皮和皮革製成的皮甲。在作戰時，日耳曼人的步兵戰術也相當原始，由於護具較少，他們往往只能讓裝備較好的精銳勇士在前排打頭陣，以此來減少遠端武器對無防護步兵們的殺傷。

如果只是武器和裝備上的劣勢，還能以訓練進行彌補，例如馬其頓方陣戰術。早期，馬其頓方陣減少鎧甲的裝配數量不完全是出於機動性考慮，衰落的國力無疑也是促使腓力二世為重步兵「減負」的重要原因，只不過，憑藉著良好的軍事訓練和令行禁止的嚴明紀律，馬其頓長槍兵依然能夠操作長槍對抗傳統的希臘重步兵方陣。

職業部隊脫產後可以將大量精力用於軍事訓練，以彌補裝備水準的不足，但對於非職業軍隊而言，訓練次數和頻率往往要受限於成員的經濟狀況。這就是為什麼雖然「訓練到位」是部隊提升戰鬥力的關鍵因素，但對於日耳曼人來說也依然是一件難事。

由於生產力發展緩慢，日耳曼人維繫著以數百人為單位的氏族聚落模式，這種模式使得日耳曼部落的人口密度存在明顯的上限。一塊占地幾十平方公里的土地上最多存在一兩個聚落，若是人員過多，這片土地就很難養活多餘的族屬。因此，日耳曼人很難形成更為強大的王國或者說族群，而各氏族間的聯繫也很難得到進一步的增強。在這種條件下，無論是酋長還是所謂的「國王」，既沒有資源也沒有動力去培養專業但耗費更高的職業士兵，對於他們這些實力明顯不足的小勢力而言，依靠族內勇士已經足以應對大多數衝突和紛爭了。

日耳曼部落裡全民皆兵，換句話說，部落裡的成年男子既是獵人又是戰士，有時，一些善於耕作的部落也會遷居於合適耕作的地方以耕種為生，這就意味著壯勞力們同時還要充當農夫的角色。沒有穩定的的職業兵體系也就意味著很難有穩定和持久的軍事訓練，士兵們的軍事素養多半源於戰爭的淬鍊。

和「科班出身」的羅馬士兵相比，日耳曼部隊的短板極為明顯，武器、訓練、紀律的全方位落後讓他們在會戰中似乎很容易就能被秩序井然的羅馬方陣擊潰。不過，在實際的戰場上，日耳曼人的表現卻絲毫不遜於羅馬步兵們。例如條頓堡森林之戰，安東尼之孫布利烏斯・昆克蒂利烏斯・瓦盧斯率領的羅馬軍隊就被日耳曼人擊敗，除少數人僥倖逃離戰場外，瓦盧斯及其屬下2萬名羅馬士兵均戰死沙場。這是自卡萊戰役之後羅馬經歷的最慘痛失敗，直接打斷了羅馬的擴張勢頭，自此，羅馬北部的邊界基本形成。

羅馬人早期的軍事單元是「百人隊」，而日耳曼人的最小軍事單元被稱為「百戶」，形式相近，但兩者只在人數上有相似之處。

羅馬的百人隊源於共和國時期開始的「政治選舉實體」，並不具備真正的戰術單元意義，也就是說，它們在作戰時並不能被用作獨立作戰。日耳曼人的百戶則形成於各氏族本身，作戰時，同一氏族的日耳曼人會結成同一隊列，其領隊就是氏族的長老，被稱為「百戶長」。和羅馬的百人長依靠軍法威權管理麾下士兵的方式不同，日耳曼的百戶長或者說長老們並沒有遠超平民的特權，他們依靠的是平日裡處理冗雜事務時積累的威信。

按照《高盧戰記》的說法，此時的日耳曼人還沒有形成明確的階級分化，凱撒在書中只提到「領袖」和「有勢力的人」，這樣的社會顯然不同於羅馬。大概是出於這個原因，在軍事上，日耳曼百戶長顯得不夠強勢，以至於在同時期的羅馬人眼中，日耳曼部隊就是毫無秩序可言的奇葩。羅馬人鄙視這些烏合之眾，說他們「撤退起來毫無羞恥之心，也不聽長官號令」。

不過，羅馬人顯然過於傲慢了，在衝突中他們經常驚訝地發現，這些對手遠比看上去的難對付。

在各個氏族長老的帶領下，日耳曼人組成了更大規模的楔形陣，這種陣形在陣容的嚴整性上雖然無法與馬其頓、羅馬方陣相提並論，卻極大地利用了自身靈活、機動的特點。而且，雖然日耳曼人無法在衝擊中占據上風，但由於氏族部眾彼此間的親緣和血緣關係，他們不必在作戰時擔心周遭的戰友或者說親友拋棄自己潰逃而去，甚至由於狩獵活動時形成的默契，即使在毫無秩序的撤退後，他們依舊可以迅速結陣，再次發動衝擊。《戰爭藝術史》的作者德國古典軍事史家漢斯・戴布流克對這些士兵極為推崇，他稱：「不論平時還是戰時，百戶長統率的日耳曼百戶所具有的凝聚力，都讓紀律最嚴格的羅馬軍團望塵莫及。」

如果說羅馬軍隊是透過訓練、裝備獲得良好的士氣和配合，那麼日耳曼人就是透過天生的血緣關係獲得不亞於前者的默契程度。不過，這種默契度顯然有著一系列的潛在條件作為限制。

對於日耳曼人來說，驍勇善戰、配合默契的勇士們可以抵消訓練、裝備上的不足，卻難以彌補經濟水準差距帶來的動員、後勤上的劣勢。前文提到，日耳曼人的氏族往往只能在幾十平方公里內建立一個，最多兩個，規模也不會很大，如此稀疏的人口密度導致日耳曼人能夠聚集的部隊極為有限，羅馬人往往可以依靠強悍的軍事動員和後勤補給能力碾壓他們。正因如此，在羅馬帝國真正建立後，日耳曼人就只能依託森林、山谷等地形優勢抵抗羅馬人的擴張，卻再也無法像幾百年前那樣攻擊後者的腹心之地了。

冷兵器時代，正規軍對戰烏合之眾有多大優勢？

01

西元43年，羅馬帝國第四任皇帝克勞狄一聲令下，數萬大軍直撲與高盧隔海相望的不列顛島。98年前，凱撒就曾跨過海峽，想要征服不列顛，可惜只進行了兩次不成功的嘗試，止步南部沿岸。但這一次，羅馬人只經歷了不大的幾次戰役，便將不列顛東南部盡數收入囊中，建立了帝國的新行省。

在這座孤懸海外又充滿野性的島嶼上，羅馬人駐紮了4個軍團和約70支大隊級別的輔助部隊，總計約5萬人。不熟悉羅馬軍事史的話，可能認為5萬餘人不過爾爾，但請記住：他們全部都是需要連續服役超過20年的脫產職業士兵，在不執行收稅、護衛以及作戰等任務時，基本都在軍營裡進行高強度的軍事訓練。這些士兵每日風雨無阻地進行武器使用和馬匹騎乘等基本功訓練，每月還要進行3次往返約30公里的野外拉練以適應當地環境，在此之外，他們還會定期組織負重越野、實戰對抗演習等加強專案。專業又高強度的訓練讓他們獲得了古羅馬時期的猶太人歷史學家約瑟夫斯的至高評價：「對他們（羅馬人）而言，軍事訓練即是不流血的實戰，實戰不過是伴隨流血的訓練而已。」

中國古語有云：「工欲善其事，必先利其器。」羅馬軍團的士兵透過訓練習得的本領，也需要堅甲利刃才能發揮出來。

羅馬統帥們非常重視維護和調整士兵的裝備：卡米盧斯為戰勝高盧人，在軍隊中普及鐵盔；馬略為更好地發揮重標槍的阻礙作用，親自指導改造，將表牆上的兩個鐵釘之一改成木楔；哈德良在巡視全國軍隊時，親自改良裝備並補足庫存。除了統帥的關注，羅馬軍隊日常對兵器的品質把控也非常嚴格，採購裝備時會仔細驗收，將不合格的產品直接退回。此舉倒也給了反叛者機會，西元１３２年的猶太戰爭，起義軍就是利用向羅馬人提供不合格產品悄悄獲得武器的。羅馬人對武器的重視在考古中亦得到了印證，他們不但藉由淬火提高鋼質武器和鎖甲的強度，還廣泛用冷鍛法來加強青銅、低碳鋼製品的硬度，這些技術被廣泛應用，以至於在不列顛這種偏遠地區的要塞中也能找出一頂硬度達３２５ＨＶ的冷鍛鋼盔。

當時，羅馬軍團的士兵們大多穿戴金屬盔甲。步兵持刃長40～50公分的短劍，配備盔甲和方形大盾，攜帶輕重2根標槍。騎兵穿戴盔甲的同時，手持橢圓長盾和刃長60～70公分的長劍，配備3根標槍和一柄3～4公尺的長矛。輔助軍中，除投石手、騎射手等輕裝部隊外，也基本穿戴盔甲，配備劍、矛和盾牌，甚至有些弓箭手都擁有盔甲。

透過對羅馬軍隊武器裝備的了解，便能一窺其戰術風格：注重綜合打擊。

面對距離較遠的目標，羅馬輔助軍中的弓箭手、投石手會射出漫天的矢石予以壓制。他們通常來自敘利亞、巴利亞利等盛產射手的地區，操使著複合弓和投石索，能在百公尺範圍進行覆蓋射擊，而長期的軍事訓練能讓其在數十公尺的範圍內精確射擊，足以讓企圖透過遠端打擊進行消耗的敵人飽嘗苦頭。

若敵人因不願成為矢石的靶子而衝至陣前10～20公尺，就得面臨羅馬最具特色的武器——重型標槍的沉重打擊了。這是一種重達1．28公斤的重型武器，在木桿前段，用楔子或鐵釘連接著鐵質細長桿，長桿頂部則是鋼質的棱形或有倒鉤的矛頭。這種標槍一旦扎中目標，將會因自身重量和衝擊力導致楔子損壞、細鐵桿彎曲，從而朝向地面懸掛，棱形和倒鉤則可使標槍很難拔出來，最終大大阻礙目標的行動。典型的情況是，盾牌扎上標槍以後會變得不便使用，持有者往往只能丟棄盾牌。

一旦失去掩護進入肉搏階段，一面面長約1公尺、寬約83公分、厚5公釐，鑲嵌著金屬包邊和盾帽的盾牌又會成為敵人難以逾越的障礙，而躲在盾牌後面的短劍，將如蠍子尾一樣出其不意向敵人猛刺，哪怕在擁擠到長矛施展不開的環境中，它也一樣靈活。

如果有人想要消耗羅馬士兵的體力從而找出破綻，就會驚訝地發現，他們可以熟練使用輪替戰術將疲勞、受傷者換到後排。可以這樣說：在衝向羅馬人的每個階段，都將面對各式各樣的打擊。嫻熟的配合和經過戰爭檢驗的精妙戰術無疑是每個羅馬敵人的噩夢。

當然，使用武器的始終是人，尤其是在古代，人的作用大大超過武器。中國有「千軍易得，一將難求」的說法，足見指揮人員的重要性。擁有眾多高品質的軍官，無疑可以為實現複雜戰術、完成臨場應變、良好地執行命令打下基礎，而在這一點上，羅馬人在當時的歐洲可謂獨步眾邦。

羅馬步兵部隊裡，每80～100名士兵就有一名百夫長負責指揮，他是小隊的支柱，從普通士兵中選拔而出，往往有著極高的軍事經驗和戰鬥技巧。騎兵部隊裡，則是每30人就有一名軍官負責指揮。光有低級軍官還不夠，羅馬軍隊還會從百夫長裡提拔中高級軍官。

更重要的是，羅馬軍隊扁平化的指揮架構可以充分發揮各級軍官的能力，這一方面體現在任何軍官都可以擔負起指揮作戰的任務，哪怕是財務官也不例外；另一方面也在於，首席和首列百夫長們可以參與高級軍官的軍事會議，提供來自基層的寶貴經驗，上下層之間的重要資訊傳遞通暢。正是因此，小克拉蘇才能不需要凱撒的授意便調動預備隊，頂住了日耳曼人的攻勢，最終取得大勝；前三頭內戰中，兩位凱撒麾下的百夫長才能在無人授意的情況下主動重組潰軍，從而扭轉了戰局。

面對如此恐怖的戰爭機器，不列顛人卻表示不服，那些沒有在一開始臣服於羅馬的部族不斷騷擾與羅馬結盟的不列顛部落，在被羅馬軍隊教訓以後也未偃旗息鼓，後來，曾是羅馬盟友的伊凱尼人也加入了反抗的隊伍。

羅馬人一次次擊敗不列顛人，卻依舊有源源不斷的後繼者撲上來，這份堅持導致在不列顛島建立行省的18年後，征服戰爭依舊沒有結束。

02

西元61年，伊凱尼人的國王普拉蘇塔古斯駕崩。生前，在經歷了造反失敗的慘痛教訓後，他想要彌合與羅馬人的關係，使自己的國民和家人免遭厄運，便在遺囑中將羅馬皇帝尼祿與自己的兩個女兒共同指定為王國繼承人。但這樣的做法羅馬軍隊並不買帳。或出於貪婪，或出於憎恨背叛，又或者二者兼有之，羅馬百夫長及士兵們仍將伊凱尼人視作敵人，甚至劫掠了王室和貴族的財產，鞭笞了王后布狄卡，還姦污了兩位公主，最後把這個可憐的王國劃成行省。

羅馬人的暴行成功激起了反抗，伊凱尼人聯合了特利諾班提等諸多部落揭竿而起。起義軍發誓要將羅馬人趕下海，他們將首要目標定在科爾賈斯特附近的羅馬老兵殖民地，因為這些退伍老兵無情地剝削著當地人，更是羅馬皇帝安插到特利諾班提人首都附近的一根釘子，而且那裡缺乏城牆和工事的保護，拔除它不但可以報仇雪恨，而且可行性極高。

形勢對羅馬人來說岌岌可危。羅馬的4個軍團分散在各處，其中第14軍團全員、第20軍團分遣隊追隨著總督蘇埃托尼烏斯向西北挺近，進攻莫納島的敵人，只有第9軍團駐紮在林肯，距離不遠。雖然殖民地感覺到了不對勁，立刻派遣使者前去請求援軍，但皇帝的代理官僅僅派來了200人。不出意外地，殖民地很快就被攻陷了，僅有神殿裡殘餘的士兵稍稍抵抗了兩天。第9軍團長官聞訊派遣一支規模約2000人的部隊前往馳援，但大大低估了敵人的規模和速度，結果反被全殲了步兵，僅有騎兵逃出生天。

這一切發生的時候，不列顛總督蘇埃托尼烏斯正率軍返回，聽到起義的消息後馬不停蹄向倫蒂尼恩城（後來的倫敦）推進，並成功穿過敵軍的阻攔抵達了這個繁盛的商業中心。此時的蘇埃托尼烏斯面臨著一個難題：若他堅守此地，可以依託城市確保安全，並獲得充足的補給，但這也意味著分散四處的其他軍隊將很可能被各個擊破，尤其是第9和第20軍團均不滿員，前者剛被消滅了近1／3的力量，後者則至少有1000人在他的手裡；若他要出擊，卻是兵力有限無法攻守兼顧，等於把倫狄尼烏姆城拱手送人。

經歷了一番思想鬥爭，蘇埃托尼烏斯最終決定兵行險著。他不顧城內居民的哀求，帶走了所有兵力，意圖與第2軍團會合，然後把起義消滅在萌芽。這一舉動果然令倫蒂尼恩城和維魯拉米恩城（今聖奧爾本斯附近）淪於起義軍之手，他們進行報復性劫掠，造成了至少7000名羅馬人及其盟友死亡。

03

蘇埃托尼烏斯帶著1萬名士兵，沿著今天的惠特靈大道向西北方的南威爾斯靠攏，同時派遣使者通知駐紮在那裡的第2軍團，要求他們立刻前來與自己會合。令他萬萬沒想到的是，第2軍團的營帥並不打算聽從這項命令，因為一旦他帶著軍隊撤離，就意味著軍團基地很可能會遭到西路里斯人的報復，屆時羅馬對當地的控制權將立刻土崩瓦解。

羅馬的援軍不來，已成為起義軍首領的布狄卡卻集結了一支超過8萬人的軍隊浩浩蕩蕩地掃蕩威靈頓大道。這支起義軍與蘇埃托尼烏斯迎面撞上，一場決定不列顛自由的大戰拉開了序幕。

雙方決戰的地點至今是謎，只知道在這條大道中部的某個隘口處。羅馬人占據了地利，背向隘口列陣，但只有區區1萬人。布狄卡知道羅馬第9軍團遭到了猛烈打擊，第2軍團目前按兵不動，便擺開陣勢，想憑藉優勢兵力吃掉這一支孤軍。

蘇埃托尼烏斯的布陣一反傳統，為了盡可能彌補人數劣勢、拉長陣線長度，他沒有構建傳統的3條陣線，而是將步兵一字排開，步兵陣線的中間是重步兵，他們的兩側是輕重輔助步兵，步兵陣線的兩翼陳列著全部騎兵。布狄卡則依照傳統，在重步兵陣線的前方布置輕步兵，並混合戰車，全軍的兩側布置著所有騎兵。

隨著雙方列陣完畢，指揮官們不約而同地發出進攻的信號，兩軍聽令開始緩慢推進。待敵軍進入標槍的射程，羅馬士兵們瞅準時機投擲標槍，之後拔出短劍，以密集楔形陣衝了出去，兩側的重裝輔助步兵和所有騎兵也有樣學樣發動衝擊。不列顛人不甘示弱，戰車與騎兵呼嘯而出，甩開步兵徑直奔向羅馬人的陣線。羅馬軍團的密集陣列成功阻擋了戰車的攻勢，雙方騎兵之間陷入纏鬥，而那些面對羅馬輔助步兵的戰車則成功地衝進陣列。但是戰車轉向不便，羅馬輔助軍又訓練有素、裝備精良，起義軍戰車的衝擊未能決定性地將羅馬輔助軍衝垮，更沒有給其造成沉重的傷亡。身穿盔甲的羅馬弓箭手們在各級軍官的指揮下迅速重組、發起反擊，很快，呼嘯的箭矢就將戰車一一消滅了。

勝利的天平此刻依舊搖擺不定。很快，起義軍輕步兵們就跟了上來，與羅馬弓箭手展開對射，但他們無力阻擋軍團的推進，最終還是被擊穿了陣線。起義軍重步兵們又在稍後趕來，成功利用數量優勢包圍了軍團步兵，擊垮了弓箭手等輕裝輔助部隊，將整支羅馬軍隊分割成了3大塊包圍起來，準備各個擊破。

勝負開始漸出分曉。羅馬軍團士兵們失去了友軍和統帥的消息，但並沒有因此放棄抵抗，而是依舊保持高昂的鬥志與敵人殊死搏鬥。好勇鬥狠卻缺乏組織的起義軍沒有羅馬人的優質裝備和過硬的搏鬥技巧，更沒有精細的戰術配合與鐵一般的紀律，隨著時間的推移，起義軍士兵的體力漸漸不支，傷亡逐漸擴大，軍心開始動搖。羅馬軍團依舊在熟練地砍殺著這些不專業的士兵，於是起義大軍瞬間土崩瓦解。羅馬人乘勝追擊，擊破起義軍的車營，將裡面的人不分老幼婦孺屠殺殆盡，並追擊潰兵到樹林中，斬殺、俘獲大量敵人。

塔西佗誇張地說，不列顛人陣亡達8萬人之多，而羅馬人僅僅付出400人的代價。布狄卡在戰場中逃出生天，卻沒能逃過香消玉殞的命運，很快，紅髮女王死亡的消息傳遍了不列顛，一說是病死，一說是服毒自殺。真相究竟如何我們無從得知，不過可以確定的是，不列顛獨立自由的希望已隨著她的葬禮被埋入地下。此戰之後，不列顛人再無能組織起來的反抗力量，羅馬人在不列顛的統治延續了300多年。

為什麼漢朝與羅馬都要引入外族騎兵

一直以來都有一種言論，認為羅馬騎兵很弱，所以羅馬軍團在走出義大利地區之後便廢除了原來的騎兵部隊，開始使用外族騎兵。這種觀點甚至又延伸到與羅馬差不多同一時代的漢朝，認為大漢騎兵的戰鬥力不如外族騎兵。

這種觀點是錯誤的，羅馬與漢引入外族騎兵的目的略有不同，但他們的自屬騎兵與外族騎兵之間並不存在巨大的戰鬥力差距。

01

在共和時代早期，羅馬人征服了義大利各城邦之後，就將騎兵分為了公民騎兵與同盟騎兵，前者是以公民為主體組成的，每個軍團配置300人；後者是以義大利同盟組成的，人數是公民騎兵的3倍。所以，並不存在羅馬走出義大利之後才開始使用外族騎兵，並且後來羅馬公民騎兵也只取消了很短一段時間，進入帝國時代，公民騎兵便又恢復到每軍團120人了。由此看來，羅馬軍團改制的目的其實很簡單：羅馬公民數量遠遠少於被征服的義大利公民的數量，而他們又不想將公民權下放。

那麼，共和國的羅馬騎兵與其他地區對比是強還是弱呢？這裡以《羅馬帝國的崛起》一書中第一次迦

時間	地點	勝負
西元前 261 年	阿格里真托	迦太基騎兵勝
西元前 256 年	巴格拉達斯	迦太基騎兵勝
西元前 225 年	未知	羅馬騎兵勝
西元前 218 年	未知	羅馬騎兵勝
西元前 217 年	提基努斯河	迦太基騎兵勝
西元前 217 年	未知	羅馬騎兵勝
西元前 217 年	特雷比亞河	迦太基騎兵勝
西元前 216 年	坎尼	雙方平手
西元前 216 年	坎尼	迦太基騎兵勝
西元前 207 年	卡莫納	羅馬騎兵勝
西元前 203 年	大平原	羅馬騎兵勝
西元前 202 年	札馬	羅馬騎兵勝

太基戰爭至第二次迦太基戰爭結束雙方騎兵戰的勝負為例進行統計。（上表）

從上表可以看出，按戰場勝率判斷戰鬥力的邏輯來看，羅馬騎兵對外的勝率略高於失敗率。但我們不能就此簡單得出結論，即羅馬騎兵在第一次到第二次迦太基戰爭中強於他們的敵人，而要深入分析勝敗，否則就鬧笑話了。

上表可以分為五組：第一組是兵力不明的，如阿格里真托、大平原之戰等；第二組是羅馬人騎兵處於劣勢，如坎尼與特雷比亞斯河的戰場等；第三組是突然襲擊，如卡莫納之戰等；第四組是非單純騎兵交戰，如坎尼的第一次騎兵戰。表格中記錄的羅馬一方勝利的單純騎兵交戰，只有西元前225—前217年的兩場戰鬥，在這兩場戰鬥中，一次是6600名羅馬騎兵戰勝了1萬多山南高盧騎兵，另一次雙方騎兵都是500人，依然是羅馬人取得勝利。這麼看來，羅馬騎兵並不是不如迦太基騎兵與高盧騎兵。

於是又產生了另一個問題：羅馬人為何要在一段時間內取消公民騎兵呢？

個人認為，取消公民騎兵可能與公民騎兵徵召困難有關。取消公民騎兵的舉措出自馬略軍制改革時期。他的軍制改革就是強制服兵役，而騎兵屬於富翁與權貴階級，強拉他們入伍明顯會引起反感，所以不如賣個人情，為以後的政途鋪路，並且羅馬公民騎兵數量一直都不多，取消不至於產生太大的影響。而公民騎兵在帝國時期恢復，大概是因為奧古斯都既然曾大肆殺過羅馬富豪與權貴來充軍費，也就不怕再因徵兵而得罪他們了，只不過，公民騎兵的人數依然出現了下降。

02

再來看一看世界另一邊的漢朝。

漢朝騎兵創建於漢高祖劉邦時期，一開始實行的是楚制，在高祖入主中原之後又繼承了秦朝的騎兵與軍制，同時也繼承了秦朝的外族騎兵，《史記．高祖功臣侯者年表》就有記載：「南宮侯張買以父越人為高祖騎將。」高祖一統天下之後很快就與匈奴交戰，並被包圍在白登，由此很多人認為漢朝初期的騎兵還很弱。但其實，白登之圍前漢軍對匈奴可是連戰連勝。按《史記．韓信盧綰列傳》的記載，匈奴派遣左右賢王帶領1萬多騎兵和韓王信的部將王黃等人駐紮在廣武以南地區，到達晉陽時與漢軍交戰，結果漢軍將他們打得大敗，並乘勝追到離石，又把他們打敗。至於白登之圍，是高祖率領的先頭部隊被圍，而不是漢軍全軍，如果以此機械地認為匈奴騎兵強於漢人，其實並沒有什麼依據。

漢朝軍隊在高祖之後仍然使用外族騎兵，且外族騎兵的數量不少。漢武帝設立的八校尉中，騎兵校尉有四個，即屯騎校尉、越騎校尉、長水校尉、胡騎校尉，而這裡面有三個都是外族騎兵，或者說最起碼是以外族騎兵為番號的。

那麼，漢朝使用外族騎兵的原因是什麼？從晁錯《言兵事疏》的一番話中可以看出答案：「今降胡義渠蠻夷之屬來歸誼者，其眾數千，飲食長技與匈奴同，可賜之堅甲絮衣，勁弓利矢，益以邊郡之良騎。令明將能知其習俗和輯其心者。以陛下之明約將之。即有險阻，以此當之；平地通道，則以輕車材官制之。兩軍相為表裡，各用其長技，橫加之以眾，此萬全之術也。」

考古成果也有證據可以佐證。《西漢步、騎兵兵種初探》中說：「楊家灣軍陣所見輕、重騎兵之比為1：5.5，輕騎兵占不到20%，說明至少在漢初，騎兵部隊以重騎兵兵種為主體，輕騎兵兵種為輔，與前人所謂『騎兵重在騎射，材官重在踏強部，戰時以弓弩為主』的說法不盡相同（騎射者為輕騎兵）。」這是漢前期出土的兵馬俑。而從《山東臨淄山王村出土漢代兵馬俑坑發掘簡報》中可以看到漢中期兵馬俑的情況：「車騎行列共由49名騎兵俑及5輛車組成，騎兵俑從排列順序看前後大體可分為6排，分別在車的前後或左右位置，擔任護衛。騎兵俑頭戴垂肩頭盔，上身挺直，著鎧甲，臂有披膊，大多左手握拳下垂，右手置於胸前，也有單手或雙手上舉者，下身呈U形跨騎於馬背。」鑑於這些兵馬俑沒有箭筒之類的東西，所以他們應該都是重裝的肉搏騎兵。

顯然，在漢朝，異族騎兵是以輕騎兵的身分加入漢軍的，引入他們是為了彌補大漢騎兵遠端火力的不足。

納伊蘇斯戰役：花花公子拯救帝國

在長達14個世紀的古羅馬歷史中，西元3世紀被認為是羅馬帝國最喪權辱國的時候，為此甚至有個專門的詞——「3世紀危機」。

當時，羅馬帝國內有諸多軍閥為爭奪帝位或割據自立進行血腥爭鬥，外有強勢大敵進占邊疆燒殺擄掠，就連昔日高高在上的至尊皇帝，也無法逃避旦夕身死的悲劇結局，可謂名副其實的動盪亂世。不過，也是這個時候，一場戰役掀開了重振帝國聲威的序幕，這就是納伊蘇斯戰役。

01

納伊蘇斯，即今日塞爾維亞的尼什，自西元前1世紀末西元1世紀初被奧古斯都兼併之後，就一直是羅馬帝國在多瑙河中下游地區的戰略重鎮，也是主要的軍團駐地之一。奧古斯都時代的希臘羅馬地理學家史特拉波稱，納伊蘇斯城所在地區大致隸屬古代伊利里亞人和潘諾尼亞人的聚居範圍，可見，此地在被羅馬人征服前是被伊利里亞各支族裔占據的。納伊蘇斯對羅馬來講意義非凡，號稱「皇帝之城」，蓋因著名的君士坦丁大帝在西元272年出生於此。在後人看來，君士坦丁出生前4年爆發的納伊蘇斯大戰，就帶上了天降聖人的傳奇色彩。

羅馬人在納伊蘇斯遭遇的最可怕的敵人是稱霸南俄草原的哥德人，他們是羅馬帝國步入3世紀後，遇到的所有日耳曼蠻族中最強大的對手，與東部的薩珊波斯一起並稱威脅帝國安全的兩大勁敵。

哥德人首次入侵帝國領土在西元238年，隨後便時常劫掠富庶的羅馬領土。在此過程中，哥德人曾數次與威名赫赫的羅馬軍團交戰，幾乎都能大敗羅馬——在西元251年阿伯里圖斯一戰中，這些蠻族武士甚至擊殺了羅馬皇帝德西烏斯，這是首個死於外敵之手的羅馬皇帝，帝國因此蒙受了前所未見的巨大羞辱。毫無疑問，由於羅馬軍團在3世紀危機中的疲軟表現，哥德人已不將其戰力放在眼中，以至於他們把帝國領土視為可以任意進出的羊圈，只要上一次擄獲的戰利品消耗完，就會隨時再向多瑙河南岸發動新一輪的搶劫式入侵。

西元267年年末，距上次侵襲過去十幾年，哥德人糾集赫魯利人等多支日耳曼部族組成一支規模龐大的蠻族大軍，再度向災難深重的羅馬帝國發難。相關記載表明，入侵者是從南俄草原或喀爾巴阡山脈以北處出發，乘坐船隻橫渡黑海的。其中，赫魯利人等沿海路進入地中海，洗劫了小亞細亞沿岸，甚至賽普勒斯島；哥德人自己則帶著本部主力人馬出征巴爾幹半島，兵鋒直抵希臘腹地。

由於此次入侵的規模過於龐大，許多史書甚至誇張地宣稱，哥德人的格魯森尼部、特文吉部、佩烏西尼部等幾乎所有族群都參與其中，《奧古斯塔史》更是說入侵蠻族人數高達32萬眾，搭乘船隻2000艘；約活動於西元6世紀的史學家佐西姆斯則提到，他們搭乘的船隻為6000艘。這些資料顯然屬於極端誇張。

此次入侵正趕上帝國深陷內部叛亂無暇他顧的時候，是以蠻族在很短的時間內就迅速攻到了很遠的地方。比如，哥德人一路經麥西亞和色雷斯來到雅典城下，色雷斯城依靠本城公民克里奧德姆斯和德克西普斯率軍堅決抵抗，才逃過被洗劫一空的命運。此後，蠻族又向北折回馬其頓境內，沿途繼續攻城拔寨，帶給當地居民巨大災難。

時任羅馬皇帝加里恩努斯自然不能坐視入侵者在自己的轄境內肆意妄為。儘管帝國西部正面臨著一系列內部反叛和外部敵襲的威脅，一聽聞巴爾幹告急的消息，這位年富力強的元首還是立刻調集了亞平寧半島和多瑙河中游的駐軍部隊，堅決予以回擊。

加里恩努斯首先命麾下達爾馬提亞騎兵利用其機動性迅速趕到納伊蘇斯附近，在劃分馬其頓和色雷斯兩大行省界線的希碧河擊敗了3000名蠻族散兵游勇。隨後，羅馬軍團也迅速向南，於西元268年年初，在納伊蘇斯撞上了哥德人的主力人馬，一場激烈的決戰就此爆發。

02

入侵者的實力非常可觀，上述32萬人的資料過於誇大，但他們至少擁有3萬人馬。與之相比，羅馬軍團在人數上很難占得上風，畢竟他們是倉促之間從千里之外奔赴戰場的，短時間內無法湊齊邊境上的所有駐軍兵員。

戰役的初始階段，情況似乎也有向著對羅馬不利的方向演化的趨勢。佐西姆斯的簡略記載表明，加里恩努斯命令羅馬騎兵首先向蠻族同行發起搦戰，然後軍團步兵跟進，向敵人施加壓力。這一時期的帝國騎兵依然是過去高盧式或伊利里亞式的輕裝兵種，雖然並未達到百年後那種人馬俱甲全副武裝的程度，但他們訓練有素，鬥志高昂，在執行除正面衝鋒外的任務時十分契合統帥的臨場指揮。當時的羅馬步兵也沒有後世那樣頹廢，仍然保持著祖輩的勇武作風和嚴格紀律，是以在統帥下達指令後，他們便向蠻族陣地發動進攻。

不過，作為帝國在多瑙河方向的強敵，哥德人也並非易與之輩。由於諸多史料語焉不詳，現已無從得知哥德人具體的戰前布陣，不過參考百年後阿德里安堡戰役的案例，我們認為，此戰中的哥德人極有可能按照他們的傳統，將步兵布置於一個以行李輜重馬車組成的環形車陣中，而把騎兵安排到車陣最前和兩翼的位置，如此既可發揮騎兵的機動能力，又可最大限度地發揮己方恃險而守的長處。在注意到對手的動靜後，哥德人立即收縮兵力，把騎兵退入到車陣兩翼和後方，而步兵則依仗堅固的車輛和有利的陣位進行防守。如此一來，主動進攻的羅馬人便落於劣勢了。

戰鬥的演變經過也沒有超出蠻族的預料。由於哥德武士原本就人高馬大、力大無窮，又占據了有利陣形，更不用說他們還擁有早期日耳曼人所缺乏的騎兵和弓箭手力量，組織程度也遠比過去強大。最為重要的是，他們的人數因加里恩努斯抽調了部分羅馬兵力而穩占上風，這就使得蠻族能更遊刃有餘地面對帝國軍團的出擊。所以在這種類似攻堅的野外作戰中，即使羅馬軍團再如何紀律頑強戰力卓著，依然不足以扭轉戰局。

哥德人不僅能夠借助輜重的位置防禦，還能有效利用車輛間隙向對手突施冷箭，攻入蠻族陣中的羅馬將士不是在衝鋒過程中被弓箭、標槍刺中脖頸要害，就是在肉搏時被斜刺裡的偷襲砍斷胳膊腿腳。雖然軍團步兵依託嚴格紀律和有素訓練可以拖延一時，然而隨著戰鬥的延長，他們終究力不從心，不得不開始向後撤退，蠻族則趁機衝出堡壘式的陣地，發起全面進攻。

儘管因為父親是羅馬歷史上唯一被外敵俘虜的皇帝，加里恩努斯被許多古典史學家出於個人情感描述成不諳世事、耽於享樂的花花公子，但實際上，他絕非庸才。這是個曾擊滅數名僭位對手，幾乎將高盧帝國開創者波斯圖穆斯置於死地的皇帝，不僅個人勇武在當時頗具聲名，還精通指揮謀略。在納伊蘇斯戰役中，他早就預料到了以上不利態勢，並提前做了相應布局。

加里恩努斯知道蠻族素有憑藉車陣據守的傳統，想要獲得勝利，就必須把他們從有利位置吸引出來。為此，他早就在戰場附近一處只能容納單人通行的道口布下伏兵，又以剩下的軍團步騎兵為餌，不惜付出巨大的代價，用苦肉計來誘騙對手離開自己陣位。被勝利衝昏頭腦的哥德武士完全沒有想到這是對方的策略，當即毫無顧慮地追蹤而來，並最終踏入羅馬人布置的陷阱中。轉瞬之間，原本追蹤獵物的獵人反過來成了被追獵的對象。

03

羅馬人切斷了對手逃出谷口的通道，然後從峽谷上方投擲石塊，發射弓矢和燃燒物，哥德人受限於只能容納單人進出的道路，不僅無法做出有效反擊，甚至連轉身都十分困難，完全處於被動挨打的境地。即使偶有擅長攀援的蠻族武士攀登至峽谷頂端，也在人數絕對劣勢的情況下被羅馬人輕鬆擊殺。

原本就意志不堅、只為搶掠而來的哥德人在如此絕望的戰局下，不出意料地徹底崩潰了。為了能逃出生天，他們不惜相互踐踏、自相殘殺，而這一切更加劇了指揮的困難。最終，在極度混亂中，蠻族入侵者被加里恩努斯的兵士們悉數殲滅。佐西姆斯宣稱，哥德將士此役被殺5萬之眾，數千人成為俘虜，創下了自與羅馬帝國開戰以來的最大慘敗。這個資料也屬於誇張，大概估測，此戰他們的損失當在2萬～3萬人。

對羅馬人而言，儘管傷亡慘重，但在納伊蘇斯的勝利依然具有極其重要的價值，它不僅打破了哥德人不可戰勝的神話，還證明了羅馬人仍然擁有祖先那種置之死地而後生的豪情壯志。就算哥德等蠻族武裝並未因納伊蘇斯的戰敗徹底失勢，羅馬人卻逐漸恢復了危機前的軍事能力，贏得了此後一次次與敵軍激烈對決的機會，最終迫使蠻族再度臣服於帝國的軍威之下。可以這麼說，此次大勝的意義不啻帝國的浴火重生。

遺憾的是，主導這一切的皇帝加里恩努斯未能看到帝國真正復興的那一天，納伊蘇斯戰後不久，他就被克勞狄和奧勒良等伊利里亞將領陰謀刺殺。由於他在位時的改革觸犯了元老院等一干高層的利益，在他死後，掌握筆桿子的御用文人們不僅極力抹黑，還抹殺了他的一切功績，指揮軍隊獲取納伊蘇斯大戰勝利的功勞也一度被移花接木到接替其位的克勞狄二世身上，直到現代才被重新糾正。他的經歷如此坎坷，不得不讓後人為之感慨唏噓。

尼西比斯之戰：羅馬人啃不下的硬骨頭

帕提亞帝國，在中國的史書記載為「安息」，是亞洲西部伊朗地區古典時期的奴隸制帝國。當初，波斯帝國滅亡後，伊朗高原陷入一片混亂，帕提亞人憑藉強大的武力強勢崛起，最終建立了龐大的帕提亞帝國。它是古代四大帝國之一，與羅馬帝國處於同一個時代，雙方多有交戰。

帕提亞對羅馬固然敗多勝少，但本身的軍事實力並不弱，甚至在卡萊戰役中打得羅馬軍團主力幾近全軍覆沒。但如果說哪一次交戰最能展示帕提亞的軍事實力，還應該是雙方的最後一場較量——尼西比斯之戰。

01

西元210年，羅馬皇帝卡拉卡拉趁帕提亞的王子們為爭奪王位展開內戰，以帕提亞國王未將女兒嫁給自己為由，突然發動了對帕提亞的進攻。由於事發突然，帕提亞的阿狄亞貝尼和阿特羅帕特尼米底地區被迅速攻占。羅馬軍隊一路上大肆劫掠，甚至不放過帕提亞王陵。無秩序的搶奪一直持續到當年冬季，羅馬軍隊才滿載而歸。

羅馬人的種種暴行必然會引起帕提亞的復仇，當時的羅馬皇帝卡拉卡拉也知道這一點，所以在入冬之時回到美索不達米亞後，他迅速部署軍隊以應對來年戰事，準備將軍團的一部分用於參與亞美尼亞的內部戰爭，希望在帕提亞反攻之前將亞美尼亞控制在自己手裡。但很快，卡拉卡拉就遭到禁衛軍刺殺，皇帝之位由其禁衛軍長官馬克里努斯繼任。

另一方面，帕提亞國王阿爾塔巴左斯集結了一支4．5萬人的軍隊，由騎射手、重裝騎兵和重裝駱駝兵組成，反撲羅馬。新繼位的羅馬皇帝馬克里努斯是刺殺前任皇帝的主謀，並不受士兵的歡迎，面對來勢洶洶的帕提亞大軍，他想選擇議和，但帕提亞方面並不滿足議和條件，而是要求羅馬割讓整個美索不達米亞，並賠償所有損失。

議和的同時，阿爾塔巴左斯揮軍渡過底格里斯河入侵羅馬。起初，羅馬軍團不清楚帕提亞會從哪個方面入侵，便將兵力分散布置在各地，等帕提亞軍隊沿阿貝拉西北的主幹道出其不意地出現在尼西比斯附近，他們就只能在兵力劣勢的情況下與其一戰了。

就這樣，雙方進行了最激烈也是最後的一場戰爭。

02

此次戰鬥的爆發有一些偶然因素。當時雙方都在河邊取水，結果起了衝突，帕提亞國王阿爾塔巴努斯意識到戰機來臨，迅速組織騎兵突襲了沒有防備的羅馬士兵，將他們趕回大營。在這個關鍵時刻，留守軍營裡的羅馬輔助部隊和輜重部隊衝出營地奮勇作戰，才使帕提亞軍隊停止進攻。雙方第一天的戰鬥到此為止，帕提亞占優。

第二天，雙方在黎明時分就開始布陣。羅馬人將騎兵與摩爾標槍兵布置在左翼，將重裝步兵按照羅馬傳統的三列陣布置在中間，並且在每一隊列之中都布置富有突襲能力的輕裝步兵作為補充。右翼與左翼的布置一樣。帕提亞還是用昨日的戰術，希望依靠重裝騎兵和重裝駱駝兵擊敗羅馬人。但是這一次，羅馬軍團明顯不是昨天的樣子了，一次又一次打退了帕提亞人的衝鋒。

帕提亞的攻勢越來越猛，羅馬軍團假裝後退，並偷偷在路上扔下了許多蒺藜與尖狀物。殺紅眼的帕提亞軍隊一看羅馬人後退就衝了過去，結果中招，大量騎兵和駱駝兵紛紛掉下馬背和駱駝背。見勢不妙，深知肉搏不是羅馬人對手的帕提亞士兵們掉頭就跑，但還是有不少被抓住。第二天的較量以羅馬人勝利告終。

第三天，阿爾塔巴斯吸取了前一天失敗的教訓，開始改變戰術，從側翼包抄羅馬軍隊。為了應對帕提亞的進攻，羅馬軍隊不斷延長戰線，但在兵力上帕提亞畢竟占據優勢，羅馬人漸漸不支。阿爾塔巴斯不斷集中兵力攻擊羅馬軍團的薄弱處，羅馬皇帝馬克里努斯率先逃離了戰場，羅馬士兵見了自然不會繼續奮戰，隨即潰敗。第三天的戰鬥以帕提亞人勝利而告終。

就這樣，帕提亞取得了尼西比斯之戰最後的勝利。戰後，帕提亞高層接受羅馬人2・5億賽斯特斯⑨的賄賂，退軍而回。

⑨一種古羅馬貨幣。

03

帕提亞人戰力不弱，為何歷史上與羅馬對戰還會敗多勝少呢？

關於這個問題，主要原因可能是帕提亞將近一半的收入都源於美索不達米亞地區的農耕，如果使用遊牧民族擅長的「打不過就跑」戰術，那無疑是殺敵一千自損八百，所以他們只能選擇守土硬拼。但在綜合國力上，帕提亞又確實輸羅馬不少，明顯硬拼不過，只能吃敗仗。當然，一旦美索不達米亞和帕提亞首都徹底丟失，或者不在本土作戰，帕提亞人還是會用遊牧民族的傳統戰術，到那時就是他們的主場了。

不過，帕提亞主動出擊羅馬雖能贏，卻很難取得大的戰果。雖然之前的中東國家亞述以攻城能力強聞名，但是同樣居於中東地區的帕提亞由於堅守遊牧傳統，所以攻城能力一直是短板，這就意味著他們無法攻克羅馬人的堅城，一旦帶來的糧食耗盡，也只有撤離。

斯特拉斯堡戰役：大捷！傷亡1比30，卻顯露帝國敗象

一個大帝國的衰落絕不是發生在一夕之間，覆亡的種子其實早已種下，衰敗也早有徵兆，並且往往顯示在一系列屈辱和敗仗中。對於羅馬帝國來說，這個徵兆便是剛度過3世紀危機後於4世紀進行的一系列改革。在多災多難的4世紀「中興」改革裡，就連一場久違的大勝都處處顯現出形勢的危機。

01

自從亞歷山大・塞維魯皇帝被弒身亡，羅馬便踏入了著名的「3世紀危機」。短短50年，一位皇帝遭到波斯人俘虜，一位皇帝被哥德人陣斬於沼澤，超過60位僭主叛亂稱帝，無數城鎮毀於兵災，一度天下三分，整個帝國一片混亂。雖然伊利里亞諸帝透過多次軍事勝利總算壓住危機，但這些軍人皇帝能夠解決外患，卻無法阻止自己遭遇政變與謀殺。

西元284年，戴克里先執掌帝國大權。面對眼前的亂象，他決心銳意改革，開啟全新的時代。此後，作為古典威權帝國的羅馬已經死去，取而代之的是一個崛起的專制帝國。

戴克里先的改革內容有很多，大致如下：

政治上，他在3世紀軍政分離改革和拆分行省的基礎上繼續深化，將原先不足千人的官吏規模擴充

到3萬～3．5萬人，並把行省切分，數量擴充至原來的約4倍，多達近百個。他還創造了一種「四帝共治」體制，將統治大權分給2位皇帝和1位副帝，希冀以4位皇帝分治帝國的方式來改善皇帝事必躬親、獨木難支的困境，並透過早早提拔賢良下屬擔任副帝，來避免繼承人爭奪戰。同時，為保障皇帝的人身安全，他借鑑東方統治者的風格，一面強調君權神授，一面保持宮廷的神祕，疏遠民眾。

軍事上，他擴充軍力，將2世紀時30餘萬的陸軍擴充到約60萬。另外，他大刀闊斧地更改以往積極的邊境防禦戰略，把原先駐守在邊境基地的精兵抽出來，改組成野戰軍，調入後方行省和皇帝直轄的軍隊，僅留下適合防禦的次級部隊組成邊防軍，駐紮在邊境行省的小型要塞裡。這麼做，是為了在保障帝國統治的前提下，遏制地方軍政長官犯上作亂的野心。

經濟上，他頒布價格法案，強行規定商品價格，發行足額的貨幣，希望以此法扭轉嚴重的惡性通貨膨脹。同時，他重新在義大利地區徵收已被免除了400餘年的直接稅。為細化土地稅，他又安排大量人員重新丈量土地，細分土地肥力，試圖以此為帝國注入龐大的財源，好維持臃腫帝國的正常運轉。

戴克里先的理想很美好，但他的改革卻是徹頭徹尾的失敗。政治上，「四帝共治」體制沒能考慮到皇帝想立自己兒子為接班人的隱情，結果僅僅13年後就徹底崩壞了。軍事上，強幹弱枝的軍事改革導致軍隊反應變慢，行省的安全形勢幾乎沒有得到改善，而延續了整個4世紀的內戰，篡位次數甚至等同1、2世紀之和。經濟上，物價法案無法控制物價，商人們根據市場行情完全無視行政法規，在黑市上依舊賺得盆滿缽滿；新的足額貨幣又遭到劣幣打擊，絲毫沒能改變市面上流通劣質貨幣的局面；新增的稅項和細化的稅制需要新增大量官吏徵收與管理，大大增加了財政負擔。

帝國在新的改革中迅速失去活力。之後即位的君士坦丁雖然摧毀了四帝共治，卻基本沿用了戴克里先的改革內容，甚至部分措施在他治下得到進一步加強：為了繼續穩固皇權、減少軍費成本，他抽調邊防部隊到野戰軍中，並將其分散安置在城市民居裡，還把野戰軍團的規模從數千人削到僅千人；為了保障稅收穩定，他限制人員流動，無論是行會成員還是市民乃至農村的居民，都不得隨意離開自己所屬的行會或出生地……這些做法加劇了帝國的衰落，經濟因管制和重稅而凋敝，帝國財政因冗員而不堪重負，進而導致國家不得不降低徵兵的體格標準和軍隊的供給水準，並把軍隊分散於城市來抵消建造、維持軍營的成本，這又使軍人缺乏充足的集訓場地和訓練時間，沉迷於城鎮生活，失去軍人素質。

最終，所有惡因均在羅馬帝國的繼任者身上結下惡果，讓羅馬帝國在一場大捷中顯露敗象。

02

君士坦丁是多疑且殘暴的，他的這一統治風格也傳承給了膝下三子。在他駕崩後不久，他的三個兒子就展開內戰。經過13年的爭鬥，君士坦提烏斯二世成為帝國唯一的皇帝，可是笑到最後的他並沒有感到安心，反而疑心日甚，乃至幾乎將皇室宗親屠戮殆盡，僅剩堂弟尤利安一人。

後來，高盧地區不斷爆發叛亂，邊境又有外敵入侵，樁樁件件將他擾得心煩意亂。思慮再三，他還是決定放下疑慮，堅信血緣的羈絆要比陌生人的忠誠更可信，將副帝之位授予尤利安，令其即刻出發逆轉高盧諸省的亂象。

平亂無疑是一件頗有難度的事情，一是因為尤利安身邊僅有360名衛兵可供驅使，二是因為萊茵河對岸的日耳曼部族常年大規模渡河入侵，此時的高盧已是一片破敗，而這一次，在尤利安到達高盧前，日耳曼人已經毀滅了45座城鎮。出現這種情況，是前文所述改革的緣故。帝國西部龐大的軍力分散各處，這些軍隊中的任何將領都無權調動大軍，只能等待副帝親自過來，並在接到集合命令後再開始集結。可日耳曼人不會等帝國的戰爭機器緩慢啟動，當尤利安在現今法國中西部的維埃納組織兵力的時候，他們圍攻了東邊的歐坦城。

幸運的是，雖然城內的駐防部隊無力抵禦敵人，但是一些老兵組織起來，憑藉過人的軍事素質和經驗成功擊退了敵人。接獲歐坦被圍的消息後，尤利安知道時間緊迫，力排眾議帶領一隊具裝騎兵和一隊操作手持扭力弩炮的士兵出發，總數不超千人。一行人沿著一條森林中的捷徑趕往集合地蘭斯，途中受到蠻族的攻擊，幸好具裝騎兵輕易地擊潰了敵人。礙於緊迫的時間與笨重的裝備，他們沒有追擊，而是轉向先去托伊斯城休整。那裡的守軍不知是因為害怕外面遊蕩的日耳曼人，還是不信任來訪者的身分，總之是讓副帝吃了閉門羹，他們費了好一番口舌才終於進城。

耽擱了一段時間，尤利安最終抵達蘭斯。一路上的不易沒有嚇倒這位年輕的副帝，他召開軍事會議，決定全軍出擊，將戰火燒到日耳曼人中的一支——阿勒曼尼人的部落，但可悲的是，從各地拼湊而來的羅馬軍隊對帝國境內的地形還不如敵人熟悉。

一個陰雨天，阿勒曼尼人找準時機對羅馬軍隊的後衛實施了偷襲，而前邊的軍隊對此還渾然不知，若不是巨大的戰鬥聲引起羅馬將領警覺，派來了援軍，兩個後衛軍團就要面臨覆滅的命運。

成功擊退敵人後，尤利安警覺地向已被敵人占領的布呂馬行軍。那裡的日耳曼人不願坐以待斃，主動出擊，羅馬軍隊擺出新月陣形，透過對兩翼的壓迫擊潰了他們。初戰告捷不能令尤利安滿意，他又馬不停蹄前往同樣遭到毀滅的科隆，在那裡紮下軍營，透過展現軍力迫使法蘭克國王簽署了和平協定。當局面初步穩定後，他便回到現在法國的桑斯過冬休整。礙於後勤壓力和士兵的思鄉之情，他僅留下了少數軍隊，其餘士兵都暫時遣散。

阿勒曼尼人才遭到不小的打擊，正怒火中燒，又從羅馬逃兵那裡得知副帝手上士兵稀少，正困在冬營，便組織軍隊包圍了桑斯。尤利安得知消息，內心焦躁不安卻仍強裝鎮定，親自上陣組織守衛。阿勒曼尼人缺乏攻堅用的機械與技術，在圍城一個月無果後，只能悻悻撤退。尤利安兵力不足，只能目送他們離開。讓尤利安氣憤的事還不止於此：駐紮在附近的騎兵主將馬克盧斯其實擁有充足的兵力，但不知是因為不敢違反謹慎等待調兵命令的規定，還是因為畏懼敵人的聲勢不敢獨自出擊，又或者兼而有之，總之他並未及時出手救援。這一行徑在事後受到尤利安的激烈指責，君士坦提烏斯二世只得將其免職召回。

阿勒曼尼人遭到挫折並不氣餒，他們在不宜戰鬥的冬天過去後，再度聚集於萊茵河邊。對於這一情況，尤利安有點興奮，因為前騎兵主將馬克盧斯的繼任者是一位樂於聽從於他的優秀將領，得到支援的他手下終於湊到了1．3萬人。

與此同時，來自義大利的2．5萬援軍在巴爾巴蒂奧的率領下趕赴奧古斯特，他與尤利安一東一西，形成了致命的鉗形攻勢，只要雙方密切配合，阿勒曼尼人的進攻必然遭受痛擊。然而，遲鈍的指揮體系和將領之間的猜忌讓「配合」二字只能停留在理論上，雙方並沒有形成任何良性交流，巴爾巴蒂奧反而還拖了後腿。

當阿爾卑斯山西側的雷蒂亞部落突襲並劫掠位於現在法國東南部的里昂時，尤利安立刻派遣3支騎兵部隊在其必經之路上埋伏。有2路都成功擊潰敵人，奪回了被掠奪的財物，但靠近巴爾巴蒂奧的敵人卻被輕易放跑。原來，巴爾巴蒂奧竟派部下制止了尤利安的騎兵去偵察道路、準備伏擊，可他自己又不出擊攔截，最終導致敵人堂而皇之穿越防區回到故土。

後來，尤利安派遣輕裝輔助部隊渡過萊茵河，成功驅逐了島上留守的日耳曼人，重建了被破壞的堡壘，並在裡面儲存了可用一年的糧食，以備後續進攻所用。巴爾巴蒂奧領著大軍拿走了要塞內的部分儲存，正當所有人都以為他要用這些物資發動一場成功的進攻時，他卻在阿勒曼尼人的突襲下潰不成軍，丟下所有輜重一路撤回了義大利。鉗形攻勢因他被打破，聚集的物資也因他資了敵，巴爾巴蒂奧真是個不折不扣的豬隊友。

03

回到宮廷的巴爾巴蒂奧沒有反省，反而不忘在皇帝面前中傷尤利安，尤利安此刻卻沒工夫理會這等小人。

阿勒曼尼人透過前一次的勝利更加緊密地團結起來，他們的7位國王由逃兵處得知副帝身旁只有區區1·3萬人，便組織了3·5萬大軍向尤利安所部撲來。此時的尤利安已經不是當初那個毫無經驗的戰場新人，而是久經考驗的老將了，他扣留了勸降的使節，繼續加固工事，等待敵人來犯。

蠻族大軍花了3天3夜渡過萊茵河，來到距離羅馬營地21英里（約33·8公里）的斯特拉斯堡紮營。尤利安考慮到敵人的成分複雜，決定主動出擊，在敵人完成部署前擊垮他們。

羅馬軍隊經過一個白天的艱苦行軍，終於在黃昏時分發現了阿勒曼尼人。尤利安想讓士兵充分休息明日再戰，但士兵與將領們都表示反對，迫使副帝下令出擊。

羅馬人以步兵在左，全部騎兵在右的布置向前推進。三個阿勒曼尼斥候探知，隨即將羅馬人的動向報告統率全軍的兩位國王。得知敵情後，國王們迅速組織軍隊。塞拉皮奧（Serapio）國王帶領步兵在右翼，他將主力排列成密集的楔形陣，準備在羅馬人的步兵靠近時發動反衝擊，另外還埋伏了一些步兵在塹壕內，企圖在羅馬人靠近時突然殺出製造混亂。奇諾多馬留斯（Chnodomarius）國王則率領全部騎兵位於左翼，直接面對羅馬騎兵。由於羅馬人的具裝騎兵被盔甲保護得很好，蠻族騎兵僅憑單手矛的攻擊難以傷害到對方，因此他還安排了部分步兵跟隨，希望在兩方騎兵短兵相接無暇他顧時爬行前進發動突襲，從下而上攻擊馬匹，打落騎兵。

羅馬軍隊的長官依靠經驗察覺了敵人的埋伏，下令讓步兵立刻停下腳步，加固密集陣列以應對敵人的突擊。尤利安見狀，帶著200名衛兵策馬奔馳，鼓勵遲疑的士兵們。與此同時，阿勒曼尼人也發出了怒吼，只不過是向著指揮騎兵的奇諾多馬留斯國王。士兵們要求他下馬作戰，以示破釜沉舟的決心，國王與他身邊的士兵們只能紛紛下馬，戰鬥便在這樣奇怪的情況下開始了。

當進攻的號角吹響，阿勒曼尼人頂著羅馬人發射的箭矢急速狂奔，揮舞著武器徑直向羅馬軍隊衝去，羅馬步兵們將盾牌舉過頭頂擺出盾牆，與他們猛烈地撞在一起。阿勒曼尼人中的老兵企圖用全身的力量壓迫對方後退，但羅馬軍人憑藉決心與耐力最終占據上風。就在羅馬左翼的步兵乘勢推進，勝利的天平似乎要向羅馬這邊傾斜的時候，右翼的羅馬騎兵竟被阿勒曼尼人的狂暴衝鋒擊潰，一路逃到步兵的身旁，若不是步兵面對友軍的踐踏仍舊堅守陣線，尤利安也迅速趕來重組潰敗的騎兵，勝利的果實就會落到阿勒曼尼人的手中了。

在羅馬騎兵潰散重組之際，阿勒曼尼人立刻掉頭攻擊羅馬步兵，在標槍亂飛、刀光劍影的沙場上，久經訓練的羅馬步兵還是壓制了體格更優的蠻族士兵。這時，一支由阿勒曼尼貴族和國王們組成的突擊隊殺了出來，以蠻勇的力量衝破了本來堅不可摧的羅馬陣線，直達禁衛軍的營地。駐紮在那裡充作預備隊的初創軍團堅守陣地，無情地將企圖突破陣線的阿勒曼尼一一放倒。傷亡陡然增加，阿勒曼尼人被迫全軍潰退，大獲全勝的羅馬步兵顧不得戰鬥的疲憊，以矯健的步伐追殺殘敵，直到被河流擋住了去路。

阿勒曼尼人顧不得湍急的河流有多危險，紛紛投入其中，只求逃離羅馬人的追殺。羅馬的士兵們殺紅了眼，也想跳進去，但被尤利安和其他將領們制止了，稍稍恢復理智後，他們開始用各類投射武器射殺河中泅渡的敵軍。

當歸營的號角響起，戰場上已經留下6000具阿勒曼尼人的屍體，河流中還有數不清的溺斃的阿勒曼尼人，奇諾多馬留斯國王及其200名隨從被俘。羅馬人終於取得了一場決定性的勝利，且只付出4名軍官、243名士兵陣亡的代價。

這次勝利無疑是光輝的，但暴露出的問題也十分嚴重。遲鈍而矛盾的軍事制度在會戰前就已經充分展現出來了，戰鬥打響後，還能看到許多令人迷惑的景象：精銳的具裝騎兵竟然在對方徒步騎兵的攻擊下可恥地逃跑；騎兵和步兵之間幾乎完全分開行動，沒有看到雙方有效的配合；步兵雖表現出令人敬佩的紀律和體力，在堅守陣地時也成功擊潰敵人，卻缺乏祖先主動出擊的勇猛風格。而此戰的戰鬥之外，則顯露出更大的隱患。比如，即便是戰功赫赫的老兵們，仍舊無法足額領取軍餉，以至於在渡過萊茵河打擊日耳曼人的戰役發起前，還引發了一次譁變。

戰鬥結束後，尤利安帶著1000多職業士兵圍攻躲在兩座廢棄堡壘中的600法蘭克人，竟然花了足足54天還無法攻破。原先那些強大的機械此時彷彿消失不見了——它們有出現，但只出現在守城的時候，若是以前，它們會出現在攻堅戰甚至野戰中。

帝國正在滑向深淵。當尤利安在波斯戰場上不幸殞命後，帝國的情勢急轉直下，打出了丟人現眼的阿德里安堡戰役，從此一蹶不振。

中世紀

冷兵器的黃金期

中世紀騎士都喜歡的鎖子甲，為何沒在中國普及？

鎖子甲是古代的一種金屬鎧甲，一般需要鐵絲或鐵環互相套扣，綴合成網鎖，最後製作成衣。在古代中國，鎖子甲（鏈甲）一直沒有被普及使用，由此產生了古代中國缺乏鎖子甲生產技術、鎖子甲在當時是需要進口的高檔貨等說法。事實是否如此呢？

01

《晉書．呂光載記》描述，優質的鎖子甲「鎧如環鎖，射不可入」。相比鱗甲、札甲可能被箭矢從縫隙中射入，鎖子甲確實顯得無隙可乘，只要箭頭本身大於鎖子甲的孔，就會卡在上面無法繼續深入。除此之外，作為軟甲，鎖子甲更有活動性好、防護面積比札甲大的優勢，但其缺陷也很明顯。由於相對柔軟貼身，因此它對於鈍擊和槍、劍等利刃的穿刺都難防禦，攻擊可以透過甲衣直接傷害著甲者，甚至如果鎖環不夠密集的話，長刀、大斧之類的兵器更能將鎖環成排砍斷。

我們需要注意到，西方世界大規模使用鎖子甲的時代，正是他們最分裂、最混亂的時期，即中世紀。相比之下，在盛期的羅馬帝國，士兵們大量使用的是環片甲，二線部隊才用鎖子甲，波斯帝國薩珊王朝則批量使用鱗甲，而阿拉伯帝國的巔峰時代，重騎兵往往使用大片金屬甲葉交疊的重型札甲，拜占庭軍隊也是如此。也就是說，他們在近戰時，擁有比鎖子甲好得多的防護。

隨著中東地區的水土被破壞，沙漠面積不斷增大，城市分散到一個個綠洲當中。漸漸地，軍隊往往要走上千里去尋找補給和飲水，這就要求軍隊要有能快速穿過荒蕪地區的能力。由於古代的技術有限，鎧甲的防護力強往往也就意味著厚重。因此，為了適應環境變化，阿拉伯帝國從波斯人和拜占庭人處繼承來的重騎兵體系快速衰退，機動性強的突厥騎兵成為伊斯蘭世界的主流。王朝的突厥騎兵在轄下各城市間快速穿梭，以維持國王的影響力，避免被沙漠隔絕開來的各城市產生異心。

同樣的事情也發生在西歐。西羅馬帝國滅亡之後，人口密度驟減，許多城市和鄉村拋荒，製造出大片的無人區。對步兵方陣近戰肉搏能力的需求快速下降，而維京人和馬扎爾人的侵襲使得對箭矢的防禦需求大幅度上升——維京人和馬扎爾人都是非常優秀的步弓手。

輕便又防弓箭的鎖子甲就是在這種情況下盛行起來的，可以說，它實際上是軍事體系衰退的象徵。

另外，由於塑形性強，鎖子甲可以輕鬆適應各種體形的戰士，生產的時候不用區分不同規格，也不需要嚴格地規範化，且戰爭中繳獲的鎖子甲拿來即可使用。在生產力有限的時代，這也是它得以大規模流行的重要原因。

02

不過，生產鎖子甲的過程也不能太過省事，畢竟，防禦能力的高低和製作工藝有很大關係。

十字軍東征時，作戰雙方都穿戴鎖子甲，但十字軍的甲胄比起突厥騎兵的，防護力明顯強得多。原因主要有二：

其一，鎖子甲分為開環甲與鉚接（或焊接）甲兩種。前者甲如其名，在製作時鐵環不必封起來，因此強度很低，有時候甚至一震即斷，無法防箭。不過它的製造成本低，在經濟衰退、人口衰減的時代更為普遍，中東地區的突厥牧民使用的大多是這種。後者使用鉚接或焊接技術，鐵環閉合，強度要高得多，造價也貴得多。東征的十字軍士兵大多是貴族，不怕花錢，因此他們和他們的扈從們大多使用防箭能力很強的鉚接甲或焊接甲，不僅能抵抗箭雨的攻擊，有時連破甲重箭的近距離射擊也拿他們無可奈何。

其二，當時西歐弓箭文化的發展遠不如中東地區的騎射文化來得深。隨著突厥人的崛起，騎射已經成為中東世界最重要的戰鬥方式，直到更偏好札甲的馬木路克王朝崛起，情況才得到一定扭轉。突厥人沉溺騎射，畏懼近戰，面對敢於肉搏的十字軍戰士，在氣勢上就被壓過去了，因此常在箭雨消耗無功之後，被十字軍騎士的突擊打得死傷枕藉。

由此，鎖子甲為什麼在東方始終沒有高度流行起來，就很好理解了——東方一直擁有規模化的生產體系，有能力生產規格細化的盔甲，而且對於近戰防禦的需求也遠高於遠端防禦。

03

鎖子甲不是中世紀的西方世界唯一在用的鎧甲，如果有可能，西歐的騎士們還是會給自己置辦一套來自拜占庭的札甲，以強化自己的近戰防護。雖然某些西方歷史愛好者狂熱地吹噓鎖子甲刀槍不入，但親臨戰場的騎士們顯然要實際得多。

那麼，如果嫌鎖子甲對近戰傷害的防禦力不足，為什麼不在外邊另套一層硬皮甲，在裡面加軟內襯或者札甲背心，再拿一個防護盾牌？當然是因為這一套在當時的戰場上並不可行。穿鎖子甲圖的就是輕便靈活，一層層軟甲硬甲疊加起來，就與這個初衷完全背離了。不過，一旦有士兵能夠透過高強度訓練，在層層包裹之後依然保留靈活戰鬥的能力，他們在戰場上就會占據巨大優勢，比如中世紀首屈一指的武裝力量——諾曼騎士。

至於穿戴鎖子甲，然後在易受攻擊的軀幹、手臂、腿等部位增加金屬板並用皮帶固定的做法，是遲至13世紀末期才出現的，那個時候中世紀已經即將結束，而這種做法後來漸漸催生了板甲。

遊走在盔甲上的藝術：歐洲騎士都是外貌協會會員

01

進入中世紀中期，騎士們的盔甲有了進一步改進，雖然形制依然是鎖子甲，但額外增加了鏈甲頭巾（主要保護頸部）和鏈甲手套。同時，鎖子甲的長度一再加長，直達腿部，頭盔也開始完全包裹頭部與臉部。由於幾乎完全被盔甲覆蓋，十字軍東征時，騎士們又被稱為「鐵人」。

渾身被包裹，便無法根據相貌或身材判斷身分，為了區分，士兵們常常在盾牌上塗畫各種符號作為個人標記。相同的圖案亦可繪製在頭盔上，或者以木頭、皮革、混凝紙、紡織物等物單獨製作，佩掛在身。這些表明個人身分的標誌是紋章的發端。嚴格來說，它們最初的用途並非美學意味上的裝飾，但隨著時間推進，圖繪漸漸成了盔甲上極為重要的一部分，也慢慢變得越來越複雜。

不過，儘管在理論上騎士的馬刺和鎖子甲是可以用金銀裝飾的，但此時的大部分盔甲依舊算得上樸實無華，人們更多是用套在盔甲外不同顏色和圖案的衣服來彰顯個性。

從13世紀後期起，騎士們經常會在肩膀、手肘、膝蓋等身體比較脆弱的部位加裝一些金屬板以提升防護力，或者用硬皮革、獸骨、獸角等原料製作成板狀，然後被用鉚釘固定在昂貴、鮮豔的織物上，例如天鵝絨、錦緞、金絲織物等。它們被稱作布面鐵甲，通常會有一定的裝飾設計，實際上就是一種鏈甲融合板甲的複合盔甲。

進入14世紀，皮革、金屬板開始被用來保護四肢乃至軀幹。皮革鎧甲更便於加工，能夠雕刻、塑造各種主題的圖案。就像中世紀手抄本的裝幀一樣，板甲的邊緣會裝飾銅合金薄片，有時上面還會鎏金並刻上花卉圖案或銘文。

02

在中世紀即將過去，文藝復興時期即將到來的時候，歐洲盔甲又有了一個明顯進步——全身板甲出現了。1420年前後，騎士們會從頭到腳披上一整套鉸接在一起的金屬盔甲，防禦力有了大幅提高。當然，鎖子甲和布甲也沒有完全退出歷史舞臺。

板甲的廣泛使用為盔甲匠人提供了更多裝飾技術的選擇：鑲邊、銹蝕、上漆、蝕刻、雕刻、點刻、鎏金、鑲嵌……此外，頭盔和胸甲常常用織物覆蓋，木盾則用紋章加以裝飾。

到15世紀下半葉，尤其在德語國家，護甲表面用凹凸的線條裝飾成為一種時尚，有的板甲邊緣部分還會被極為細心地進行切割，其紋路似乎是在緬懷古老的哥德式花窗。大約在同一時間，義大利的盔甲匠則開始生產一種新式復古輕盔，它們逐漸取代了中世紀流行的頭盔。

文藝復興時期，人們常標榜自己要復興古希臘古羅馬文化，即便在盔甲界也出現了一陣「復古風」。除了上述兩種，人們又刻意還原，或者說自認為還原了古希臘古羅馬時代的「肌肉型胸甲」。這種人體雕塑般的胸甲塵封多年後，經考古人員的手重見天日。不過，這類「大傢伙」一般是王公貴族們在宮廷慶典時附庸風雅之用，不會用於實戰。

03

16世紀前後，盔甲流行的樣式再度發生變化，昔日形狀修長、紋飾偏向垂直尖銳的哥德式板甲被更加圓潤、厚重的鎧甲取代。至1540年前後，凸脊成為一種流行裝飾，德意志——有時也包括義大利——的盔甲表面就常常裝飾以閃亮的平行脊狀條紋。如果不注意，這些盔甲會被誤歸為「馬克西米連盔甲」一類。

除了樣式，盔甲的用途也發生了一些變化。

1515年到1535年，一批德意志盔甲匠打造出品質精湛的服裝盔甲，有時還搭配著造型奇異、具有人類或動物面孔的頭盔，這些別致的盔甲會在舉行盛大的慶典儀式或馬上比武大賽時使用。

1530年至1560年，義大利半島上的米蘭城，出現了當時首屈一指的盔甲大師，他的名字叫菲利波·內格羅里，製作的雕花盔甲達到了同類產品的藝術巔峰。浮雕工藝當然會削弱金屬強度，因此這類盔甲不會用於戰鬥和比武競技，而是完全脫離了實用。菲利波和他的親戚弗朗切斯科、焦萬·巴蒂斯塔、亞歷山德羅以及焦萬·保羅等人一起經營的菲利波盔甲工坊，就為神聖羅馬帝國皇帝、烏爾比諾公爵、法國及西班牙王室製作了大批極為華美的禮儀用鎧甲，這批盔甲不追求極致防護，而將重心徹底放置於細膩的浮雕、各式植物花卉圖案和蝕刻的波紋上，並且往往鑲金帶銀。菲利波在盔甲裝飾方面的造詣長期獨步歐洲，直到16世紀後期，才有了堪與菲利波比肩的重量級禮儀用盔甲和馬鎧作品。

對於實戰盔甲而言，自16世紀初起，蝕刻結合鎏金和發藍工藝（可防銹）成為更加風行的盔甲修飾技術，紋飾的具體內容涵蓋了宗教銘文、植物花卉、幾何圖形、宗教畫、歷史與神話題材、政治題材、紋章等。裝飾變得越來越複雜，盔甲匠常常力不從心，於是不得不借助畫家、雕塑家、蝕刻師和金匠的手藝。

除了德意志、義大利、法蘭西等傳統盔甲製作基地，16世紀的英格蘭也開始奮起直追。1511年，國王亨利八世在格林尼治設立了皇家盔甲工廠，專為英王及英國宮廷生產高級盔甲。由於引進了大批外國專家，英國的盔甲裝飾水準很快也達到了一流水準。格林尼治盔甲工廠的生產持續了上百年，直到17世紀中期英國資產階級革命爆發，方才退出歷史舞臺。

04

17世紀的歐洲備受大規模戰爭（如慘烈的三十年戰爭）的困擾，雖然盔甲在軍隊中仍有市場，但人們需要的是廉價可靠、能大規模裝備的甲冑，它們通常是樸實，甚至可以說是低劣的，自然用不上精美的紋飾。而隨著火器的發展和普及，傳統盔甲逐漸走向衰落，除了重騎兵和打攻城戰的時候，大部分軍隊都放棄了沉重的舊式盔甲，即便是重騎兵，通常也只裝備胸甲和頭盔，而非全身板甲。

漸漸地，沉重的盔甲只能在典禮儀式和戲劇表演中得見了。為王公貴族生產的禮儀用盔甲依然存在一定需求，但騎士時代畢竟已經遠去，美輪美奐的高檔盔甲注定要變成明日黃花。

1712年，巴黎的盔甲匠人為年僅5歲的阿斯圖里亞斯王子路易打造了一套王室板甲，之後就再也沒有出現新的王室訂單。歐洲盔甲的裝飾歷史自此畫上句號，此後，人們只能在宮廷或博物館的陳列室中欣賞它們了。

擅長步兵作戰的歐洲人，為何在中世紀變成騎兵專精？

步兵方陣是古羅馬軍隊最典型也最具標誌性的特徵，對於一些人來說，與羅馬的步兵傳統相比，中世紀時期歐洲騎兵當道的狀態顯然是一種叛逆。不過，存在即合理，騎士制度的興盛和發展有其必然性。

01

傳統觀點認為，歐洲中世紀騎兵的強盛與硬質馬鐙、馬鞍以及包括鎧甲在內的騎兵用具的傳播發展有關。但從時間線來看，歐洲騎兵的興盛基礎，也就是各種經濟條件和社會條件，早在這些騎兵裝備出現前就已經到來了。那麼，到底是什麼讓一直以步兵為主的歐洲突然之間變成了騎士的國度呢？

早在西元3世紀初，羅馬就已經開始逐漸減少或者說弱化軍團的軍事作用。有人甚至認為，西元450年時，「軍團」之名就已經為人們所遺忘。

這並非因為羅馬軍團的作戰效能降低，事實恰恰相反，羅馬軍團這種均衡性、適應性極強的軍事組織，即使是到數世紀後，面對重裝騎兵這種戰場霸主，也依舊有著較強的威脅性。透過嚴明的紀律整訓和默契的配合掩護，羅馬軍團甚至可以在極端劣勢的情況下防禦敵方騎兵發動的側翼突襲，並依靠士氣的優勢挫敗敵人的攻勢。

雖然我們經常用「逐漸崩壞」來形容西元3—5世紀羅馬軍團的衰落過程，但在羅馬帝國晚期的征戰史上，羅馬軍團同樣不缺少高光時刻。

西元357年，羅馬皇帝尤利安曾經依靠其麾下的軍團部隊擊敗了日耳曼蠻族部隊。雖然此時的羅馬軍團有「蠻族化」的趨勢，但尤利安所率領的這支部隊，無疑依舊保持了他們前輩的特色。戰場上，在羅馬騎兵們被日耳曼騎兵追得疲於奔命時，步兵隊伍依靠預備隊頂住壓力，抵擋住了對面那些「頭髮飄舞，毛髮倒立」的日耳曼騎兵。羅馬軍團能夠施展這樣的戰鬥力和機動性，得益於「背教者」尤利安效仿凱撒預設的分遣隊。這場戰鬥，步兵雖然未能幫羅馬直接取得最終勝利，但依靠頑強的抵抗，他們為騎兵的回歸贏得了時間。

從某種意義上來說，即使是在騎兵盛行的中世紀時期，羅馬軍團的戰術依舊不算過時。以東羅馬帝國為例，東羅馬雖然以騎兵見長，但是其戰術體系中依舊依賴步兵充當騎兵的屏障，幫助後者重整隊形並提供掩護。

羅馬軍團的問題在於，當時的羅馬帝國，已經難以像原先一樣持續提供優質的兵源作為軍隊的補充了。

雖然史學界對羅馬軍隊的補充困難給出了諸多解釋，例如上層貴族的饕餮和腐敗，卡拉卡拉普發公民權的後遺症，乃至銀幣外流導致的貨幣貿易衰退等，但有一點是始終無法被忽略的：羅馬城、義大利地區及其他羅馬行省對參軍的熱情，的確是隨著時間的推移而在逐漸降低。

為了解決這一問題，羅馬帝國只好雇用和招募蠻族進入軍隊。和傳統意義上的羅馬士兵相比，日耳曼蠻族無疑有著更為強健的體魄和更為悍勇的性格。但是，對於軍隊尤其是羅馬軍隊而言，戰鬥力的來源並非這些，而是系統性的訓練和默契的配合。

日耳曼蠻族由於氏族生活的影響，如果有同一氏族長老的帶領，能發揮出絲毫不遜色於羅馬軍團的默契。但可惜的是，當這些蠻族以更小的群落進入到羅馬世界後，這種默契往往會被打散。

基於這個原因，羅馬軍團依仗的重裝步兵效能開始下降，但同時，騎兵的威力卻漸漸顯露出來。就像美國著名軍事歷史學家阿徹．瓊斯在《西方戰爭藝術》中說的，和重裝步兵相比，騎兵並不那麼依賴整體的凝聚力和相互協同的作戰方式。在羅馬帝國後期，騎兵的地位漸漸提高。原本在羅馬軍隊中，騎兵只占1／12～1／10的比例，但到了西元5世紀，騎兵在羅馬軍中的比重就已經多達1／4。

02

羅馬帝國解體後，在其廢墟之上誕生了諸多蠻族國家。和失去了訓練、裝備以及紀律優勢的羅馬人不同，日耳曼蠻族依靠的是氏族的凝聚力和個人的勇武。即使難以和最精銳的羅馬軍團匹敵，這些蠻族勇士在當時依舊是極為強大的戰力。

對於日耳曼人而言，他們顯然更願意透過血水而非汗水獲得財物和地位，這種風氣甚至可以從語言學中得到印證。日耳曼語中，「自由民」又可以被翻譯為「buccellarii（扈從）」。起先，人們以為這個詞語起源於戰爭，但最終發現其詞根竟然源於「bucella（麵包、條塊）」，羅馬人有時也會用這個詞語專門指代日耳曼雇傭兵。

事實上，在日耳曼族群中，除了社會底層的奴隸、農奴以及地位在扈從之上的長老、酋長乃至國王，任何一個適齡的日耳曼男青年，都可以被稱為「扈從」。可以說，全民皆兵正是日耳曼族裔的特徵之一。

日耳曼民族對軍事戰爭的重視還體現在方方面面。哥德人是東日耳曼人部落的一支分支，在這個部族建立的王國中，國王中目不識丁者屢見不鮮。素以賢明著稱的東哥德狄奧多里克國王（不是戰死於沙隆會戰的那位）不僅本人是個文盲，甚至還想讓後代繼承這一「傳統」。他曾因外孫的教育問題訓斥過自己的女兒，原因是她竟然讓未來國君去讀書習字。

不過，這種對於知識的成見，終歸因為哥德王國日趨穩定而消解。當哥德人在色雷斯地區安定下來後，原先全民皆兵的習慣就開始顯得不合時宜了。無論是哥德人還是法蘭克人，在政權建立後，都沒有再選擇繼續維繫龐大的氏族武裝。而在獲得了更加肥沃的土地後，哥德人將原先的氏族百戶細分為「十戶」。和原先的百戶制度不同，十戶們組成了更小的社會單元。這可不是簡單的「逐級管理」，它的影響極其深遠：當聚居特性消失後，日耳曼戰士們以氏族為紐帶的凝聚力和配合度也一同消失了。

雖然氏族紐帶消失，但日耳曼人在表面上依舊保持著所謂的全民皆兵特性。在諸如《尤里克法典》的日耳曼法典中，王國的全體臣民依舊有著回應國王徵召抵抗外敵的責任。可實際上，原先被稱為「扈從」的自由民群體，卻已經不大可能維持原有的軍事素養了，分得土地之後的日耳曼人與其說是戰士，不如說是農夫。

《中世紀戰爭藝術史》援引了查理曼時期制定的數條敕令，如《米諾拉敕令》、《亞琛敕令》以及《波隆納敕令》等檔。作者查理斯．歐曼認為，在當時的法蘭克王國內，包括日耳曼人和原先的羅馬人在內多個民族的自由民，都需要回應徵召，按照分得土地的多寡出兵出糧。舉個例子，擁有4海得[10]以上土地的人要親自上戰場；兩個各有2海得土地的人，則只需要出一個人作戰，另外的人承擔大部分的輜重、裝備費用；至於只有1海得甚至半個海得土地的自由民，則是數家湊足4海得後，選一人從軍，其餘人負責費用。

按照這種標準，當時的法蘭克王國除了由公爵、伯爵徵召的精銳家臣部隊外，還可以動員一支數量極其可觀的步兵部隊。但實際上，這種推理可能並不正確。德國戰略思想家漢斯·戴布流克針對查理曼大帝這幾條敕令的可行性，有一段精彩的分析。他認為，即使是擁有4海得單位田產的日耳曼自由民，在當時也並非家底殷實的富戶。按照敕令的要求，這些回應徵召的戰士不僅要準備武器、裝備，甚至還要帶上行軍三個月所需的口糧和其他補給品。在當時那種極其匱乏的經濟條件下，這幾乎是不可能的。因此，這些敕令與其說是徵兵法令，不如說是一種「隱性徵收代役稅」的憑證。被徵召到戰場上的，並非這些已經逐漸適應農耕生活的前自由民，而是各地領主麾下尚未拋棄職業士兵特徵的扈從們。這些前自由民在戰爭開始時，最重要的工作其實是提供扈從們的種種作戰物資，一張皮革、一塊布匹，或者是一塊火腿、一塊乳酪。

03

對於繼承了西羅馬帝國大部分領土的法蘭克王國而言，它所面對的衝突頻率，一點不低於自己的前

⑩ 日爾曼土地面積單位，據傳，1塊獸皮切成條後所能圍繞的土地為1海得。

任。查理曼大帝在位期間，帝國只有1年處於完全的和平狀態，為了應對周遭的敵人，他顯然需要一支強力的軍事力量作為支撐。尤其是對抗撒克遜人的戰爭，更對這個王國的軍事實力提出了嚴峻的考驗。

當年，羅馬人於國力騰升的擴張時期在條頓堡森林折戟沉沙，而實力遠不如羅馬的法蘭克王國，在面對相同地域的居民時，無疑需要更加慎重。不過，和當年的羅馬人不同，此時的法蘭克人已經逐漸建立了一支以精銳騎兵為核心的軍事力量。

說來有趣，日耳曼民族的數個分支中，相比於哥德和倫巴底，法蘭克人才是最晚掌握騎兵戰術的部族，而且直到西元5世紀，其部隊也鮮有鎧甲存在的紀錄。然而，到了查理曼在位時，情況發生了改變。從國王到公爵、伯爵，再到他們麾下的扈從，逐漸開始以騎兵方式作戰，鎧甲也從無到有，從薄到厚。到了西元6世紀中葉，甚至就連主教們也摒棄了長袍和十字架，頂盔貫甲地進入世俗的戰場。

與步兵軍團相比，騎兵部隊的優勢極其明顯，除了更強的機動性和衝擊力，在補給和後勤方面騎兵同樣顯現出了優越性。

昔日，羅馬人為了迫使萊茵河到易北河之間的日耳曼部落臣服屢次出兵，但因為軍隊的人數眾多，後勤補給的消耗巨大，即使以當時的動員力，羅馬也只能依靠與西面萊茵河交匯的利珀河作為水路通道，在前哨建立永備據點。水路運輸造成一個問題：一旦利珀河進入枯水期或者因寒冷而封凍，得不到補給的羅馬人就只能撤兵返回了。相反，自帶軍需的法蘭克部隊由於以騎兵為主要力量，在數量較少的情況下無須補給線的維持依舊可以保持足夠的戰鬥力，隨時利用圖林根或者黑森地區作為跳板，直達撒克遜人的腹地，這使得查理曼在戰略上有了更多的選擇權。

當然了，以精銳騎兵為核心建立軍隊也有著一定的弊端。由於這些軍隊的基礎源於分封制或者說封土制，騎兵們最直接的效忠對象往往是自己的領土，而非國王，這直接導致查理曼的子孫後代很快就被各懷異心的領主們架空，我們熟悉的那個中世紀歐洲就此出現。

法蘭克的國王們並非沒有看到這個問題，但對於當時的人來說，出現這種軍事制度純屬無奈。直到法蘭克王國解體，統治者們都沒有找到恢復羅馬時代強大軍隊動員力的方法，不是「鐵錘」查理、查理曼等君王的能力不足，關鍵在於，法蘭克王國基層統治的節點已經不再是原先的羅馬官員了。

日耳曼大遷徙後，以市政官職、財富和教育為基礎的羅馬貴族被目不識丁、以徹頭徹尾的戰時體制為依託的日耳曼貴族取代。對於當時的日耳曼人和羅馬原住民而言，在缺乏統計、計畫和協調的情況下，任何試圖動員他們的規劃都會因為過於精細而失敗。相反，分封制度下，國王、貴族、扈從們彼此間的聯繫和溝通並不困難，在這種情況下，武裝這些訓練有素、勇於作戰的戰士顯然更加經濟和高效。

被忽視的中世紀弓箭手

人們對中世紀軍事的印象往往是那些裝備精良、作戰蠻勇的騎士老爺，或者是被隨便徵召送上戰場的可憐農夫，對於弓箭手這一軍隊重要組成部分，關注度反而不夠。

01

在中世紀早些時候，軍隊中的弓箭手大部分來自農村、城市民兵以及雇傭兵團體。到後來，以英國君主為代表的歐洲國王們認為有必要讓他們的臣民練習射箭，以免戰時缺乏訓練有素、技藝精湛的箭術人才。

英國在這方面取得的成就顯然最大。西元12世紀，倫敦的年輕人經常在夏天外出，到城市周圍的田野裡練習箭術，1209年甚至因此出現了一件慘案——一些神父學著射箭，不料卻射中一位貴族婦女，3名神父因此被絞死。這一傳統持續到16世紀中葉，1559年的倫敦人仍然在練箭，並有許多射箭比賽可以參加，一個常備專案就是比試如何用箭將木棒一分為二。

弩或十字弓的比賽同樣常見，歷史可以追溯到13世紀，而不是如某些經典歷史謠言說的那樣，「中世紀禁止使用十字弓」。比賽中，弩靶一般被設計成鳥的形象，來源於法語「鸚鵡」一詞。

法國人就熱衷於參加十字弓比賽，15世紀的法國名將、騎士統帥貝特朗．杜．蓋克蘭據說就獲得過十字弓比賽的冠軍。一位騎士參加射弩比賽獲得冠軍，在今日看來未免有些黑色幽默的意味，但在中世紀晚期，貴族參加弩賽其實是一種時尚，國王甚至王后都會參加，有時甚至可以獲得冠軍。以禁弩著稱的教士們也不例外。坎特伯里大主教阿伯特不僅射弩，而且因為射得不好而引起了一場醜聞，那是1621年，他誤殺了自己的僕人。

02

弓箭和弩射比賽在中世紀非常流行，原因在於統治者希望透過鼓勵射箭，潛移默化地阻止平民參與其他被認為會分散人們注意力，即會讓人玩物喪志的運動。一些時候，人們不得參加足球、曲棍球、鬥雞和其他「不誠實的遊戲」，除了射箭。1467年，英國萊斯特郡頒布一項法令，支持射箭運動而禁止網球等「非法」運動。最後，英國人甚至把箭靶放到了教堂附近供人練習。

雖然普通百姓被鼓勵練習射箭，但絕對不被鼓勵用弓打獵，因為這是一項貴族特權運動。1390年，工匠、勞工、屠夫、鞋匠、裁縫和其他底層人被命令在各種宗教節日和星期天裡不得去狩獵。不過當然了，偷獵行為不會因此停止。

貴族用箭狩獵在中世紀很流行，甚至貴族婦女也廣泛地參與其中。幾乎每個英國國王都打獵，很多君主擅長用弓，甚至是十字弓。十字弓的廣泛運用導致事故頻發——因為隨時備用，弩有時會在無意中被觸發。其他貴族乃至教士也要和君主一樣打獵，修道院院長、主教甚至教皇都以狩獵聞名。1460年彼得波羅修道院的紀錄就顯示，修道院內有4張弓和6捆箭。

君主們希望人們練習射箭，以便為軍隊提供可用的兵員，但同時，所有的歐洲統治者們都害怕作為普通人武器的弓流落到強盜和叛軍的手中。所以，一個有趣而扭曲的現象在中世紀屢見不鮮：君主們一面鼓勵射箭比賽，一面一度取消弓箭訂單；一面鼓勵平民習箭，一面又試圖限制平民擁有弓箭。英國的亨利二世和三世就這麼做了，神聖羅馬帝國皇帝巴巴羅薩和法王路易九世甚至還想禁止平民擁有任何防身武器。這種恐懼並非空穴來風，在1381年爆發的英國農民大起義中，每個攻入倫敦的農民領袖瓦特·泰勒的追隨者都帶著弓箭，也難怪貴族會把平民弓箭手當作一種威脅。

03

儘管弓箭手是中世紀平民中的危險團體，但統治者的軍隊終究還是需要他們。

在軍中，弓箭手特別是騎馬弓箭手的薪水要高於普通步兵，一些軍隊還將士兵們的分級定為騎士、弓箭手和持長槍的農奴，一定程度上也表明了弓箭手的地位。英國的「黑太子」愛德華是英法百年戰爭第一階段中英軍最著名的指揮官，在他的衛隊中，就有69名步弓手和384名馬弓手，一些弓箭手甚至裝備精良，導致出現了這樣的抱怨：「最窮的侍從也和一位高貴的騎士一樣裝備精良。」

雖然如此，在戰場上，弓箭手的「權益」還是遠遠低於騎士老爺們，因為他們不在騎士法典的保護範圍之內。在統治者眼中，弓箭手沒有任何需要贖回的價值。有一種說法是，在阿金科特戰役時，法國人認為一名弓箭手的「骰子值為零」，換句話說，他們都是「沒有價值、沒有出身的人」。在享有特權的騎士老爺有些時候都會被打掉牙齒以勒索贖金的年代，沒有人支付贖金的弓箭手們被俘後又能有什麼希望可言呢？他們只會遭到折磨，然後被殺害。

不過，弓箭手仍然存在藉由努力而晉升的可能。中世紀晚期，西班牙弩手可以晉升為騎士，聖米歇爾山附近的一位法國自由民弓箭手花了9年時間也晉升為了騎士，許多中世紀家族的紋章上有箭、弓箭甚至弓箭手，代表了他們可能的出身。

富庶又強大的阿拉伯怎麼會敗給十字軍？

一般認為，當中世紀西歐發起十字軍東征的時候，擁有燦爛文化的阿拉伯世界比西歐要文明發達得多。那麼，富庶又強大的阿拉伯為什麼會被十字軍打得幾乎無還手之力？真的就如某些人所說，西方的軍事體系自古就壓制東方嗎？

01

憑藉極高的信仰虔誠和一批優秀的指揮官，阿拉伯帝國完成了大征服，勢力覆蓋了亞歐非之間的一片廣袤土地。

阿拉伯人具備不錯的軍事技術，依賴於拜占庭帝國遺留下來的來自羅馬時期的積累，結合中國傳入的人力式投石機，他們發明了配重投石機。但不可否認的是，比起波斯帝國，阿拉伯世界的軍事組織體系其實是高度退步的。他們空抱著埃及、敘利亞、兩河流域這樣可供借鑑學習的寶山，但在軍事組織上的表現依舊十分孱弱。

阿拉伯世界在長達千年的時間內都處於不積極發展軍事的狀態，只是這時他們已經擁有了足夠龐大的體量，所以才沒有被醒過神開始反撲的對手們打垮。英國歷史學家約翰·達爾文在《1405年以來的全球帝國史》一書中指出，從14世紀開始，伊斯蘭世界才出現了鄂圖曼帝國、薩法維帝國、蒙兀兒王朝這樣的王朝式帝國，而在此之前，也就只有馬木路克王朝的基層控制力達到了中世紀西歐國家的水準。

02

薩珊波斯無疑是中東地區一個被嚴重低估的帝國。由於缺乏造紙術，薩珊波斯光輝的文化成就較少以書籍的形式被保存下來。阿拉伯帝國無疑是希望繼承薩珊波斯和拜占庭帝國高效軍事動員體系的。西元751年，阿拉伯帝國透過怛羅斯之戰打敗了唐朝安西都護府的軍隊，從而獲得了來自中國的造紙術，隨後以古希臘、古羅馬文化和波斯文化的遺存為基礎，開啟了著名的大翻譯運動。

早前，薩珊波斯經過庫思老一世的改革，種姓制度被高度削弱，全國建立起強大的波斯文化認同，大貴族遭到來自中下層的德赫坎莊園主的衝擊，最終形成了類似中國唐朝府兵制的軍事體系。和東亞帝國還有拜占庭帝國一樣，波斯人也建立了自己的戰術條例規範，有類似兵法的知識體系流傳。在阿拉伯大征服過程中，雖然阿拉伯人打敗了波斯人，但仍然不得不承認波斯軍隊的軍紀嚴明——他們的步兵組成有組織的單位，進退都極為有紀律。

阿拉伯征服的本質是沙漠部落對於外部世界的征服，他們一開始試圖用部落民駐守要塞，看守難以信任的城鎮民，但長住城市之後，部落民的團結開始削弱。另外，阿拉伯帝國內部一直存在嚴重的民族矛盾，這也使得他們的官僚體系難以深入基層，從西元9世紀開始就不得不廣泛使用包稅制。反觀波斯，在歷史上，波斯人只有在阿契美尼德王朝才廣泛使用包稅制，在薩珊波斯政權穩定之後，便開始使用強得多的官僚體系維護社會穩定。

在阿拉伯帝國的第二個世襲王朝阿拔斯王朝早期，波斯人有著很高的地位，以波斯人為基礎建立的呼羅珊軍團為帝國取得了怛羅斯之戰的勝利。但是阿拉伯人始終無法信任波斯人，很快，阿拔斯王朝的第二任哈里發[11]曼蘇爾誘殺了出身波斯的名將——呼羅珊軍團首領阿布·穆斯林（並波悉林）。隨後，哈里發哈倫·拉希德又過河拆橋，屠滅了出身波斯的權臣家族巴爾馬克。可以這樣說，阿拉伯帝國一方面繼承了波斯文化，一方面又高度打壓波斯人，這導致了一個結果：波斯人失去了軍事上的地位，漸漸變得主要從事文職，阿拉伯黃金時代的文化成就幾乎都是由波斯知識分子取得的。

03

阿拉伯人本身的基本盤不足（敘利亞、伊拉克等地的阿拉伯化是個漫長的過程），又常常內鬥，因此哈里發便引進突厥人的力量來壓制波斯等民族。

由於近東地區發達的貿易以及可觀的金銀產量，阿拉伯的哈里發得以有充足的貨幣來購買突厥奴隸，打造奴隸禁衛軍，而從哈里發穆斯台綏木時代開始，突厥人的地位在帝國中變得極高。被唐王朝打得土崩瓦解、大量西遷的突厥人在阿拔斯王朝哈里發的扶持下重獲新生，到了西元9世紀，他們甚至屢次廢立阿拉伯的哈里發。在哈里發們眼中忠於君主的禁衛軍團最終成為比中晚唐的神策軍更加凶狠的存在，無疑是哈里發在作繭自縛。

突厥人篡奪了阿拉伯世界的權力，從塞爾柱王朝開始建立了一系列突厥化王朝，不過阿拉伯哈里發的統治並未被徹底推翻，他們只是淪為傀儡，直到1258年才被蒙古人消滅。

為了擴大部落民的數量、維持充足的兵源，突厥人開始大量毀壞耕地，製造草場，讓農耕民被突厥化。定居民在新的王朝中越發不被信任，受到進一步的壓制，敘利亞、伊朗高原、河中等地的城市民兵傳統遭到削弱，同時，機動力高的突厥騎兵可以快速穿過沙漠、戈壁、荒漠這樣缺乏補給的地區，去鎮壓不穩定因素，王朝的局面得到一定程度的控制。然而，由於缺乏集權傳統，諸突厥王朝最終還是陷入了長期的動盪不安。

突厥人占據了蔥嶺以西最富庶的土地，行政管理體系卻十分簡陋，薩珊波斯時代留存的軍事訓練體系也不復存在。突厥君主除了反復無常的奴隸禁衛軍團之外，能徵調的主要就是來自各部落的裝備低劣的遊牧騎兵，而他們的弓箭完全無法穿透十字軍戰士的密環鎖子甲，在與十字軍對陣時只能常常處於劣勢。

突厥的後勤補給體系也極為低劣。在第三次十字軍東征時，因為蘇丹[12]薩拉丁無法維持補給，各部落首領帶著軍隊紛紛散去，耶路撒冷險些被「獅心王」理查攻克。

除此之外，突厥更加缺乏優質步兵。亞美尼亞步兵和希爾卡尼亞步兵是波斯薩珊王朝時代用於對抗羅馬步兵的優質兵源，在阿拉伯帝國時期卻淪為被提防的不穩定因素，並因此遭到壓制。事實上，如果不是馬木路克王朝學習了西歐的采邑制以組建軍隊，他們無疑會像阿拉伯哈里發、魯姆蘇丹國或者埃宥比王朝

---

⑪ 當時阿拉伯的最高國家領導，是政治、軍事、司法、宗教等領域的領袖。

⑫ 伊斯蘭教歷史上一個類似總督的官職，是蘇丹國的統治者。

的殘餘那樣，被蒙古人一波推平。

可以這樣說，正是在對抗十字軍的過程中，阿拉伯世界的組織體系才或主動或被迫地得以提升，最終，那裡的人們驅逐了十字軍，並建立了如鄂圖曼帝國這樣強大的王朝式國家。

當一個中世紀雇傭兵是什麼樣的體驗？

雇傭兵在歐洲由來已久，幾乎成為一種傳統。從古羅馬時代到21世紀，這一古老的職業在歐洲一直存在著。本文試圖對中世紀歐洲雇傭兵的生活與戰鬥做一簡介。

01

雖然在影視劇中，主角往往隨便找幾個人就湊成了一個優秀的傭兵團隊，而且很湊巧的是，這些人往往各有特長。但歷史上，真實的雇傭兵徵召是一件正式且複雜的事情，絕不會隨便找些社會閒散人員充數。

中世紀的歐洲是封建社會，國王是最大的領主，之後層層分封，從顯貴的公爵到普通的騎士，不一而足。當時歐洲各國沒有現代國家的常備軍制度，要打仗的話就只能依靠臨時徵召的封臣或者雇傭兵。而封臣的服役地域和期限往往有限，所以對於中世紀很多好戰的君王來說，雇傭兵就成了最好的選擇。

在這種情況下，國王或者大貴族會向國內外的某些特定對象發出徵召合同，合同中一般具體規定了人數、傭金以及服役期限等。這些受雇者一般都是有多次戰鬥經驗的低級貴族或者騎士，他們有能力召集到足夠的人手，後者一般都是他們在之前的戰役中結識的袍澤。這些騎士們之後會分別簽訂雇傭兵合同。

1374年，英格蘭的邊境伯爵根據王室命令，為遠征布列塔尼和法國做準備，他向騎士約翰．斯特羅瑟（Sir John Strother）發出徵召合同。斯特羅瑟接受了這個合同，之後雇用了30個重騎兵。根據合同規定，每個重騎兵需要自備武裝，並且提供一個無甲的弓箭手，合約期為1年，每個重騎兵和弓箭手的組合年薪為40英鎊。合同中對戰利品的劃分也有詳細的規定：重騎兵以及弓箭手獲得的戰利品1／3要上交伯爵，斯特羅瑟獲得剩餘2／3中的1／4。如果俘虜了敵方軍隊的隊長或首領，要上交給伯爵，斯特羅瑟以及俘獲者可以分享一筆可觀的賞金。為了防止有人開小差，每個重騎兵都需要有擔保人，如果重騎兵違約，他們的擔保人要支付2～4倍工資的違約金。

02

雖然都是謀生的手段，但是一個泥瓦匠與一個雇傭兵面臨的可是截然不同的工作環境。最主要的區別在於，雇傭兵過的是刀口舔血的生活，他們以殺人為生——或者被殺。正因為如此，雇傭兵們輕易不會與敵人進行惡戰，在這方面最著名的當數中世紀晚期義大利的雇傭兵們了。義大利政治家和歷史學家馬基維利對他們極端鄙視，他形容：「戰鬥開始時沒有恐懼，在進行的過程中也沒有危險，結束的時候也沒有損失。」他認為這些雇傭兵「不會戰鬥到死」，他們打的是「不流血的戰爭」。

義大利的重騎兵們之間似乎確實有這樣一種默契，以至於當其中一方被打落馬下之後，就會坐在地上等待被俘。當然，這一傳統只限於義大利。在1495年威尼斯聯盟和法王查理八世進行的福爾諾沃之戰中，很多義大利重騎兵被打落馬下，於是他們就按照義大利的傳統坐在地上等待被俘，結果法軍的步兵根本不管這些，他們三五成群，屠殺了數百名義大利重騎兵。

當然，馬基維利的觀點過於偏激了。比如根據他的說法，1440年的安吉亞里之戰中只有「一個人因為摔落馬下被踩踏致死」，但實際上，根據其他資料可知，此戰雙方共損失至少900人。時間更晚一些的坎波巴索之戰中，也有1200多人橫屍戰場。

上述還都是小問題，雇傭兵們最臭名昭著的莫過於他們那極其不可靠的「忠誠」。交戰雙方的雇傭兵首領互相串通並不是什麼稀罕事，而臨陣被敵人收買於是叛變更是家常便飯。比如在1364年，佛羅倫斯人就是依靠高價收買了比薩的雇傭兵，從而反敗為勝的。著名的雇傭兵首領約翰·霍克伍德更是在其雇傭兵生涯中多次轉換立場，很多時候這次的敵人就是上次的雇主——原因無他，雇傭兵只為出價更高的人賣命。所以，中世紀晚期崛起的瑞士雇傭兵才顯得格外另類。這些以死戰不退知名，江湖人稱「瑞士瘋子」的存在，還特別有契約精神，說殺多少就殺多少，絕不打折扣。可見，雇傭兵也是分「品牌」的。

03

雇傭兵們之所以甘願冒隨時會丟命的巨大危險，主要是因為戰爭是極其有利可圖的一門生意，後世所謂「大炮一響，黃金萬兩」，就是這個道理了。

在戰爭中，雇傭兵們不僅能收穫雇主支付的酬金，還可以劫掠敵人的財產。據估計，1356年的普瓦捷戰役，英國人在戰場上搜刮的戰利品接近30萬英鎊，相當於英王愛德華三世前一年軍費的3倍。

另外一項錢財來源是勒索俘虜的贖金。14世紀中晚期的義大利就深受其苦，在那裡，不論城鎮還是鄉村都是不安全的。農民因為沒有任何抵抗能力，往往成為雇傭兵們的首選目標。這些可憐人被迫交出自己的糧食、牲口，很多時候整村整村的人被俘虜，需要支付贖金。而城鎮有城牆保護，有軍隊守衛，似乎很安全，但雇傭兵為了對付它們，往往會結成大規模的部隊，人數從幾千至數萬人不等——面對這樣多的雇傭兵，即使是大城市也無能為力，歷史名城西恩納的衰落就是因為在短短幾年之內多次被迫繳納贖金。當然，如果一個雇傭兵抓獲了一位顯貴，那他獲得的贖金會更加巨大。

高收益往往伴隨著高風險，雇傭兵們自己也時常會成為敵人的俘虜。高額的贖金往往會耗盡雇傭兵在之前戰爭中獲得的收益，甚至使其負債累累。英國騎士傑佛瑞·沃斯利在14世紀60年代透過劫掠和雇傭合同獲利頗豐，但是在接下來的幾年裡，因為多次被敵人俘虜，他之前積聚的財富被一掃而空，甚至不得不向英王求助。伯納德·蒙特更慘，據說他被敵人俘虜了6次，以至於為了幫他渡過難關，英王不得不授予他新的官職。

04

雇傭兵們過的是刀口舔血的生活，在長期緊張的戰鬥中，他們逐漸習慣了「揮金如土，殺人如麻」的生活狀態。很多雇傭兵在冒著生命危險獲得戰利品之後，往往很快就把它們揮霍在賭博、享樂之中。他們大多理財一竅不通，所以理所當然就成了放高利貸者的目標。

據估計，在英法百年戰爭期間，至少有4萬威爾士雇傭兵為英王在法國戰場作戰，但是沒有任何跡象表明，這些人為他們的家鄉帶回了什麼財富。事實上，百年戰爭後期，窮困潦倒地回到英國的雇傭兵反倒相當之多，以至於議會不得不透過緊急法案來解決這一問題。即使如約翰·霍克伍德爵士這樣聲名顯赫的雇傭兵首領——在他的雇傭兵生涯中至少經手過200萬弗羅林，到最後也不得不賣掉自己的住宅去還債。

大傭兵團：團如其名，兵可敵國

中世紀的後期，歐洲湧現了許多傭兵團，但可惜的是，這些轟轟烈烈、熱鬧一時的傭兵團存在的時間並不長，之後他們就如同神話傳說裡的人物一般，雖然為人知道，卻從此神龍見首不見尾了。大傭兵團就是其中最著名的之一。

大傭兵團，顧名思義就是人數眾多、武器質優的傭兵團體。據歷史記載，大傭兵團在規模最大的時候曾有2萬人，而且其中大部分是騎兵，這基本上已經是一個小國全國的常備軍水準了。

大傭兵團於1342年建立於神聖羅馬帝國，它的創建者是一個叫維爾納・馮・烏斯林根的人。據說，此人是烏斯林根公爵或斯波萊托公爵的後裔，因此很有號召力，或者換句話說，他非常有錢。

烏斯林根的故事要從10年前講起。

01

1332年，義大利維洛納的領主馬斯提諾二世・斯卡拉（Mastino II della Scala）突然發奮圖強，有了征服北義大利成為倫巴第國王的想法，他積極付諸行動，在3～4年的時間裡就征服了布雷西亞、帕爾馬和托斯卡納等重鎮。佛羅倫斯、錫耶納、波隆納、佩魯賈和威尼斯等國害怕北義大利微妙的勢力平衡就此打破，便共同出兵與維洛納大打了一場，令維洛納大敗而歸。1336年，除了以上諸國，米蘭、費拉拉和曼圖亞在教皇的慫恿下又加入了戰鬥隊伍，派出軍隊一起圍攻維洛納。不得已，維洛納當年就向教皇請命要求議和。1339年，由巴伐利亞路易四世做中間人，幾個國家握手言和。

當時，烏斯林根是一名雇傭軍騎兵，從屬於希奧爾希奧傭兵團。這是第一個由義大利人領導的有組織的雇傭兵團，但因為處於草創階段，所以完全就是一個雜牌軍組合，兵團內包括來自義大利、神聖羅馬帝國和瑞士等地的士兵，兵種更是將步兵、騎兵、長槍兵等全包括於內。

這支傭兵團在戰爭中為各國出力，掙了不少錢。1339年2月，他們受雇於維洛納領主馬斯提諾二世．斯卡拉，協助羅德里西奧．維斯康蒂一起攻打米蘭。2月底，在帕拉比亞戈戰役中，希奧爾希奧傭兵團被米蘭人打敗，就此解散。

烏斯林根也參與了這場戰爭，他對做一個雇傭兵非常感興趣，並不想換工作。原屬的傭兵團解散後，他想，既然別人能建立傭兵團，為什麼我就不行？於是，烏斯林根與他的兄弟萊因哈特，以及他在希奧爾希奧傭兵團交的朋友埃托雷．達．帕尼戈、康拉德．馮．蘭道、弗朗切斯科．德利．奧爾德拉菲等人一起，生生用錢砸出了一個新的傭兵團，這就是大傭兵團。

02

「寬容和憐憫上帝的敵人」是大傭兵團的座右銘，這句話被傭兵們繡在軍旗上，刻在胸甲上。可見，這支隊伍從一開始，就奔著強悍的戰鬥力而去了。

大傭兵團最開始建立時有3000人，其中一多半都是原先希奧爾希奧傭兵團的成員，不過與希奧爾希奧傭兵團不同的是，該傭兵團是以神聖羅馬帝國人和騎兵為主的。在中世紀歐洲，騎兵是戰場上最受倚重的主力，而且主要由貴族組成。烏斯林根眼光精準，走的就是這條貴族化的高端道路，憑藉這一點，他們後來能在傭兵界開拓出自己的一席之地也就無可厚非了。

大傭兵團接到的第一單生意是比薩共和國給的。當時，比薩共和國正在和佛羅倫斯打仗，需要大量軍隊以對抗佛羅倫斯馬拉泰斯塔三世的軍隊。大傭兵團的出現，恰好為比薩共和國提供了支援。此戰，大傭兵團取得了最終的勝利，從而一炮打響。

戰後，烏斯林根以大傭兵團團長的名義招收了一批冒險者，基本都是神聖羅馬帝國人。他們一邊反對教皇國，一邊在托斯卡納、翁布里亞和羅馬涅等地進行劫掠。

1343年，大傭兵團收到了來自義大利波隆納的一筆鉅款，被請去對抗摩德納的奧比佐三世。從這一刻開始，大傭兵團來到義大利北部，開始根據雇主給傭金的高低，時刻不停地變換著陣營。因為傭兵團的背信棄義，不久被義大利人逐出境內。不得已，烏斯林根只好帶著他的傭兵團團員們回到了神聖羅馬帝國。

1347年，烏斯林根受匈牙利國王路易一世的雇用，再次來到義大利半島，協助路易一世打敗了拿坡里。勝利總能帶來名望和利益，此後，烏斯林根與他的老朋友康拉德·馮·蘭道一起，將傭兵團推向極致，傭兵團的團員一度達到3萬餘人。

大傭兵團又在多次戰鬥中取得了勝利，1349年在阿普利亞的絕地反擊贏得尤其精彩：烏斯林根帶領3000匈牙利人、德意志人和拿坡里騎士以及2000名倫巴第步兵，打敗了匈牙利的史蒂芬，大獲全勝。1350年，大傭兵團又先後為塔蘭托、波隆納等雇用，戰績輝煌。但在與維斯康蒂的戰役中，大傭兵團損失慘重。

1351年，烏斯林根宣布退休，回到神聖羅馬帝國的施瓦本休養，而他的傭兵團被他忠實的夥伴蘭道和普羅旺斯貴族弗拉維爾繼承了下來。弗拉維爾因為在義大利中部的影響力巨大，成了大傭兵團的團長，他將大傭兵團的影響力擴大到法國南部和匈牙利等地。為此，普羅旺斯、匈牙利和波希米亞的那些破落騎士們都積極地參加了進來。到1353年，大傭兵團的人數再次達到3萬有餘。

03

介於當時大傭兵團的實力足以與一個小國抗衡，且影響力巨大，義大利諸國紛紛出資請他們去幫助禦敵，而弗拉維爾領導下的大傭兵團這時完全就成了挑肥揀瘦的商人團體，誰給的錢多就去幫誰。不少人對此持有異議，紛紛離開大傭兵團，大傭兵團差點分崩離析。後來，在阿維拉薩圍攻戰中，弗拉維爾慘敗被俘，不得不用財產換取自己的生命，從此後，大傭兵團的團員們便拋棄了他，改選擇蘭道成為新的團長。

1354年，眾叛親離的弗拉維爾被教皇下令逮捕並宣判，最後斬首了事。同年，傭兵團的創始者烏斯林根去世。

改選後的大傭兵團仍舊採用烏斯林根的方式，以神聖羅馬帝國人和騎士為主體，這個方式延續了傭兵團的生命。1358年，威尼斯花大價錢雇用大傭兵團為其南征北戰。次年，錫耶納與大傭兵團簽約，當時大傭兵團的團員人數達到2萬餘，不過這也是最後的輝煌了。

1359年6月，大傭兵團為錫耶納、里米尼、法布里亞諾、卡梅里諾、教皇國和佛羅倫斯聯軍戰鬥。7月23日，大傭兵團一敗塗地。戰後，白色軍團崛起，他們軟硬兼施地令不少團員離開，大傭兵團只剩幾千人維持著。

現任傭兵團團長蘭道當然不會善罷甘休，他一直想向白色軍團趁火打劫的行為進行復仇。1363年，蟄伏了4年的大傭兵團找到了機會：米蘭的維斯康蒂家族雇用了他們，而對陣的正好是白色軍團。4月22日，坎圖里諾戰役爆發。戰鬥一開始，兩個傭兵團便擺好了戰鬥姿態，但因為這兩個傭兵團裡的大部分人都互相認識，團員們並不願意互相殘殺。先離開的是大傭兵團裡的匈牙利騎兵，繼而大傭兵團的步兵們也不願意再向前。就在膠著之時，從白色軍團發射出的一塊巨石擊中了大傭兵團團長蘭道的臉，巨大的力道透過頭盔砸斷了蘭道的鼻梁。士氣低迷，又失去了團長的指揮，大傭兵團很快一敗塗地，蘭道在戰鬥中被白色軍團逮到，隨後被殺。

事後，大傭兵團的大部分成員被比薩共和國以及白色軍團接收，顯赫一時的大傭兵團就此從歷史上消失了，坎圖里諾戰役成了大傭兵團的絕唱。

白色軍團：從自由傭兵到國家常備軍

白色軍團是大傭兵團的最大對手，它簡稱白團，是在1360年由神聖羅馬帝國人阿爾伯特·斯特爾茨和英國人約翰·霍克伍德建立的。該團有兩個最大的特點：一個是建立了雇傭兵團的分包制度；另一個是成功由自由傭兵團轉正，成為國家常備軍。

01

阿爾伯特·斯特爾茨是神聖羅馬帝國的貴族，從小就受到良好的軍事教育。在英法百年戰爭前期，他作為自由雇傭兵一直幫助英格蘭在法國人的土地上戰鬥，曾參加過克雷西戰役和普瓦捷戰役。1360年，英格蘭和法國在布雷蒂尼簽訂合約，暫時休戰，斯特爾茨與大量的自由雇傭兵立時便失了業。對於他們這樣的中世紀戰爭貴族們來說，沒有仗打就和死了沒有兩樣。閒不住的阿爾伯特·斯特爾茨與身為英格蘭長弓兵的大財主約翰·霍克伍德一拍即合，仿照大傭兵團的形式，建立了另一個名叫大傭兵團的傭兵團體，斯特爾茨成為第一任團長。次年，傭兵團改名為白色軍團。

白色軍團最初的基地建立在法國香檳。在這裡，斯特爾茨收攏那些沒活兒幹的自由雇傭兵們，初步組建起白色軍團的基礎。另外，當時的大傭兵團已經式微，許多原大傭兵團的團員們也跳槽到這邊。

1360年下半年，白色軍團將基地搬到了法國東南部城市亞維農。12月28日，他們占領了離亞維農城30公里的蓬聖埃斯普里鎮，在這裡駐三個月。身在亞維農的教皇對白色軍團非常不滿，卻對他們無計可施，最後只能用將白色軍團團員全部開除教籍的方法責罰他們。

1361年3月，白色軍團宣布與教皇和解，承諾將不再與教皇為敵，同時會南下義大利去尋找戰爭機會。作為回饋，教皇「補償」給了他們10萬弗羅林金幣。利用這筆資金，斯特爾茨又進行了招募，白色軍團人數最終達到6000。在前往義大利的途中，白色軍團被蒙費拉特侯爵雇用，以進行對薩伏依的阿梅迪奧六世之戰爭。結果，白色軍團不負眾望擊敗了阿梅迪奧六世的軍隊，阿梅迪奧六世南逃，而白色軍團因此在薩伏依的土地上待了整整一年的時間。

在這一年裡，白色軍團進行了一次內部大改革，從此，白色軍團不再使用大傭兵團直接雇用、來去自如的招兵方式，而是改為分包制。也就是說，每個百夫長（中士）需要自己招募合適的團員，而戰鬥結束後，百夫長需要將團長按照戰功大小分發下的報酬根據自己的標準分給手下的團員們。這是一次影響深遠的制度創新，之後數年內，其他的幾家雇傭兵團都紛紛改用這種分包制雇傭模式。除此之外，白色軍團又對團內的會計模式、人員調配模式等諸多制度進行改革。這時，白色軍團的團員已有近萬人，以步兵和英格蘭長弓兵為主，騎兵只有不足千人。

02

1362年11月，蒙費拉特侯爵再次雇用了白色軍團，令他們南下義大利，他們開始捲入到比薩對佛羅倫斯的戰爭中。

首先，白色軍團進攻了帕維亞，勒索到了18萬弗羅林黃金，爾後他們又對附近的城鎮進行攻擊，勒索到了更多黃金。1363年4月，白色軍團進行了與維斯康蒂雇用的大傭兵團的決戰——坎圖里諾戰役。在這場戰爭中，白色軍團憑藉絕對優勢一舉幹掉了大傭兵團，大傭兵團團長蘭道也受傷被俘。1363年6月，白色軍團與蒙費拉侯爵的雇用合同到期。到期當天，白色軍團便被比薩簽走，反過頭進行與佛羅倫斯的戰爭。1363年一整年，他們攻城掠地，令佛羅倫斯人無計可施。但在1364年年初，因為比薩一次欠款未付，他們又馬上轉移陣營去幫助佛羅倫斯了。

同樣在1364年，因為斯特爾茨與霍克伍德意見不合，白色軍團分裂。斯特爾茨自己帶領一批人建立了德拉斯特拉傭兵團（星光傭兵團），霍克伍德繼任白色軍團團長，繼續為佛羅倫斯效力。這時的白色軍團實力掉到了谷底，僅有260餘人還在霍克伍德的身邊，勉強維持著傭兵團運作。

1366年，斯特爾茨與德拉斯特拉傭兵團參加佩魯賈戰役，打了敗仗，斯特爾茨被梟首。這年冬天，霍克伍德打了第一場決定自己地位的戰役——馬拉特斯塔戰役，雖敗猶榮。

03

之後的10年裡，霍克伍德率領白色軍團在義大利到處接受雇用，並打了一次次勝仗，他的名聲也因為傭兵團的勇猛無敵而到處傳揚。特別是在托斯卡納大突襲和八聖人戰爭期間，霍克伍德和他的白色軍團收穫了無數的榮譽和金錢，團員人數也再次增加到1萬有餘，再次成為諸傭兵團中影響力最大的一個。

白色軍團在14世紀最後的30年裡地位如日中天，連因為依靠拜占庭而聞名後世的加泰羅尼亞傭兵團（Catalan Company）都不是它的對手。1387年，霍克伍德獲得了人生中最大的一次勝利——他指揮白色軍團幫助比薩在卡斯塔涅羅戰役中戰勝佛羅倫斯。因為該戰役過程較長，在此就不多做敘述了，總之，這場戰役奠定了霍克伍德在世界軍事史上的地位。

1390—1392年，白色軍團繼續在米蘭戰爭中發揮力量，在多次戰役中獲得勝利。1394年，第二任團長霍克伍德去世，白色軍團在佛羅倫斯大教堂為其舉行了盛大的葬禮，其盛況不亞於一個義大利領主的葬禮，諸多義大利城邦派去了使臣進行弔唁。到了15世紀，麥地奇家族為了紀念霍克伍德，還為他畫了肖像。

1394年，喬治·奧爾德拉菲繼任第三任團長。他接受了佛羅倫斯的雇用，為佛羅倫斯打仗。

1395年，白色軍團宣布正式併入佛羅倫斯，從此該傭兵團關門大吉，成了一支正規軍隊。

敕令騎士：近代騎兵的先驅

法國從中世紀開始就被視為歐洲的騎士之國。不過中文網路界往往更多地把法國騎士當成反面典型，多去描述其在克雷西和阿金科特戰役中慘敗於英格蘭長弓手的無腦衝鋒。但其實，法國騎士在中世紀晚期到文藝復興期間，以敕令騎士為代表，展現了冠絕歐洲的重裝騎兵戰力，並成為歐洲近代騎兵的先驅。本文就來說一下他們的故事。

01

（1509年9月，帕多瓦附近）雙方吹響了軍號，等到僅僅相隔一箭之地時對衝起來，一方（法軍）高呼：「……法蘭西！法蘭西！」另一方（威尼斯軍）高呼：「馬可！馬可！」戰吼聽起來真是令人欣悅。在第一輪衝擊中就有許多人落地……有人用長矛把當面的重裝騎兵刺了個對穿，人人都盡忠職守。

這是「忠僕」著《喜聞樂見的無畏無瑕好騎士巴亞爾領主傳》（以下簡稱《巴亞爾傳》）中的內容。這部由親歷者撰述、半是傳記半是騎士文學的作品在16世紀風靡一時，素有「好騎士」、「無畏無瑕騎士」美譽的著名勇士巴亞爾從此在法國乃至整個歐洲成為家喻戶曉的人物，就如同中國《三國演義》中的關羽、趙雲一般。遲至拿破崙戰爭時代，皇帝麾下驍勇善戰的烏迪諾元帥仍被稱作「當代巴亞爾」，波蘭民族英雄波尼亞托夫斯基元帥也被贊為「波蘭的巴亞爾」，就連俄國的塞爾維亞裔名將米洛拉多維奇上將，也得到了「俄國的巴亞爾」的綽號。

那麼，在15世紀末16世紀初這樣一個文藝復興已然進入盛期，火藥兵器早就占據一席之地、長槍方陣和野戰工事也方興未艾的時代，以巴亞爾為代表的騎士們乃至重裝騎兵們又是如何在戰場上奮戰，立下功動，最終成為不朽的文學形象的呢？

儘管許多近現代人士將中世紀的騎士視作毫無戰術意識的烏合之眾，認為他們的戰鬥不過是放大版的群毆，但我們仍然不能太過輕視中世紀晚期騎士的戰術意識。要知道，即便在谷騰堡發明歐式印刷術之前，韋格蒂烏斯的《兵法簡述》就已是當時歐洲被抄寫、注疏次數最多的古代手稿之一，現存的西元7—15世紀的《兵法簡述》手抄本至少有320部。對軍人而言，他們無須等到「文藝復興」再去認識古羅馬時代的軍事成就和戰術原則。

當軍隊規模大到一定程度時，以騎士為中心的參戰人員會分成兩三個戰隊，每個戰隊下轄若干旗隊或治裝隊，這些小規模的隊伍往往來自同一家族或地區，以一面軍旗、一位首領或一種戰吼為核心。騎兵一般會列成俗稱「樹籬」的隊形，形成一條看起來頗為單薄的戰線，僅就外形來看，與後世的近代騎兵橫隊頗有類似之處。當戰場寬約1公里時（這是中世紀時常見的戰場大小），排進「樹籬」裡的騎士（通常位於第一列）、扈從（通常位於第二列）等騎兵可以有1500～2000人之多。

按照當時常見的誇張比方，騎槍應當「密不透風」，騎兵之間的距離應當近到「一副手套、一個蘋果或一顆李子扔過去都不會落地」的地步。當時的人們早已認識到，在戰鬥時不能無組織、無隊形地猛衝。

按照英法百年戰爭後期法國名將尚・德・維埃納的說法，騎兵當然應該凶猛地衝向敵人，但也絕不能無腦亂跑，要是擠成一堆又得掉頭，那就注定得大敗虧輸。

《巴亞爾傳》中多次提及高速奔馳中的槍騎兵用騎槍刺穿鎧甲的戰例，而平端騎槍衝擊的巨大威力和鎧甲賦予騎兵的保護力確實決定了當時的騎兵用法。無論是哪個國家或地區，騎兵部隊的基本戰術任務都是利用自身的衝擊力擊垮對面的同類兵種，為己方爭取戰場主導權，這與20世紀的裝甲部隊頗有類似之處。遵循多數人的右撇子本能和古典時代傳承下來的習慣，整條「樹籬」很少會同時投入戰鬥，而是從右翼開始讓各部騎兵以梯隊方式漸次投入。

這樣的戰爭藝術概念雖然在理論上相當簡單、明確，但仍然要求參與者具備最低限度的紀律和機動能力。菲利普・康塔米恩（Philippe Contamine）在他的大作《中世紀的戰爭》中就強調，騎兵必須知道如何在連綿隊列中行動，如何在衝擊中保持大體相同的速度。當然，騎兵衝擊鎩羽而歸的狀況在戰場上並不少見，此時先鋒部隊就需要在鄰近梯隊的掩護下回轉、重整，於是，騎兵當然還得了解如何轉身、如何退卻、如何集結到首領和旗幟周圍。

02

眾所周知，法國騎士在百年戰爭早期的慘敗促使王國政府進行了一系列軍事改革，由此大大強化了法國軍隊原本的多少有些薄弱的紀律和戰術意識。到了巴亞爾大顯身手的義大利戰爭時期（1495—1559），法國重裝騎兵已被納入了王國體系下的行政和戰術組織結構當中。前者指的就是著名的「敕令騎兵連」。

一個敕令騎兵連起初由100個滿編「蘭斯」（滿編騎槍組）組成，每個「蘭斯」下轄1名重裝騎兵、1名扈從、3名弓箭手和1名僕人。不過，這種組織方式與戰術組織關係不大。重裝騎兵會單獨編組成戰術單位，弓箭手和扈從並不會與重裝騎兵一起衝擊，而是作為輔助人員協助他們作戰。後來，大概是從路易十二的時代（1498—1515）開始，他們更傾向於離開重裝騎兵編組成特定的連隊，這種部隊很快就被稱為「輕裝騎兵」。

於是，每個「蘭斯」中的士兵就這樣分組作戰，他們在戰鬥中採用的正是從中世紀傳承下來的樹籬隊形。根據人數和地形，敕令騎兵連的重裝騎兵們會展開成一個或多個「樹籬」橫隊，各個「樹籬」內部儘量把來自同一個連隊的騎兵安排在一起，以使得部隊盡可能容易地保持嚴整隊形。

重裝騎兵列成「樹籬」橫隊後的戰術任務就是以橫隊衝擊突入敵陣，將敵兵驅散，因此每一名重裝騎兵都不被允許任性地自行其是。尤為重要的是，他們不可以在衝擊伊始就放開馬匹的速度，因為馬匹要是跑起來往往會相互競爭，越跑越快，最終弄亂隊形。

16世紀的諸多軍事評論家已經對此有了樸素而直白的認知。法國宗教戰爭期間的新教名將拉努就說過：「大多數狀況下，槍騎兵會在進攻時把自己弄得一團糟。問題在於，要想用騎槍打擊敵人，就得多多少少跑出一點襲步來，但他們花的時間太長了（至少對法國槍騎兵來說是這樣），熱情讓這些人從相隔200步時就開始跑步，從100步就開始全速奔馳，這是一種錯誤，沒有必要跑這麼久。」

除了馬匹速度快慢不一將不可避免地引發隊形紊亂，跑步距離太長也會導致坐騎過早疲憊。富爾克沃建議不要在距離敵人太遠的地方發起衝擊，以便讓馬匹正常呼吸，使得它們能夠以生龍活虎的姿態投入戰鬥。16世紀末17世紀初的著名軍事理論家沃爾豪森也附和這種看法，主張不要以步襲奔馳太長距離，因為距離越短，打擊就越暴力，如果距離太長，不僅馬匹會在接敵前就疲憊不堪，也會讓打擊變得無效。因此，重裝騎兵的「樹籬」隊形會以逐步加速的方式發起衝擊。部隊先以相當慢的速度展開機動，然後在保持隊形的同時提速前進（理想狀況下）。按照耶穌會士加布里埃爾．丹尼爾的看法，重裝騎兵通常只在最後60步（約40公尺）才需要展開跑步衝擊，之前很少使用跑步。富爾克沃的說法就更極端了，他聲稱只會讓自己的重裝騎兵在距離敵軍20～30步（約12～20公尺）時開始跑步。

03

富爾克沃、沃爾豪森等人的觀點已經與18世紀歐洲騎兵的常用戰術頗為類似，可以說是很相近的，不過，並不是所有人在激烈的戰鬥中都能遵循這種原則。

法國宗教戰爭期間，1587年進行的庫特拉會戰就是一個非常有啟發性的戰例。天主教方面的重裝騎兵全速奔馳了400步（約250公尺），這個距離實在是太長了。從遠處跑過來之後，最渴求光榮的人讓他們的坐騎跑在前面，最謹慎的人則落在後面，但所有人都跑得太久，過早地消耗了馬力，還破壞了部隊的嚴整隊形，最終並沒有用騎槍打出應有的效果。

拉努在其《軍政論集》中曾對這種現象給出過精彩的分析和論述：

一個50人的騎兵連裡要是25個好小夥兒都沒有就太可憐了，至於其他人，我假定他們沒有那麼勇敢，就得安排在前者的蔭蔽下，讓他們知道前頭的人會承擔一切危險和傷害，可萬一領頭的突破了敵陣，自己也能夠分享同樣的榮耀，於是在衝擊中就更樂意跟隨他人行進……（但是假如安排不當）就多次出現過100名騎兵中才有25個人能夠突入敵陣的情況，這些人知道自己孤立無援，等到騎槍被打斷，用劍擊打一下對手後，就會退卻了。

這種騎兵僅有1／4敢於接敵的狀況並非文藝復興與宗教戰爭時期舊式重裝騎兵的獨有缺陷，即便在18世紀末19世紀初的所謂「正牌近代騎兵」身上，這樣的現象仍然不勝枚舉。蒂埃博在法蘭西第一帝國官方出版發行的《參謀勤務手冊》中就明確指出：

如果從騎兵中隨機挑選出100個人，那麼其中一般只有25～30個人能夠掌控坐騎、擅長運用兵器……他們果敢地發起衝擊，不會以格擋為樂，而只是專注於打擊，這些人才是真正決定戰況的人。在他們之後還有第二類人，其人數大體相當，不冒風險時也會揮動幾下刀劍，但首先想到的還是設法抵擋能夠威脅到自己的人。至於最後剩下的人，騎手和馬匹都局促不安，總是傾向於退卻，只想著保命，他們很難格擋幾下攻擊，只是在等待時機，以逃避被自身弱點放大的各類危險而已！

他的另一位同僚說法就更為極端了：

在100名騎兵當中，有兩三個人只想著突刺，也就是他們完成了全部有用的活兒。有五六個人會格擋他們面臨的攻擊，要是有機會也會不冒任何風險地伸手一擊，其餘的人都是可以肆意砍殺、突刺的對象罷了！

這些戰術需求和對軍人心理的探索與研究，奠定了法國冠絕歐洲的重騎兵戰力，而這些戰術規則也成為日後歐洲近代騎兵的理論基礎，幫助歐洲騎兵走上了領先世界之路。

大航海時代

海軍的崛起

維京海盜如何作戰

海盜是最早在海上進行戰鬥的戰士，早期，他們甚至擁有同時代最好的造船技術和航行技術，以至於後來各國在發展自身海軍力量的時候會學習他們，一些國家的正規海軍乾脆便脫胎於他們。因此，如果要講海上的軍事故事，便繞不開海盜歷史。他們是如何作戰的？他們的作戰體系和武器使用方式又是怎樣的？本文就以著名的維京海盜為例講一講。

需要特別指出的是，這裡主要講述的是那些更符合現代人認知的獨立海盜集團，而不是維京人的國王和伯爵們率領的名為「海盜」的征服和戰爭兵團，後者的定位其實更接近正規軍。

01

維京人對整個歐洲的文明和技術的發展都產生了深遠影響，而這毫無疑問得益於他們雄厚的軍事資本與獨特的武器裝備。

在絕大多數的遊戲和影視作品裡，維京海盜們會使用劍盾、長矛、弓箭或者一人多高的巨斧，但這其實是一種刻板印象，就像是歐洲影視劇裡的中國人總會使用元寶形護手的清式佩劍和紅纓槍。實際上，和絕大多數海盜一樣，維京人的武器大體可分為地面戰武器和船上戰武器兩個大類，而且絕大多數都是同時適用於兩個戰場的短兵器，這是因為早期的維京長船相對窄小，限制了甲板人員數量和他們的武器裝備程度。

隨著「維京征服」的開始，北歐人統治的地區越來越大，造船技術也越來越發達。這主要是得益於大量海象皮、海豹皮和瀝青的獲取，這些材料解決了大型船舶的密封和纜繩強度的問題。於是，維京人的長船越造越大，在船上使用長兵器的情況也逐漸增多。當然，這種情況只出現在「海盜王」們的海盜團裡，絕大多數小的海盜劫掠集團自始至終都沒有大型長船可用，也就自始至終沒有在船上使用長兵器的機會。

維京海盜們最常使用的武器是一種非常簡單的裝備——維京手斧，這些單刃斧通常由一根和人的小臂差不多長的木柄和一個由粗製鐵手工打造的頭部組成，後側帶鉤，一些專門製造的作戰斧則兩面帶鉤。它們非常粗糙，並不比同時代村裡鐵匠打造的同類型產品工整，使用方式也不比農民揮舞的方式高級多少，但它卻是整個「維京征服」的基石：戰斧在非戰鬥時期可以用來修理船舶、修造船槳、建造營地和加工木材；在海上戰鬥中可以劈斷對方的桅杆和風帆；在地面戰鬥中可以劈開對手的胸膛和鎧甲；在戰鬥結束後則會成為破壞門窗和箱櫃、加速劫掠的道具。這些小斧子極大地增加了維京人的行動速度和持續作戰的能力。

儘管樣子十分粗糙，使用場景多種多樣，看起來不太像件厲害武器，但維京手斧卻擁有很高的技巧「天花板」，許多老練的維京海盜都能夠使用手斧的各個部分進行戰鬥：斧刃可以攻擊關節、盔甲接縫和敵人持武器的手；斧背可以作為鈍器敲擊敵人的披甲區；後斧鉤可以鑿擊敵人身體，對敵人實施繳械或拖拽，而前斧鉤則可以在必要時進行戳刺。手斧複雜的攻擊方式和使用技巧非常接近中國秦漢時期的標準近戰技巧性武器手戟，有趣的是，就像手戟可以用來投擲從而變成「飛戟」一樣，許多維京海盜還練就了

「飛斧」的本事。當然，斧子可是寶貴的工具，通常沒什麼人會像影視劇或遊戲裡一樣帶一堆專門用來投擲的飛斧，一般認為，一個維京人至多攜帶3～4把斧子。

手斧單手就可以使用的特點，使得維京人可以騰出他們的一隻手去做另外的事：划槳，或是在站立姿態下保持平衡。因為多有鍛鍊，維京海盜們的左臂通常十分發達，所以他們還會在左臂裝配一種帶護手的硬木圓盾，這對於他們而言不是什麼難事。

維京人的盾牌制式不統一，厚度和材料也不盡相同，但整體結構基本一致，都是在圓盾中央留一個金屬製作的圓形半球護手，並在盾牌內側設置一個方便持握同時可以保持盾牌整體強度的橫梁。盾牌可以防護，本身也是武器，在航海狀態下，它們則通常會被固定在長船兩側以提升艦艇的防禦力。

除了盾牌，一些對自己的戰鬥技巧極富自信的海盜還會用左手使用一件額外的長武器，譬如魚叉、標槍、單手短矛，甚至是中柄斧。但是，雙持武器是為了在獲得比持盾更高的靈活度的同時獲得更高的戰鬥力，這樣做的人通常會穿較好的鎧甲，比如鏈甲衫或者額外的布甲，以此來抵消未攜帶盾牌所帶來的防禦不足的危險。一般來講，左手使用額外武器固然有一種威風的感覺，但並不是一個理智戰士應有的作為。

02

短手斧最好的搭檔毫無疑問是薩克斯短刀（也被稱作薩克斯劍，一種前1／3或2／3位置開刃的短刀）和短維京劍。這些誕生在西元前3世紀的中短型武器長期以來一直很受維京人和歐洲地區各大武裝勢力的歡迎。不過，相較於手斧，這兩種武器的價格都要高很多，一把維京劍的價格在10頭牛以上，而一把薩克斯短刀的價格也要2～3頭牛。很少有海盜會在自己的生涯早期使用這兩種武器，即便在運氣非常好的情況下，一名海盜也需要進行數次成功的劫掠才可能購買得起它們。

絕大多數海盜在剛剛使用刀劍時都會採用與手斧一樣的劈砍式用法，但老練的海盜們更善於突刺，在使用短手斧牽引對方盾牌或者鉤住對方肢體迫使其失去平衡後，他們會迅速遞出刀劍刺向對方沒有鎧甲和盾牌保護的區域。短小鋒利且重量更輕的刀劍非常適合這種「快進快出」的交戰模式，也正因如此，許多有點小錢的老海盜都會以薩克斯短刀作為自己的副武器，不過可惜的是，人類自古的審美就是「大就是好，多就是美」，這些要命的小刀子絕大多數都沒能留下來，僅能從戰場遺跡中確定它們的存在和裝備數量。

相較於這些短武器，在文藝作品中常見的海盜雙手或單手長劍（前者長度在75公分以上，後者在50～65公分）、長柄斧和長矛，在非官方海盜（非國王和貴族親率的大型海盜集團，僅僅是普通的由自由民組成的海盜隊）中的裝備量就不是很多了。這些武器不適合在狹窄的船舶上使用——如果在海上劫掠商船就能吃到飽，那海盜就沒必要上岸，船舶才是他們的主要活動地。很多時候，長劍可能僅僅是海盜團頭目身分的標誌，或者說是為了展示自己成功劫掠多次的「功績」，其定位應更接近現代的指揮刀和佩劍，具有的是象徵意義。

即便要上岸劫掠，面對缺乏訓練和防具的村鎮民兵，維京海盜們也沒有必要展示自己高超的長兵器應用技巧，飛斧、長弓和標槍足以在雙方短兵相接前解決掉大多數不夠專業又缺乏甲冑的對手，就算進入肉搏戰，被領主們盤剝得食不果腹的村民們也敵不過強壯的海盜們。一直到西元10世紀之前，歐洲絕大多數小領主們手下的重甲步兵和騎兵，也沒有多到需要海賊們組建專業的長槍兵和長柄戰斧手的隊伍的程度。即便沒有那些亮眼的武器，海盜們依舊可以暢快地劫掠缺乏武裝的商隊和村莊，僅僅在攻擊修道院和擁有護牆的城鎮時才需要掂量一下自己的斤兩。通常，劫掠一個擁有少量專業守備人員的區域需要數艘甚至十數艘船的海盜參與，成本高，風險高，劫掠的收益卻未必可期，這並不是自由民海盜們願意承擔的。

在維京海盜時代的中晚期，一些海盜甚至開始攜帶馬匹搭乘較大的船艦抵達劫掠區，並利用馬匹的機動性和拖曳能力加速自己的劫掠和撤退速度。他們中大部分的後代成為法蘭西和德意志地區騎士與騎兵的祖先。

費舍爾斬刀：史上最成功的海盜刀

歷史上西方有三大海盜，即維京海盜、神鬼奇航和巴巴里海盜，他們神祕又傳奇的故事總能勾起人們的好奇，為我們提供不少創作靈感。但由於土地歸屬權、宗教和文化認同等關係，巴巴里海盜在現代並不算出名，現代的遊戲和影視劇中也一直很少表現這支強勁的海上武裝力量。

01

隨著14世紀中葉維京時代的完全結束，歐洲的海洋逐漸安靜下來，各國的權力與利益爭奪重新回到陸地上。隨著造船業的發展，比過去的維京長船更大、乾舷更高、武裝人員更多的「加利恩」帆船和「柯克」式帆船開始普及，小的海盜集團和他們所能獲取的船舶越來越難以靠近和攻擊海商，更別說上岸劫掠了，屬於海盜的時代似乎已經結束，連「海盜」這個詞在文獻和劇本中出現的次數都呈現出幾何級數的下降趨勢。不過，事實證明，現在還沒到「海盜」從字典中消失的時候，很快，一股新的強大的海盜勢力從非洲北部崛起，他們就是巴巴里海盜。在之後的幾百年裡，這群海盜「新人」不斷劫掠地中海和中大西洋的商船，奪取船上的資源和財富，將船上的白人販運為奴，一直持續活躍到19世紀初。

提到巴巴里海盜，就不得不提西班牙人引以為傲的再征服運動。西元9世紀至15世紀間，西班牙人透過大大小小數十次戰爭，將伊比利半島上的各個伊斯蘭國家吞併，大量的摩爾人被剝奪所有財產並被驅逐到北非地區，而西班牙本土的摩爾人也不得不皈依基督教。北非艱苦的生活環境和背井離鄉的苦痛讓摩爾人決意復仇，而留在西班牙本土的摩爾人（西班牙人將他們蔑稱為摩里斯科人，意思是「小摩爾人」）也一直因為血統和宗教問題備受歧視，仇恨的種子就此發芽。

實際上，早在再征服運動初期，就已經有很多失去土地的摩爾人逃亡到了現在的利比亞地區，並與當地的柏柏人建立起了最初的海盜組織。這些海盜組織通常使用被後世稱為「大飛」的快速阿拉伯帆船作為海盜船。這些帆船擁有即便在逆風的情況下依舊能保持高速的阿拉伯三角帆，海盜們可以依靠它們輕而易舉地追上行駛緩慢的商船，並躲避熱那亞和其他亞平寧半島城邦的戰船。

得益於自產的鐵礦和東非的木炭，利比亞地區一直有著較為發達的冶煉和武器製造技術，早期的巴巴里海盜通常可以以相對低廉的價格購買到利比亞的柏柏人製造的武器，包括弗里沙細劍、北部彎刀與其他的北非刀具，以及一些其他的埃及式樣的短刀和中型短劍，當然也少不了常見的中長矛和反曲弓。這樣的武器選擇顯然和他們的劫掠目標、作戰形式息息相關。一方面，由於「黑暗時代」（歐洲中世紀）所帶來的技術倒退，絕大多數商船上的水手與基層護衛和海盜們一樣缺乏防護（實際上這也和地中海的氣候有關，鎧甲的防銹與除鏽一直是個大麻煩），對付他們不需要什麼破甲器，劈砍器才是王道。另一方面，柯克船與加利船的乾舷普遍要高於「大飛」，海盜們若想成功掠奪這樣的商船，就必須先用弓箭壓制對方布置在甲板上的火力，並控制操帆人員，而後使用鉤鎖或者漁網爬到目標船隻上，而這個需要手腳並用的攀爬動作對於生活困苦的摩爾人來說並不輕鬆。所以，海盜們對於單手可以使用的中短刀、可以用嘴銜著的短刀與擁有刀鞘的刀具更加青睞。

除了在海上進行劫掠，一些巴巴里海盜也會用另一種方式「常回家看看」：在被西班牙人歧視和迫害的摩爾人內應的幫助下，一些巴巴里海盜會利用夜色就著漁村燈火返回他們的故土。有了嚮導，這些被驅逐者可以輕而易舉地解除當地民兵和城鎮守衛的武裝，在掠奪一番後押著女人和戰俘返回海盜船，揚長而去。

當然，解除敵人武裝的過程實際上也是自我武裝的過程，所以，參與過對西班牙本土劫掠的巴巴里海盜們通常也會使用繳獲自西班牙本土的武器裝備和鎧甲，其中數量最大、影響力也最大的莫過於費舍爾斬刀。

就工藝來說，費舍爾斬刀其實相當粗糙，絕大多數沒有鞘，其中的一些甚至可以說是「開刃的厚鐵片」，但勝在量大管夠。海盜們通常會將從西班牙和十字軍的武裝運輸船上繳獲的絕大多數精緻武器，比如破甲錘、斧槍、大戟和十字弓，賣給前來購買好貨的中東商人或是突厥人、馬木路克老爺，剩下的東西才會自己用，而費舍爾斬刀顯然恰在其中。

費舍爾斬刀使用簡單且勢大力猛的特性，在對抗城鎮守衛的織物甲時效果拔群，而寒光閃閃的大側面對非專業武裝人員也有極佳的心理威懾作用，這一點就和中國古代捕快與其他執法官吏使用的寬刃大刀原理相同。很快，這款原產自歐洲的武器就成了地中海上最能給歐洲人製造傷亡的武器之一。

之後，鄂圖曼帝國發現了巴巴里海盜的價值，並對他們提供經濟和軍事援助，許多波斯和突厥式樣的刀具、長矛也和海盜所需的其他裝備一樣，先後抵達了突尼斯至阿爾及爾一線的區域，但它們大多成了海盜老大和高層們的身分象徵和地位標誌，絕大多數海盜依舊使用著本土製造和掠奪繳獲的武器。不過，為海盜們服務的鐵匠們也開始根據海盜們的要求將各種武器的結構和技術相結合了，於是他們製造出了屬於海盜們自己的刀具，這就是後來在文藝作品中經常出現的海盜刀。

巴巴里海盜刀基本上繼承了費舍爾斬刀的寬刃結構，但其刀刃弧度和前部上翹要更大，這種更利於劈砍的設計顯然受到了北非和波斯式彎刀的影響。刀的側部一般擁有弗里沙細劍式樣的加強筋和血槽，一些有一定地位的海盜所使用的海盜刀甚至會在側面鏨刻銘文。在一些海盜的口供中，甚至還出現過大馬士革鋼刀式樣的海盜刀，但目前為止尚未有出土的紀錄。由於海上沒有什麼像樣的全裝重甲士兵，費舍爾斬刀尾部裝飾性有餘而實用性不足的球狀體也被取消，取而代之的是稍顯修長、更適合在甲板上雙手持握劈砍的相對細長的刀柄和鷹嘴鉤，與更加寬大堅固、更能在重型武器劈砍中保護使用者手部的拉丁式重型護手。

在短短不到100年的時間裡，這款海盜刀風靡地中海周遭地區，就連17世紀初期威震印度洋的著名羅德島海盜托馬斯·圖，也在自己的海盜旗幟上使用了這種海盜刀作為標誌。它是如此的成功，以至於許多國家的海軍都開始嘗試仿製和改進這種「好刀」，在許多後世的水手刀和海軍佩劍上，我們依舊能看它的影子。

西方大帆船進化史

大航海時代，或者說風帆時代給後世人們留下的最深刻印象，莫過於雄偉的風帆戰列艦，而這些大船的緣起，則是被稱為「Galleons」的加利恩帆船（蓋倫船）。其實從帆船技術來說，外形優美、性能優良的加利恩帆船已經比較完善了，但是任何事物都不可能憑空誕生，在加利恩帆船之前，還有幾種更為原始的船型。

01

歐洲的文明在最初其實就是地中海文明。地中海被大陸包圍，名為「海」，更像個內湖，因此，在這個區域內活動的人，造船技術其實相對粗陋。

古希臘古羅馬時期，流行三槳座戰船一類的船隻航海性能並不算好。這種船也不是希臘人或羅馬人獨有，當時能在地中海地區活動的波斯、迦太基等國，也會大量建造類似船隻。

在當時的歐洲，航海性能比較好的船是北歐海盜建造並使用的，因為他們要面對更複雜、更危險的航海環境。人類是善於學習和總結經驗的，經過長時間的發展演變，在14—15世紀，歐洲普遍使用的船變成了一種被叫做柯克船（Cog）的航海船隻，這種船的船體看起來有點像阿拉伯三角帆船，但技術卻來自北歐。

柯克船一般只有一根桅杆，掛一個四角方帆，採用搭接法建造船體。搭接法是早年造船常用的方法，人們會把船板一層壓一層，這樣一來，處理船縫的壓力就會小一些，船體也能做到相比以前較為堅固。但問題是，採用這種方法做出來的船板不可能太厚，船隻也不可能造得太大——越大越脆弱。為了遠航的需要，改進船型勢在必行。

在這裡需要多說一句，在早期人類技術不發達時，船隻並不是一種耐用品，往往是一次性或者兩次性的。只是到了後來，船隻建造技術越來越發達，船隻才變得越來越耐用，這才漸漸成了耐用品。當然，造船價格也越來越貴。

02

隨著新航路開闢，世界進入大航海時代，遠洋航行的需求越來越大。漸漸地，歐洲出現了一種體形短胖的船隻，這種船帶有高艏樓和艉樓，採用三桅或四桅的形式，小型或者早期的也出現過單桅、雙桅。這種船隻被稱為「Carrack」，也就是克拉克帆船。

從外形上看，說實在的，無論是和以前的柯克船還是和後來的加利恩帆船相比，克拉克帆船都要難看得多，總給人一種不諧調、不成熟的感覺，但不可否認的是，克拉克帆船的航行性能的確要比柯克船好。

首先，這種船的船體採用縫接法，這也是掌握捻縫工藝後造船業的必然發展趨勢，全球總體來說都差不多。由於使用了油灰或者瀝青之類的東西捻縫，船體就可以採用多層垂直交錯的方式搭接船板，中間再用鐵釘連接，如此，船殼厚度可以隨船隻增大而變大，這樣便保證了大船的船殼強度。其次，克拉克帆船採用高艏樓，抗浪性能有很大提高，高艉樓則有效地擴大了船體空間，而多桅多帆可以更好地利用風力，速度比之從前也有提升。最重要的是，艏樓和艉樓中可以布置大量火炮，克拉克帆船作為戰船的戰力也大大增強。哥倫布和麥哲倫等人能使用噸位並不大的克拉克帆船完成遠航，就充分證明了克拉克帆船的堅固程度和適航性能。

種種特性使克拉克帆船越造越大，那艘著名的英王亨利八世的最愛「瑪麗玫瑰號」，就是800噸位的大型克拉克帆船。但克拉克帆船不是完美的，由於有很高的艏樓和艉樓，其在航行時很容易招風，船體難以控制。「瑪麗玫瑰號」的艏樓至少有4層，艉樓有3層，艏樓和艉樓中還布置了大量火炮，船體裡也架設多層火炮，這些都導致船的重心過高，該船第一次上戰場便遭傾覆的命運也就成了可以預見的事了。

03

針對克拉克帆船使用過程中顯現的各種問題，各國進行了長時間的有針對性的改進，改進的結果就是加利恩帆船。

最初，加利恩帆船的體形要小於克拉克帆船，它取消了高聳的艏樓和艉樓，取而代之的是船身整體層數的增多，船身特別是水下部分的流線型更加明顯，另外還設有修形用的船喙，有時還要包銅皮減阻。至於桅杆，除了船首斜檣外，只有3根，風帆的布置也進行了優化，後桅杆起空氣舵作用的帆則增加了。這些改變極大地提高了船的適航性和機動性。

各國在改進加利恩帆船時各有側重，於是形成了不同的外形特點：西班牙的加利恩帆船船首低矮，船喙長而薄，船尾高聳；荷蘭的加利恩帆船有大角度的舷緣內傾；英法兩國的加利恩帆船則中規中矩，性能穩定。不過，到了18世紀中葉至19世紀初，歐洲各國的加利恩帆船樣式又逐漸趨同，從外形上已經比較難區分船隻的國籍所屬了。

隨著加利恩帆船逐步成熟，其噸位也逐漸超過了大型克拉克帆船的上限，例如英國的「勝利號」就有3000多噸，西班牙的「聖三一號」和法國的「海洋」級船艦則更大。

阿拉伯三角帆船：不靠指南針，稱霸地中海

對於古代航海史，在大家熟悉的地中海海域船隻發展演變歷程和東亞地區的船隻發展之外，印度洋上三角帆船的發展演變也是一個重要的組成部分，雖然我們習慣稱這些船隻為「阿拉伯船」。因為這一地區地處東亞和地中海之間，所以阿拉伯三角帆船的技術思路也體現出兩者的特色。

01

古代阿拉伯船的造型比較多樣，但是總體結構相差不大，一般使用柚木作為造船材料，船體比較結實，可以滿足遠洋航行需要。也有使用印度芒果木的，只不過這種木材油脂多，而且偏軟，所以只適用於建造一些小船，使用幾次之後就廢棄了。標準阿拉伯船隻的內部結構完善，擁有龍骨、肋骨等，船板採用平接方式，捻縫則採用棉紗和天然橡膠製成的材料。為了保證航速和穩定性能，阿拉伯船擁有錐形船頭和較高的方形船尾，這與中國的海船有些類似。

除此之外，特色的帆裝才是阿拉伯船最引人注目的地方。其實，最初阿拉伯船也採用與地中海地區類似的方形帆，這種形狀的帆最大的特點是對風的利用效率比較高。但是，早期帆船的索具較為簡單，對於風向要求較高，因此逆風時便不得不收帆用槳。

有關於三角帆的最早記載是在西元886年希臘的手抄本上，但是由於愛琴海海域海況相對沒有那麼複雜，三角帆的優勢發揮得不太到位，也就沒發展起來。等它來到紅海地區，阿拉伯人將這種帆裝的特性發揮到了極致。當然，這種帆裝也不是一下子就成了三角形的，而是經歷了一個發展過程。最初，阿拉伯人也在使用常見的方形帆，但是為了逆風航行，他們將橫桁繫掛在桅杆上，這使得帆是傾斜掛在桅杆上的，被稱為凸耳帆。後來，船帆斜向前的角度越來越大，方形帆逐漸成了梯形，到西元900年前後，最終完成向三角帆的演變。很長一段時間裡，梯形帆和三角帆是並存的。

標準的阿拉伯三角帆前後呈三角形，橫桁並沒有固定在桅杆上，而是透過繩索繫掛在桅杆頂端，橫桁向前下端傾斜，這樣後部就能夠兜住更多的風。同時也是由於繫掛的緣故，整個船帆可以在船的橫位上做大幅拉轉，甚至能夠拉到和船本身的長軸線形成一線為止，有了這樣的帆裝便可以逆風航行。採用三角帆還有一個優勢，就是船隻主桅杆不需要太高。中國的帆船由於採用硬帆，桅杆高度不大，船帆面積受限；歐洲大帆船的軟帆雖然性能優良，但是桅杆高度極大，需要多節拼接，價格昂貴且易損，三角帆的使用解決了這個問題——當然，是一定程度地解決。

一般來說，帆船可以走「之」字形路線實施逆風航行，但這只是理論。普通方形帆要想走「之」字路線必須以接近70度的角度航行，採用15—19世紀普遍使用的歐洲大型帆裝可將這個角度控制在50多度，但是如果採用三角帆，就可以控制在45度左右。換句話說，走同樣的距離，三角帆耗時最少。現代技術設計出的三角帆甚至可以以偏航30多度實現逆風航行。不過，在逆風航行時，帆裝角度也要不斷調整。

02

阿拉伯人的導航技術也是獨樹一幟，他們的技術聚集了東、西方之所長。

其實，導航無非就是找一個參照物，而在海上，最好的參照物就是北極星，因為從地球（北半球）上看，北極星是唯一一顆在天空中不移動的恆星。用現代觀點看，阿拉伯水手透過測量地平線以上已知恆星的高度推斷出北極星的高度，然後以此來確定緯度。最簡單的辦法是用手掌。當保持手臂長度時，4個手指的寬度被認為是4個「伊斯巴」，在一個360度的圓圈裡有224個「伊斯巴」。阿拉伯人認為，正北航行的話，北極星會從第一個「伊斯巴」位置的地平線升起。

這個方法並不準確，所以後來出現了一種叫做「卡邁勒」的工具，這是一個由角或木頭組成的小平行四邊形，尺寸在1～2英寸（2.5～5公分），中間插入一根繩子，繩子上用以測量的間隔達到9節，使用時需要用牙咬住繩子的末端。木板的下邊緣被放置在地平線上，模板可以拉動，直到上邊緣接觸到需要測量的星星，這樣就可以透過間距確定緯度。這個工具和中國的牽星板類似，不過牽星板要更複雜，也更精確。後來，他們進一步使用到星盤，當時的星盤已經和現代的差不太多，只是沒有現代這麼精確罷了。

聰明的阿拉伯人還有一些其他的方法觀測位置，例如看太陽或北極星在船上方的位置。透過站在船上的不同位置，他們可以讓太陽或北極星位於單桅帆船的上方、右側、左側或後面，只要把星星保持在索具上方的正確位置，他們就可以準確地到達目的地。

有趣的是，中國人廣泛使用的指南針在阿拉伯人那裡並不是航海必需品。這倒不是他們對這一發明不重視，而是由於印度洋海域通常天氣都比較晴朗，使用太陽和星星定位更方便、更容易。

03

優秀的阿拉伯船怎麼能不被發展成戰船呢？

1571年，在勒班陀海戰中，基督教各國的聯合海軍一舉重創了鄂圖曼土耳其帝國以加萊賽船為主力的划槳戰艦隊，地中海海權易手。

鄂圖曼帝國畢竟是有實力的大國，隨即開始重建海軍以對抗日益強大的歐洲海軍。這個時候，槳帆船很明顯已經不可能繼續作為海戰中的主力了，火炮一輪齊射就可以殺死槳手、折斷長槳，嚴重影響機動性，為此，鄂圖曼土耳其人將目光轉向了當時在印度洋海域常用的阿拉伯船。他們建造在單桅阿拉伯船隻的基礎上發展出新的船型，體量比阿拉伯船大不少，但是比加萊賽船之類的大型戰艦小很多，因此這種新的船型被稱為「謝貝克船」，意為「小型戰艦」。

謝貝克船的船身修長，使用靈巧易轉動的大面積三角帆，在逆風的狀態下也能有很高的速度，無論進攻、撤退或者奔襲，都很有優勢。同時這種船裝載量也不少，大型的甚至可以搭載40餘門大型火炮。後來這種船隻被巴巴里海盜相中，他們很快就熟練地運用起這種船艦，以北非阿爾及利亞為中心活動，襲擊所有往來於直布羅陀海峽與西非沿岸的商船，成為地中海世界最可怕的一股海上勢力。即使是後來大型的謝貝克船，其機動性能也比同噸位的加利恩帆船要好，所以這種船隻甚至在18—19世紀英法爭霸的時候還作為一種很重要的船型服役於法國和西班牙海軍，足見其性能之優良。

總體來說，阿拉伯船是一種帶有典型印度洋特色的船隻，雖然有東方和西方船隻的影子，但更是阿拉伯人民勤勞和智慧的結晶。

舢舨炮艇：風帆時代的主力軍

風帆時代的西方海軍，給人留下深刻印象的就是擁有2～3層火炮甲板和完善帆裝的大型加利恩帆船。當時，海軍會將服役的加利恩帆船按火炮的多寡分為1～6級，6級以下還有未定級戰艦。

對於這些船隻，現代的影視作品中多有刻畫：《怒海爭鋒》中傑克船長的「驚奇號」，配炮28門，是標準6級艦；《神鬼奇航》中的「攔截者號」，配炮18門，屬於未定級戰艦；《霍恩布洛爾船長》中霍恩布洛爾第一次擔任艦長的「霍茨柏號」，配炮12門，也屬於未定級戰艦。而動漫《航海王》中梅納德中尉擊敗黑鬍子時用的小型單桅炮艦也是採用加利恩帆船的設計，裝備有側舷火炮，只是沒有完善的住宿區。

其實一般來說，海盜都不喜歡使用大型船隻，因為海盜作戰的優勢在於速度和對水文條件的熟悉，論組織能力和基本軍事素質，他們是無法和正規海軍相比的，所以像電視劇《黑帆》那樣海盜使用大型戰艦的情況在歷史上幾乎不會見到。

海軍船隊中，在未定級戰艦的下面，還有一種更小型的軍艦，這種船艦的體積雖小，威力卻一點都不小，它就是舢舨炮艇。

01

所謂舢舨，其實就是指一種結構簡單的小船，如今的交通艇、救生艇等船隻都屬此類。別看舢舨體積小，但想要完美地造出一艘，技術一點也不簡單。

17－18世紀，比較常見的是10～15公尺的舢舨，它們擁有完整的龍骨和肋骨結構，舷板採用平接的方式，而不是大型軍艦那樣縱橫交錯地鋪設。因為船底是個弧形，船體底部會鋪設一層木板，便於放東西和站立。船上沒有甲板，但是有座板，大一些的舢舨還會在船隻中前部設置一個桅座，可以插入桅杆。船邊設有槳叉，船尾設有舵。這就意味著，舢舨可以帆槳並用，也可單獨使用其中一種，靈活性極高。有一些大型的舢舨在船尾還會有個箱子，用來放一些儀器和用品。

舢舨最大的好處在於吃水淺，且機動性好，所以在很多淺水區，使用舢舨作為炮艇最為合適。和小型單桅戰艦不同，舢舨炮艇一般不會採用側舷火炮的布置模式，而是會安裝向船頭方向射擊的火炮，一般安裝1～2門。火炮的數量雖少，威力卻不小，15公尺左右的舢舨炮艇一般會安裝18磅、24磅甚至32磅炮，有的舢舨炮艇為了增強火力，還會安裝很多1磅炮。一艘5級或者6級的護衛艦對陣一艘舢舨炮艇，取勝是沒有懸念的，但如果在淺水區，又是面對多艘舢舨炮艇，情況就不一定了。

除了火炮威力巨大，舢舨炮艇還有一個優勢——能夠快速建造和改裝。

一般情況下，在舢舨船艏設置縱向的滑軌，再將火炮安裝在滑軌上，即可把舢舨改為一艘舢舨炮艇。當然，更多舢舨炮艇都是在戰時臨時改裝的，例如在《霍恩布洛爾船長》中，「霍茨柏號」副艦長就使用臨時改裝的舢舨炮艇在關鍵時刻救了霍恩布洛爾船長的命。

除了普通的舢舨炮艇，還有一些有特殊用途，比如有的舢舨炮艇上安裝的便不是火炮，而是臼炮，專門用於轟擊炮臺。更奇特的是裝甲炮艇。1781年，西班牙設計師安東尼奧·巴塞羅（Antonio Barceló）在舢舨炮艇的基礎上設計了帶裝甲的炮艇，馬德里西班牙海軍博物館館藏了這件模型。該裝甲炮艇船體採用20公尺的大型舢舨，留有桅座，配長槳30支；船體側面採用鐵板包裹；船艄安裝有一個大型的防護結構，正前方開有射擊孔，便於觀察和射擊；船體中部則搭建了一個甲板，並安裝了迴旋基座，以便火炮可以迴旋發射。

02

追求威力是任何裝備發展的必經之路，舢舨炮艇也是一樣。

瑞典、俄羅斯等國的船隻主要在波羅的海海域活動，為了適應這些地區海水淺、暗礁多的實際情況，他們大量運用、改造舢舨炮艇。但要是作為海軍主力，舢舨炮艇現有的火力明顯不夠，於是這兩國炮艇的體形變得越來越大，有的竟長達22公尺，安裝的火炮也越來越多，部分舢舨炮艇甚至開始安裝甲板。但歸根結底，其結構依然是在舢舨的基礎上發展，和那些小型戰艦還是不同。

有了海軍的裝備積累，瑞典、俄羅斯兩國以這些船隻為基礎，爆發了斯文斯克松德海戰。

1788年7月，瑞典國王古斯塔夫三世趁第六次俄土戰爭之機，出兵進攻俄屬芬蘭。初期，瑞典失利，其陸軍進至斯瓦泰波爾要塞受阻，海軍也在戈格蘭海戰中受挫。翌年，俄軍反攻，最終在第一次斯文斯克松德海戰中重創瑞典艦隊。

1790年春，古斯塔夫三世親臨前線指揮芬蘭戰役，隨後率軍東進，受阻於維堡。祖德曼尼亞公爵指揮的瑞典艦隊和俄國海岸艦隊在斯文斯克松德峽灣再次交戰。

此次作戰，瑞典艦隊擁有作戰艦艇124艘，包括98艘舢舨炮艇，共450門大炮；俄國艦隊擁有作戰艦艇265艘，包括198艘舢舨炮艇，共有約900門大炮。在艦艇、火炮和人員數量上，俄軍都有明顯優勢，因此俄國人意圖主動進攻。瑞典人並沒有慌忙迎戰，而是在分析地理狀況後，將艦隊分成3支分艦隊，組成了一個口袋陣，等待俄軍到來。俄軍仰仗軍艦多強行突進，一頭扎進了瑞典人的包圍圈中，加之風向不利，最終大敗而回，損失大小戰艦64艘，陣亡近7400人；瑞典方面則損失300人，戰艦5艘。這一仗，是俄國海軍史上僅次於對馬海戰的大敗仗。

不只俄國和瑞典，同在波羅的海水域活動的丹麥和挪威也建造了很多舢舨炮艇。1804年拿破崙準備對英作戰的時候，舢舨炮艇作為很重要的作戰裝備同樣建造了不少。

舢舨炮艇被充分利用的還有美國。當年，正處在發展中的美國同樣建造了很多這類船隻，它們甚至被用來當作主力使用。不過，美國人的舢舨炮艇在1812年第二次獨立戰爭中沒有發揮出應有的作用，後來美國海軍便逐步讓其回歸了本來的用途。這些舢舨炮艇一直服役到19世紀中葉才退役，但並不等於這類武器停止了發展，在科技革命的推動下，它們發生了新的變革，近代著名的蚊子船就此產生。當然，這就是另一個故事了。

英國「皇家海盜」：海上惡魔還是自由勇士

在絕大多數時期，海盜都是殺人不眨眼的海上惡魔。那麼，海盜們又是從什麼時候開始成為冒險者和自由戰士的代名詞的呢？透過查閱資料，海盜第一次被以一種非惡人的方式描寫應該是在16世紀中葉，也就是文藝復興時代後期、地理大發現時代中期，這一情況的出現與當時的社會環境有很大關係。

01

16世紀初，麥哲倫、哥倫布、達伽馬陸續完成自己的航行，「世界的盡頭已被發現，並被閉合成了一個球形，大地與海洋的輪廓亦開始變得鮮明起來」，但是，遠航帶來的相關發現成果卻並沒有得到分享，世界地圖和寶貴的航行圖被西班牙王室牢牢掌握在手中。

利用資訊不對等的優勢，西班牙基本「壟斷」了通往新世界的航道與對外殖民、商貿的空間，從新世界來的真金白銀和物產成為西班牙和它的盟友們專屬的稀奇玩意兒，上層貴族們因此賺得盆滿缽滿。與此相對的，是生活越發困難的底層民眾：隨著資本主義萌芽的出現和美洲經濟作物的引入，大宗的土地兼併開始出現，饑腸轆轆的失地農民充斥在污穢不堪的街道上；而隨著宗教敵對的加劇，大量的新教徒也在遭遇瘋狂迫害，被迫流亡。在此時的歐洲，王公貴族們的「朱門酒肉臭」與異教徒的「路有凍死骨」已經成為一種常態。

就像是不得不成為巴巴里海盜的摩爾人一樣，失地農民和新教徒為了生計也湧入大海。他們加入日漸發達的海運業，成為水手，希望可以討口飯吃，甚至像麥哲倫或者哥倫布的水手一樣，能夠幹一票爽一生。但理想是豐滿的，現實是殘酷的，海上的生活只有生蛆的餅乾、變質的劣酒和驅之不散的死亡陰影，每時每刻每個人都可能死亡，因為信仰或其他原因導致的虐待，因為事故或疾病。即便從數月的航行中熬下來，船上的貴重商品與貨物也與水手們沒什麼關係，商會的股東和船長會拿走大頭，水手所能獲得的不過是十幾鎊或者幾十比索，依舊只有勉強養家糊口的殘羹冷炙罷了。

哪裡有壓迫哪裡就有反抗，16世紀中葉，水手暴動達到了一個小高潮。許多水手透過奪取船舶和貨物而後去傾銷的方式發了橫財，其中的一些成功者甚至還靠劫掠其他商船，獲取了更多的貨物。一些水手們借助這筆錢達成了階級跨越，在殖民地合法地買了地，娶了老婆生了孩子，有了一個屬於自己的安樂窩，而另一些嘗了甜頭的人則是剛吃上這頓就已經想好下頓了，他們沉浸在這種掠奪和冒險行為所帶來的收益中不可自拔，在酒館中等待合適的人招募自己，並尋找新的發家機會。

有了需求就有了買賣，有了雇員自然就有雇主，少數貴族和商會頭目扮演著這個角色。一些是為了發現新的適宜殖民地和貿易管道，一些是為了發現新航路獲取新資源，一些則是為了打破西班牙政府和商會對貿易路線及新大陸貨源的壟斷……總之，有錢有權的人開始雇用他們覺得擁有潛力的冒險者，給他們提供起始資金、船舶和武器，讓他們去完成襲擊商船奪取貨物、調查敵占水域水文氣象、走私貨物、洗劫礦藏、開拓商路等危險工作。當然，在西班牙、葡萄牙殖民地當局的眼中，這些雇員和他們的雇主都只有一個名字——海盜。

順帶一提，一些資本繼承人和貴族也會組建自己的冒險船隊，但他們的結局通常不會太好：這些嬌生慣養的貴冑大多不是死於熱帶地區的疾病，就是死於綁票和謀殺。

02

拋開玩票的有錢人，冒險團體通常由英國人、法國人和荷蘭人組成。在這個團隊裡，核心是雇主直接雇用的冒險家、航海師、勘探員和雇主信任的軍事監督人員，人數在10名以下；水手、雇傭兵和其他人員是團隊的基礎，在50～300人不等。有時，團隊也會增加當地嚮導、土著，也會收容與解救其他冒險者，但總人數一般不會超過450，船舶數量則通常不會超過4艘。

相較於前輩，這些新時代的海盜冒險者們顯然要專業許多，維持他們之間關係的不再是虛無縹緲的血緣和誓言，而是真真切切的共同利益。經過投資方篩選的領導通常不會是平庸之徒；專業的航海士和勘探員不僅可以幫助團隊安全地渡過危險區域，還可以透過測繪、探察幫助整個團隊完成任務，甚至獲得額外的收入；專業的軍事監督人員可以確保整個團隊的組織度和軍事訓練，並在必要時糾正指揮官的錯誤決策；而同樣經過選拔、經驗豐富且營養充足的水手和雇傭兵們，則要比商船甚至不少軍艦上的那些從酒館和鄉下抓來的水手和水兵戰力更強。這些都為冒險者們打下一片天地提供了牢固的基礎。

冒險者團隊的主要船舶通常是噸位在20～40噸的快艇或70噸上下的松木帆船，稍微闊氣一些的投資人還會為他們提供100噸上下的雙桅快速帆船用於水文測繪。船上，他們會裝備少量的隼炮用於海上交火和上岸後轟擊城鎮大門。由於對內陸探索和劫掠行動的任務需求，前排作戰人員（約占總人數的1／3）也會裝備較好的半身甲。

03

相比地面上的舊式陸軍，海盜們要更加青睞火器的破甲效果和遠端武器所帶來的安全距離。在著名海盜德瑞克的初次活動——1572年7月底對港口小鎮迪奧斯[13]的襲擊中，這一現象尤為明顯。

德瑞克的團隊擁有2艘海盜船（70噸的「帕斯卡號」、25噸的「天鵝號」）和73名手下，其中20多人穿著鎧甲，整個團隊攜帶30多把火槍（一些人是把短手槍作為副武器的）和十多把長弓、十多把長矛和戟，餘下的人則使用各式軍刀和長短劍。他們使用4條舢舨登岸，之後迅速衝進市中心，擊敗了正在聚集的城防民兵並奪取了制高點。但一場突如其來的熱帶大雨使海盜們的火槍和長弓成了擺設，手持西班牙長槍和劍盾的民兵趁此機會依靠人數優勢展開反攻。德瑞克迅速命令手下撤離，避免近戰，但隊伍中還是有11人傷亡，傷者中還包括他的資助者也是他的表親約翰．霍金斯。

儘管這次襲擊並不成功，但德瑞克卻並沒有失去領導權，反而被獲准進行長期準備工作。他主動接觸和解放從西班牙人統治中逃離的摩爾人和黑人奴隸，以及被西班牙人驅趕和打壓的新教徒與原住民，幫助他們建立定居點、增強自身防禦力量，以此獲得維持冒險團隊運行所需的食物、物產和資源。與此同時，德瑞克隊伍中的製圖員也開始對當地沿岸的灘塗與內陸的地形地貌進行測繪。可以這樣說，德瑞克和他的手下們搖身一變，成了當地原住民和受壓迫者的守護者，這支不入流的菜鳥海盜團隊也逐步變成了與森林混為一體、無處不在的遊擊隊。

新世界的物產遠比肉票來的值錢，而掠奪人口帶來的疾病風險又遠高於販賣奴隸所帶來的收益；投資方相對豐厚的目標金錢獎勵和物資武器供應，讓參與者通常不需要為了蠅頭小利鋌而走險；新教徒和破產農民出身的海盜水手與傭兵又對備受剝削的同行們有所同情……在這樣的背景下，這一時期的海盜較之前和之後的都要顯得更有「紳士風度」一些，他們中的很多人對於定居點的行動基本上是劫財而不劫色、越貨而不殺人，海盜們追求自由和反抗強權的形象就此而來。

德瑞克的情況當然不是個例，甚至在加勒比與整個大西洋的西海岸長期活動的法國著名胡格諾派（新教的一支）海盜紀堯姆・勒・特斯杜（Guillaume Le Testu）還要更典型一些。這位著名的海盜擁有一支由200多名手下和3艘炮艇組成的海盜團，他的主要收入來自探索，一些貴族甚至贊助他去南美的叢林之中尋找傳說中的「不老泉」和「黃金城」，而一些自然學家則雇用他去尋找自己感興趣的動植物製成標本以進行研究。在這些資金的幫助下，紀堯姆的足跡遍布美洲沿岸。

不同於之前的西班牙人和之後的英國人，紀堯姆的行為確實是個典型的法國人，他對於原住民非常溫和，幫助他們反擊西班牙人的開拓隊，與原住民簽訂合同進行貿易，以此獲取利益和向更為內陸的區域探索的可能。這個「不務正業」的海盜和他的團隊還繪製了大量比西班牙總督們手中的地圖還要細節的物產圖、地圖和海圖，並將它們賣給不同的商會和貴族。客觀地講，正是由於無數像他一樣的海盜，美洲和東印度水域的輪廓才得以更早也更為清晰地展露在世人面前，而西班牙對於新世界資源的壟斷也得以被更早

⑬ Nombrr de Dios，意思是「上帝之名」。

終結。

1573年，在熱帶雨林中鏖戰了一年卻收穫不多的德瑞克和他的部下加入了紀堯姆的海盜團。紀堯姆非常看重他，二人交換了情報，共同制定了襲擊西班牙金銀錠運輸隊的計畫。

150多人的海盜隊伍在迪奧斯週邊襲擊了由200多人組成的西班牙騾馬隊，當場擊殺45名全副武裝的西班牙正規軍和大量西班牙民兵，繳獲金銀錠20多噸，但自身也付出了近百人死傷的慘重代價，紀堯姆也受了重傷。因為騾車、馬車大多遭到破壞，海盜們根本無法運走戰利品，他們便就近對運不走的財寶進行掩埋，然後架著還可使用的車逃往海灘。

撤退途中，海盜們遭遇了西班牙騎兵的突襲，自覺時日無多的紀堯姆將自己的手下和手中所有海圖、地圖全都託付給德瑞克後，率領30多名海盜組成方陣殿後。德瑞克又遭遇了2次追兵，許多海盜死亡，另一些則選擇潰逃。當德瑞克和剩餘的30多名海盜們抵達海岸時，才發現原本約定好前來接應的海盜船也已逃離了現場。萬分危急之時，德瑞克臨機處置，命令海盜們將財寶全部拋棄，用馬車和金銀箱子緊急趕製了一個大木筏下海求生，直到沿著海岸線逃出48公里後，他們才找到了海盜團的旗艦並恢復了對艦隊的控制。

在之後的幾個星期裡，德瑞克陸續收容了被打散的海盜，並取回了許多之前掩埋的財物，但紀堯姆就沒那麼幸運了。被西班牙人俘虜後，傷病和歲月（這時的他已經64歲高齡了）讓他的身體每況愈下。為了讓他的死「更有意義」，西班牙人在俘虜他的第三天砍了他的頭。

紀堯姆死了，他的地圖、海圖和團隊被那個剛剛加入海賊團的英格蘭毛頭小子德瑞克帶回了歐洲，帶回了英格蘭，成為撬動西班牙在美洲貿易霸權的第一個支點。冒險者們開始靠著他留下的地圖向著內陸繼續前行，而商會們也開始沿著他所探索的航路進行貿易，儘管他們可能並不知道手中的資料來自一個讓他們嗤之以鼻的老海盜。

德瑞克憑藉著海圖、地圖與財富獲得了英格蘭上流社會的認可與投資，從一個普通的海盜變為「皇家海盜」和受世人敬仰的冒險家。在紀堯姆遇害的7年後，德瑞克的成就超越了所有海盜：自麥哲倫之後，他完成了又一次環球航行。在紀堯姆遇害15年後，他成為英國皇家艦隊的總司令，擊敗了西班牙的無敵艦隊，在歷史長河中豎立起一座無人可以超越的屬於海盜們的不朽豐碑。

第二次英荷戰爭：海上利益爭奪戰

每個國家都有自己的民族英雄，而很多將領之所以成為民族英雄，就在於他們能在國家危難時刻維護國家利益。在千年的海上戰爭史中也有這麼一批人，例如中國的民族英雄鄭成功。在被鄭成功趕跑的荷蘭人中也有一位傳奇人物，他就是米希爾·德·魯伊特。2015年，荷蘭上映了一部反映德·魯伊特的傳記電影《海軍上將》，再現了這位名將最巔峰時刻——1667年6月突襲查塔姆錨地。

01

第二次英荷戰爭自1665年6月爆發以來，戰爭雙方各有勝負。在聖詹姆斯日之戰後，英、荷雖然沒有再進行過大規模的海戰，但戰爭也並未就此停息。

在這期間，英國的一次軍事行動讓荷蘭人的怒火久久不能平息。1666年8月初，英國將領霍爾姆斯受命，率領一支小型分艦隊突襲荷蘭的弗利蘭島，出乎意料地在那裡發現了大量隱藏的荷蘭商船。英國艦隊在幾乎未遇任何抵抗的情況下，縱火焚燒了擠在一起的150多艘荷蘭商船，並在大肆劫掠了弗利蘭島後揚長而去。

彷彿是風水輪流轉，在霍爾姆斯燒了荷蘭商船隊之後一個月，1666年9月10日，一場罕見的火災降臨到倫敦。大火連續燒了4天4夜，倫敦城有2／3被焚毀，經濟損失達800萬～1000萬鎊。這個經濟損失已經超過了兩次與荷蘭戰爭的費用，再加上持續2年之久的海戰已使國庫面臨虧空，英國就是再有錢也經不起這麼折騰。因此，自1667年1月開始，英國不斷與荷蘭方面取得聯繫，希望進行和平談判。不過荷蘭人可不認為這把火報了自己的一箭之仇，他們在等待機會，一個徹底擊敗英國人，讓他們乖乖同意自己條件的機會。

當時荷蘭的海軍司令由德·魯伊特擔任，他已經透過間諜搜集到了一些泰晤士河的潮汐、水位、航線等情況，還有關於倫敦地區軍事和經濟的資訊。不過，他做這些準備主要不是為了進攻這裡，而是在分析英國艦隊的動向。

英國皇家海軍的主力艦艇都停泊在麥德威河河口的查塔姆錨地，這裡還有造船廠，河道彎曲，淺灘密布，風向有明顯變化，屬於易守難攻的類型。英國人還在這裡設置了炮臺和橫江大鐵鍊，所以沒有哪個海軍將領會想要攻擊這裡。

海軍將領不想，並不等於其他人不想。時任荷蘭首相的約翰·德·維特就提出了突襲查塔姆錨地的計畫。這個計畫難度極大，幾乎所有海軍高級將領都表示反對，德·魯伊特也一樣。但是和其他人不同的是，德·魯伊特知道德·維特不是個會輕易改變自己想法的人，所以即便不同意，但是他還是提前做了準備，包括訓練艦隊的夜戰能力，也包括加強情報搜集工作。

恰逢此時英國因為大火和瘟疫導致嚴重的經濟困難大大削減了軍費，大量軍艦不得不閒置在港內，因此德·維特決定執行首相的計畫。首相的計畫聽起來很容易，但是實施起來並不是那麼簡單，好在德·魯伊特有個幫手，那就是首相的弟弟科內利斯·德·維特，兩人進行了詳細研究。

進攻查塔姆錨地的困難主要是一些情況難以熟知，例如沿途英國炮臺與其他防禦措施的位置與配置，泰晤士河河口和麥德威河沙洲淺灘的具體位置以及水深情況，還有潮汐規律等水文資料和風向、風力變化等氣象資料、錨泊在錨地的英國艦隊的備戰情況，等等。這裡面有一項出現問題，整個行動就會失敗。荷蘭海軍只有一個優勢，那就是無論如何英國人也不會料到他們會突襲查塔姆錨地，所以可能會防衛不到位，這是他們唯一的勝算。

不過話說回來，打仗哪有不冒險的？軍人不能指望著舒舒服服地作戰。

02

英國人真的沒有一點防備嗎？那倒不是。英國雖然大量削減軍費，但是並沒有停止海軍運作，還留有相當一部分艦隊在海上巡航的。但現在的問題是，這部分艦隊應該布置在哪裡呢？

英國人透過密布歐陸的間諜網得知荷蘭正在籌畫軍事行動，但是並不知道荷蘭人要在哪裡採取行動。他們將艦隊布置在了他們認為荷蘭人會發起進攻的地方，唯獨沒考慮查塔姆錨地，畢竟一開始，選這裡進攻的計畫在荷蘭海軍高層都沒幾個人同意。

1667年5月17日，荷蘭艦隊啟航，6月4日集結完畢並完成編隊，共計戰艦62艘，小型淺水船隻15艘，縱火船12艘。[14]

海上航行期間，荷蘭人把編隊分成3個分艦隊：第一分艦隊由德・魯伊特上將親自指揮，科內利斯・德・維特也在艦上；第二艦隊由阿爾特・揚斯・范內斯中將指揮；第三艦隊由威廉・約瑟夫・范根特中將指揮。

有趣的是，除了幾名艦隊司令和高級將領之外，其他人都不知道這次出擊要幹什麼，直到6月7日，荷蘭艦隊已經在頭一天抵達泰晤士河河口附近，科內利斯·德·維特才正式代表政府下達命令，整個艦隊大為驚駭。有人提出異議，還有人公開表達自己的恐懼，可德·魯伊特回覆只有一句話：「命令就是命令。」科內利斯·德·維特回到住艙後在日記中寫道，他不確定艦隊到底會不會服從命令，然而第二天他發現，艦隊上下都在做準備，很多指揮官還針對不少細節問題提出了可行性建議。

在6月6日荷蘭艦隊接近泰晤士河河口的時候，英國方面就已經發出了預警，包括查塔姆錨地的英軍在內都知道荷蘭艦隊來了。但是，英國人的第一反應是荷蘭人要進攻倫敦城，而英國高層則認為，為了鼓舞士氣，荷蘭人最多會對一些中等大小和暴露的目標發動象徵性的攻擊，比如哈里奇，所以在荷蘭人出現的5天時間裡，英軍僅在這些地區加強了防禦，在倫敦和查塔姆錨地竟然毫無作為。不，也不能說一點沒有，在約克公爵的嚴令下，海軍調動了3艘護衛艦、3艘火攻船和30艘舢舨炮艇，可這些防衛力量實際上還是近似於無。

即使荷軍已經開始攻擊了，威廉·考文垂爵士還在宣稱，荷蘭不太可能在倫敦附近登陸。這種盲目自信讓後來的軍隊調動十分不暢。另外，由於幾個月甚至幾年沒有拿到工資，大多數英國海軍士兵都不太願

---

⑭ 英文資料中大多都是這個數字，中文資料中則多稱是24艘戰列艦、20艘小型船隻和15艘縱火船，筆者採用英文資料資料。

意冒著生命危險抗擊荷蘭人。

6月7日，德·魯伊特親率艦隊開始攻擊希爾內斯炮臺。該設施名為炮臺，實際為一個大型堡壘，扼守著麥德威河河口。按理講，這樣重要的防禦工事，荷蘭軍並不容易攻取，但是英國守軍抵抗一陣後就主動逃跑了。6月10日，荷蘭登陸部隊占領了這個堡壘。

最初，荷蘭軍方要求登陸部隊不得劫掠，目的是和霍爾姆斯此前的行徑做對比，但是這項命令最終沒有被執行，士兵們還是大肆劫掠了一番，德·魯伊特因此解除了登陸部隊指揮官揚·范·布拉克爾的職務。

堡壘被占領後，威廉·約瑟夫·范根特中將指揮的荷蘭艦隊向上游進行了偵察，科尼利厄斯·德·維特跟隨。荷蘭軍發現英國人已經自沉了7艘船以阻止通航，不過這個阻塞線並不嚴密，仍有一個開口可供使用。擴大開口之後，荷蘭艦隊趁漲潮通過這道封鎖線。

英軍又在吉林漢姆布置了一條14.5噸的橫江鐵索，鐵索前還有3艘軍艦，用以阻攔可能入侵之敵。12日荷蘭軍航行到這裡，守衛的「團結號」被俘，「馬蒂亞斯號」和「查理五世號」則被荷蘭的火攻船炸毀。隨後，荷蘭軍毀掉鐵索繼續前進。

沒有鐵索攔截，13日荷蘭艦隊便進入了查塔姆錨地。查塔姆船塢內有很多閒置軍艦，在荷蘭艦隊的攻勢下，「忠誠的倫敦號」、「皇家詹姆斯號」和「皇家橡樹號」都被摧毀，英國皇家海軍的旗艦「皇家查理號」被俘。英國海軍高層認為，為了防止軍艦被俘只有毀掉它們，因此英軍又自己毀掉了16艘戰艦。

6月14日，進攻計畫的制訂者之一科尼利厄斯·德·維特決定撤退，荷蘭艦隊帶著被俘的「皇家查理號」趁漲潮駛出麥德威河，進入大海。

荷蘭海軍還嘗試攻擊其他城市，但是未能得手。不過不管怎麼說，這一仗之後，英國皇家海軍的戰鬥力遭到更嚴重的削弱。而比物質損失更大的，是皇家海軍的氣勢。士兵們十分低落，軍心渙散，實際上已無戰爭意願。在這種情況下，英國國王查理二世不得不接受荷蘭的全部要求，簽訂了《布雷達和約》，第二次英荷戰爭以英國失敗而告終。

德雷貝爾潛水艇：400年前的水下戰機？

不少朋友都看過徐克的《東方不敗之風雲再起》，電影本身荒誕不經，屬於以《笑傲江湖》為基礎重新編寫的新武俠故事，而其中最具想像力的就是日本大名霧隱雷藏的潛水艦了，它的機械設定讓無數觀眾眼前一亮。

不為人知的是，在電影故事發生的背景時代明末，也就是17世紀初，真實世界裡還真有一艘能夠潛水的船隻，這就是德雷貝爾潛水艇。

01

科內利斯·雅各松·德雷貝爾於1572年（明隆慶六年）出生在荷蘭一個市民家庭，進入當地一所拉丁語學校接受完小學教育後，又就讀於哈里姆學院，並成為著名雕刻師亨德里克·戈爾齊烏斯的學生。雖然是雕刻師的學徒，但他的精力似乎並沒有花在雕刻上，反而很快就對煉金術和機械發明產生了濃厚興趣。

當時歐洲對於永動機的研究很火熱，德雷貝爾也搞了一個號稱可以因為溫度和氣壓變化而進行無限運動的「永動鐘錶」，並獲得了專利。借此機會，他在歐洲貴族和科學圈子裡獲得了一席之地。

1613年，經過一系列波折，德雷貝爾受到斯圖亞特王朝詹姆斯一世的邀請前往英國，繼續進行發明工作。在那裡，他的成果包括各類光學儀器、高精度溫度計、新式烤爐、染料等。當然，在軍界最著名的產品，還是他發明的德雷貝爾潛水艇。

02

西方常見的史料對德雷貝爾潛水艇一般都是這樣敘述的：德雷貝爾於1620年改進了威廉·伯恩於1578年的設計，並建造了一艘帶有皮革覆蓋的木質框架的可操縱潛艇。之後，在1620年（明萬曆四十八年）至1624年（明天啟四年）的4年間，德雷貝爾成功建造並測試了另外兩艘潛艇，每艘都比上一艘大，最終型號有6對槳，可以搭載16人。

有關於這艘潛艇的結構，英國廣播公司的一篇文章這樣描述：

整艘潛艇都覆蓋著塗有油脂的皮革，中間有一個水密艙口，一個方向舵和4支槳。在划船者的座位下是大豬皮囊，透過管道連接到外面。用繩子綁住空的皮囊，下潛時解開繩子灌水，上浮時把皮囊的水擠出來。

據稱，這艘潛水艇可以在水下停留3個小時，在4～5公尺的深度巡航，並實現過從西敏到格林威治的航行，詹姆斯一世甚至因為乘坐過這艘潛水艇而成為第一位在水下旅行的君主。

這個東西真的這麼神奇嗎？為什麼在泰晤士河上進行了多次測試後，它並沒有引起英國皇家海軍的興趣，也從未在戰鬥中被使用呢？

17世紀的英國正處在確立海上霸權的過程中，實際上急需要強有力的海戰武器，如果潛水艇切實可用，他們當然不會放過。然而實際是，只要分析一下德雷貝爾潛水艇的潛浮手段，就會發現很多問題，最突出的一個就是它沒有可以控制潛艇姿態的設備，這就導致潛水比較容易，上浮則比較費勁。如果條件允許，大家可以嘗試擠一擠消防水管裡的水，感受一下擠乾淨一個灌滿水的大型皮囊有多麼費力。

出現這種不切實際的情況並不奇怪，因為德雷貝爾建造潛水艇的目的並不是研究或改進船隻下潛的方式，而是要做另一個專案——使用化學方式製取氧氣。因為根據荷蘭特文特大學相關資料的記載，德雷貝爾可能找到了透過加熱的硝酸鉀（硝石）產生氧氣的技術。檔案中寫道：「德雷貝爾又做了兩個化學過程。他透過加熱硫黃和硝酸鉀（硝石）將硫黃氧化成硫酸，這比當時的任何其他方法都更有效率……他還發現了一種透過加熱硝石來製造氧氣的方法，這是目前生產硝石的標準方法之一。」

可見，德雷貝爾建造這個潛水艇很可能就是為了試驗一下他的方法是否能夠產生足夠的氧氣支持潛水航行。

03

近些年，隨著歷史檔案的不斷發掘，越來越多的人傾向於常見史料對於德雷貝爾潛水艇做了誇張的描述，而被敘述最多的3號艇，可能只是一艘甲板經過大量改裝的划艇，並不是通常模型或者繪畫中描繪的現代潛艇樣式的船隻。

這樣一來，很多事情就好解釋了。

現代潛艇的經典結構是由愛爾蘭人約翰·霍蘭在19世紀設計出來的，他的潛艇之所以能成功，是因為他將潛艇的浮力值設置得略大，也就是說，潛艇在壓載水艙全部灌滿水之後也會有浮力，而不是灌滿水之後的浮力等於零。

而如果德雷貝爾潛水艇是在划艇的基礎上改裝，那麼它本身就擁有正浮力值，皮囊灌滿水後也不會出現因為浮力值等於零又沒有水平舵而導致的姿態不可控的事。同時，由於浮力值的存在，潛艇一直受一個向上浮的力，排水相對會輕鬆一些。艇內則可能帶了一些硝酸鉀和加熱設備，用於測試水下航行時氧氣供應情況，主要用於短程完全潛航。較長距離航行時，可由類似呼吸管的管子提供空氣，這些管子透過漂浮裝置保持在水面以上，使潛艇能夠長時間處於水下。

也有西方史學和科學界人士分析後認為，這樣的設計實際上依然很難完成下潛作業，頂多算是半潛船。潛水艇最大的優勢在於隱蔽性，如果採用這種設計，無法進行長途航行是一方面，更重要的是就沒有隱蔽性可言了。同時，該艇潛航航速也不會很快，還沒有合適的兵器裝備可以用在這種潛艇上——既然能夠下潛，管型火器自然是不適用的，而當時也沒有合適的非明火式的雷管。無法在水下遠距離擊發爆炸彈藥，沒有戰鬥實用性，英國皇家海軍看不上它也就是必然的了。

不管怎樣，現實就是德雷貝爾本人確確實實沒有掙到錢，像很多不得志的發明家一樣，他不得不另謀出路，靠經營一家啤酒屋為生。他的妻子一直在追求上流生活，花銷驚人，這個家理所當然地沒有攢下多少錢。1633年，窮困潦倒的德雷貝爾去世，享年61歲。

中國戰船輸在哪裡：風帆時代中西方水師對比

合理的編制是部隊發揮作戰效能的重要基礎，現代各國的軍事編制大多是以西方軍事編制體系為基礎的。很多在網路上玩中西鬥獸棋的人更多保持的是遊戲史觀，喜歡盯著某些裝備看屬性數值，對比戰鬥力。但戰爭不是街頭鬥毆，軍隊的體系和編制才是戰鬥力的基礎。本文就來介紹一下明清時期中國水師與同時期西方海軍的編制體系。

01

風帆時代，以英國海軍為代表的西方海軍已經形成金字塔形的完整且專業化的海軍體系，其最高長官為第一海務大臣，其下是分布於機關和艦隊的部門主官和艦隊司令，之下還有副職和分艦隊司令等。

具體到一艘軍艦，其上的人員編制體系也很完善，主要包括：艦長、副艦長、1～6名尉官（大副、二副、三副，以此類推），這些人具有作戰指揮權；另外還有沒有作戰指揮權的技術軍官，例如航海官、槍炮官、司務官等，軍醫和牧師待遇與他們相同，但不屬於軍隊編制。為了培養後備軍官，艦上還會有數名海軍候補生，可以理解為實習生，艦長會根據作戰需要給他們分配任務，其級別在技術軍官之下。再往下就是士官長和技術士官，例如舵手、槍炮長、帆纜長、航海士官、帆纜士官、槍炮士官，等等；底層的就是水手長帶領的大量水手，平時幹活，戰時操炮。風帆時代的水手長一般由帆纜長充任。還有一些戰時從艙底搬運火藥的孩子，被稱為「火藥猴子」，他們算是艦上最底層的人了。為了保證登陸作戰和彈壓水兵，艦上都還編制有海軍陸戰隊。

總的來說，一艘軍艦上的人員數量少則幾十人，多則有千人，例如英國的「勝利號」戰列艦就編制850人，同時代的法國「海洋」級戰列艦編制則達1079人。

02

17—19世紀的東方，明、清兩朝水師歸駐地官員和將領管轄，下設總兵、副將、參將等各級別軍官，與陸師完全相同。朝廷還將水師像陸師那樣分配到沿海沿江各省，分散使用，轄境雖在海疆，官職同於內地。

具體到每一艘戰船，編制情況也呈現出中國特色。除了戰爭時期，水師一般都以中小型戰船，也就是長度在4～6丈（13～20公尺）的船隻為主，這樣的船隻編制體系相對簡單。根據明代《武備志》記載，船上的情況是這樣的：

船一隻，捕盜一名，家丁一名，舵工二名，鬥手二名，繚手二名，椗手二名，守艙門二名，掌號一名，神器四名，一定不可增減；兵八隊，每隊隊長一名，兵十名，共八十八名，或七隊、六隊、五隊，相船相地損益之。

清代，曾任江南提督的林君升在擔任定海總兵的時候撰寫了一部水師訓練和職掌章程，即《舟師繩墨》。在這部書中，他詳細記錄了當時戰船的編制情況：

於一切行舟事宜，惟捕盜是問。又其甚者，方謂舵、繚、鬥、碇……舵者，尤人之心也，繚、鬥、碇，尤人之四肢也；船上眾兵尤人之百骸也。

從記載來看，明、清兩代的水師編制大體類似，核心人物都是捕盜、舵手、繚手、鬥手、碇手，再就是額外駐守的眾兵，另外，中軍船上還有掌號、神器等人員。

按照現在的軍事體系，捕盜相當於艦長；舵工就是舵手，但是比現在的舵手職能要大，實際相當於航海長；繚手負責帆纜運作，鬥手負責攀桅瞭望，碇手負責起落船錨，這三類人在現代都歸到航海與帆纜人員系列了，但在當時需要單列出來；眾兵則相當於水手；神器就是炮手或者鳥槍手；掌號則類似於副艦長或者尉官，主要負責傳達長官指令。《舟師繩墨》一書的最後一章《眾兵》中還寫道：「船上有好捕盜，好頭目，離了眾人，他獨自可行船嗎？」可見舵、繚、鬥、碇四手算是軍官，並不是一般的技術人員。

至於眾兵是如何編制的，明、清則不太一致。明代採用編隊形式，每隊編制固定，依船隻大小增減隊數。到了清代，眾兵編制有個演變的過程，最初基本上沿用明代體系，隨著明末清初火器數量大大增加，按隊編制的模式開始鬆動，到了雍正、乾隆時期，則開始採用直接根據執掌編兵的模式，形式上已經類似於西方編制了。這些可以從河東總督田文鏡的奏摺中管窺一二：

該鎮營確估，每艍船一隻約需工料價銀一千餘兩，每船配兵三十名，除舵工、阿班（繚手）、大料、頭碇四名不用軍器外，其二十六名內配鳥槍手十二名，大炮手六名，藤牌手二名，弓箭手二名，長槍手二名，大刀手二名。

03

明清之際，由於戰爭需要以及借鑑西方部分技術，出現了帶有雙層火炮甲板的重型戰艦，這些重型戰艦往往被選做冊封舟使用。

康熙五十八年（1719）六月，翰林院編修徐葆光出使琉球，其著《中山傳信錄》中記載有所乘坐的冊封舟的編制情況。需要特別說明的是，徐葆光出使時乘坐的冊封舟較前代已經小很多了。康熙二年（1663）張學禮出使時選用的戰船，長18丈（60公尺），雙層火炮甲板，配炮24門；徐葆光所選乘的冊封舟，長度只有10丈（33.3公尺），單層炮甲板，配炮只有12門。

根據記載，這艘冊封舟上的編制為：船戶、正副夥長、正副舵工、正副椗、正副鴉班、頭二三阡、吹鼓手8名，這些人管船隻航行等事務；千總1名、官兵200人，負責作戰；船匠2名、艌匠4名、索匠2名、風帆匠2名、鐵匠2名、裁縫2名、正副總鋪、廚子4名，負責後勤保障和維修等；另外還有內外科醫生各1人、道士3人。其中，船戶是船長，夥長負責航向水深事宜，鴉班負責頭巾和插花（均為附加風帆）以及旗幟升降，頭二三阡負責帆纜事宜。由此可見，即使拋去外交人員，船上編制也比普通戰船細化複雜得多。

總體來看，與西方相比，中國中小型戰船的編制較為簡單，但是大型戰船上的人數也很多，編制也較為完整。其實說到底，在相同海況和作戰需求的情況下，無論中西，對海戰的需求都會讓編制的設置殊途同歸，因此相差不會很大，剩下的就是國家重視程度、財力投入多少的差距了。

工業時代

冷熱兵器大對決

百花齊放的步兵兵種，為何近代只剩長矛兵和火槍兵？

對於許多喜歡歐洲軍事史的人來說，中世紀戰爭中歐洲各國類型不一、效用不同的兵種絕對是一大興趣點。歷史上，因為經濟水準、地形環境乃至文化信仰等因素的差異，歐洲各國的軍隊組成確實差別極大，尤其是步兵們，雙手長矛、雙手劍、矛盾、劍盾、錘斧、弓弩、投石索等，可謂是百花齊放。但到了近代，這種百花齊放的局面卻被打破了，步兵方陣中基本上只剩下了長矛兵和火槍兵兩種。等到軍用刺刀發明後，長矛這種兵器也被淘汰，各國的步兵兵種變得更加單調。

近代步兵這種一致性的趨向，是如何形成的呢？

01

隨著羅馬帝國的倒塌，傳統羅馬軍團式的重步兵體系開始衰落，而這就意味著，騎兵在不提高成本的前提下相對提高了效能。缺乏訓練和裝備的步兵們很難抵抗由貴族、扈從組建的騎兵部隊的衝擊，騎兵成了決定勝負的兵種，因此，中世紀戰爭才經常被稱為「騎士的戰爭」。

這種情況直到英法百年戰爭期間才所有改變，克雷西會戰、普瓦捷會戰英國的勝利表明，訓練有素、士氣高昂的步兵在默契的配合下足以戰勝那些看似不可匹敵的法蘭西騎士老爺。雖然這時的英國並沒有建立我們後來所見的長矛方陣，但依靠重步兵、投射步兵配合作戰的戰術，步兵已經開始對騎兵原有的地位產生衝擊。

近代步兵方陣的產生，則與瑞士有關。

瑞士為多山國家，由於交通不便、土地貧瘠，農耕和商貿都不適宜，當地人常常會外出做雇傭兵以謀生。早期的瑞士步兵使用2．4公尺左右的長柄鉤斧，這種後來演化為瑞士長戟的武器並不適合集團作戰，因此在14世紀初期，瑞士傭兵們的作戰方式與後來的瑞士長槍兵們迥然不同，他們習慣於隱藏在山坡、叢林中，只預留少數部隊吸引敵人。莫爾加滕會戰中，奧地利重騎兵們就吃了這種戰術的大虧。

時代在變化，為了適應正面作戰的需求，瑞士傭兵們漸漸開始改使長槍。山地民兵的特性賦予了瑞士人更強的機動性和衝擊力，再加上他們大多數來自同一村鎮或部落，彼此原本就熟悉，又一同參與訓練，因此，他們擁有同時期正規軍所沒有的凝聚力和戰鬥力。

與當時步兵慣用的陣形不同，瑞士士兵能夠組成多達2500人的步兵方陣。為了便於機動，他們以列為編隊，各隊隊長站在第一排，作戰時士兵們只需要跟隨隊長的行動即可保持隊形的嚴整性。不過，和希臘、馬其頓將大方陣直線排布的方式不同，瑞士長槍兵們的排陣方式更加簡單粗獷，他們不追求完全平直的陣線，因此也無須讓己方部隊的橫向寬度與敵人保持一致。他們通常以3個方陣單元編隊，一旦遭遇敵人的襲擊就會停止行進，方陣裡的士兵則按照自己的位置向四面八方放平長槍，如此一來，側翼就不會像希臘、馬其頓方陣那樣成為致命的罩門。

依靠這種新式打法，瑞士人在對外戰爭中的表現讓整個歐洲都感到駭然。西元1444年，聖雅各恩比爾斯之戰，1300名瑞士士兵對戰法國王太子率領的3萬阿爾馬涅克士兵，結果在敵我軍力相差如此懸殊的情況下，瑞士部隊在經歷了法軍弩手的遠程攻擊後，依舊消滅了2000阿爾馬涅克人。雖然最後瑞士軍隊全軍覆沒，但此戰中他們展現出的勇氣和戰鬥力讓人膽寒，王太子路易最終不得不黯然罷兵。之後，瑞士軍隊更是如同開掛一般，連續在3次大規模會戰中擊敗了勃艮第公爵「大膽的」查理，並在第三次戰鬥中殺死了這位天選之子。

瑞士長槍兵在歐洲聲名大振，開始成為最搶手的雇傭兵戰士。不過，由於與法蘭西交好，在很長一段時間內，瑞士向外輸出的傭兵幾乎都被法蘭西把持，其他國家即使願意出錢雇傭，也很難獲得這些優質士兵的合同。擁有了從英法百年戰爭中訓練出的精銳炮兵、訓練有素的傳統重裝騎兵、弩兵，再搭配上機動和衝擊力極強的瑞士長槍兵，這一時期，法蘭西軍隊幾乎是整個歐洲的頂配。

瑞士方陣中，除了前面說的長槍兵外，還保留了部分長戟兵，這可能是歷史慣性造成的結果。這些長戟兵往往是雇傭兵中的精銳，在敵人突入方陣時會用長戟劈砍這些闖陣者，凶悍異常。直到刺刀發明之後，瑞士長戟才最終從軍隊序列中退出。

02

和瑞士長槍方陣類似，它的兩個效仿者，即西班牙方陣、德意志長矛方陣，也不約而同地在方陣中保留了其他武器作為輔助。

西班牙方陣是第一個完成近戰、遠端配合的近代方陣系統。瑞士人在布設方陣時，往往只安排少數十字弓散兵作為掩護，而西班牙人在復刻瑞士方陣的基礎上，還在方陣四角部署了規模可觀的火槍手。雖然

15世紀前半葉火槍的製作工藝和殺傷力並不具備壓倒性優勢，但帕維亞會戰中，西班牙火槍手們就曾經利用戰場上的叢林、溝壑地形，將突入戰場的法蘭西騎士擊潰，這也證明了火器對於騎兵鎧甲的巨大殺傷力。

憑藉著火槍手和長矛兵的配合，西班牙方陣在當時幾乎已經成了大殺四方的存在，至此，十字弓、標槍、弓箭這類傳統遠端武器日漸式微。

除了長槍兵和火槍手，西班牙人在進行方陣改革之前還大規模使用過劍盾手，這些劍盾手的來歷可以追溯到西班牙驅逐摩爾人的「再征服運動」時期。本土崎嶇的地形和突襲作戰的特點，導致西班牙軍隊中曾經有將近2／3都是類似於劍盾手、火槍兵、弩手之類的輕裝步兵，而在「再征服運動」中立下功勞的劍盾兵自然也不會立刻被西班牙人無視。在義大利戰爭中，這些經驗豐富的劍盾手們會趁對手陷入混亂時發動突擊，以盾牌阻擋長矛的戳刺，突入對手方陣中肆意砍殺敵人。不過，1534年方陣改革後，西班牙方陣中就已不見了劍盾手的身影。

德意志雇傭兵的情況和西班牙方陣有些許類似之處，他們同樣依託長矛和火槍的彼此配合。得益於德意志雙手劍發展的紅利，德意志雇傭軍中存在不少精通雙手劍的士兵。在作戰時，雙手劍士往往會被部署在方陣的兩端，他們使用雙手劍等武器斬斷敵人的矛，在敵人的陣線中打開缺口，並帶領後面的士兵將之擴大。

需要格外說明的是，雖然不少人認為德意志雙手劍士都是「都卜勒」[15]劍士，但實際上，在早期的

---

⑮「都卜勒」為Dopplesoldners的音譯，意思是「雙倍薪酬」。

德意志雇傭軍中，是根據雇傭兵本人提供的裝備、武器條件來確定薪酬的。當時，一個雇傭長矛兵的裝備價格在12～14基爾德，而全套甲冑則是16基爾德。按照慣例，能置辦起全套裝備的長矛兵或者可以自己購置包含火槍在內的全套火槍手裝備的士兵，都可以按月領取8基爾德的傭金，而普通傭兵則是4基爾德，這才是雙酬傭兵的由來。除了雙手劍，許多都卜勒劍士也會使用長戟、長柄戰斧之類的雙手武器。

03

綜上可見，無論是瑞士人、西班牙人還是德意志人，在組建軍隊時都沒有馬上放棄除長矛、火槍之外的其他步戰兵種。這是因為在熱武器剛剛開始發展的時候，火槍的威力雖大，但填裝困難，射速緩慢，戰爭往往還是以近身戰的衝擊決定勝負，而瑞士戟兵、德意志雙手劍士這些經過嚴苛訓練並富有寶貴戰爭經驗的精銳戰士，在短兵相接中能發揮重要的戰術作用。隨著火槍威力的提升，步兵近身衝擊戰術的地位變得越來越低，他們才漸漸被淘汰。

按照《西方戰爭藝術》的統計，三十年戰爭開始前，長矛兵的薪酬要略高於火槍手或者滑膛槍手，但是等到戰爭結束，火槍手的工資就已經接近長矛兵的2倍——三十年戰爭前後，莫里斯火槍輪射戰術日漸成熟，古斯塔夫方陣中的火槍兵們從原先的6排壓縮為更為密集的3橫排，但單位縱列的火力卻有增無減。這時的人們已然發現，一群裝填熟練、配合默契的火槍手可以極大地提高方陣的火力密度。長矛兵的作用開始弱化，他們成了保護火槍兵的配角，只在敵人的騎兵或者長矛兵接近時才能起到作用。

讓冷兵器兵種的處境更加雪上加霜的是，瑞典國王古斯塔夫對於騎兵部隊進行了改良，新式騎兵不再依靠手槍進行半迴旋射擊，而是重新拾起舊式騎兵的衝擊戰術，以淺縱深的列隊方式攻擊火槍部隊的薄弱環節。面對這些戰場幽靈，指揮官們往往只能一面進一步強化己方騎兵，一面訓練長矛兵和火槍兵的配合，縮短方陣面對騎兵突襲時的反應時間。如此一來，許多需要協調配合的兵種地位就更加尷尬了。在這種情況下，那些類型各異、作戰方式千差萬別的步兵自然也就很難重歸戰場，屬於他們的時代過去了。

刀槍不入的歐洲重騎兵因何消亡

火槍是否淘汰了重騎兵，至今還是一個爭論不休的話題。但可以肯定的是，火器的發展對於重騎兵系統造成了極大的影響。至少，全身披掛如同鐵罐頭的全裝騎士失去了他們的優勢，而中型裝甲的胸甲騎兵和翼騎兵得以馳騁疆場。

《世紀帝國》系列之類的歷史軍事類即時戰略遊戲往往給大家以胸甲騎兵戰鬥力完勝中世紀騎士的錯覺。比如《世紀帝國3》中法蘭西胸甲騎士的壓迫感就要遠高於《世紀帝國2》中的法蘭克遊俠。然而1396年9月25日，由十字軍對決鄂圖曼土耳其帝國的尼科波利斯會戰中，不到6000人的法國騎士（包括騎馬侍從）連續粉碎了巴耶濟德一世布下的三道防線，打得多達4萬的鄂圖曼軍隊節節後退，由於後續匈牙利步兵未能及時跟進，以及巴耶濟德一世恰到好處地投入西帕希重騎兵側擊，土軍才避免了失敗的命運。

在14—15世紀，一名法國貴族騎士的全套裝備重達100磅（1磅等於453克），能夠完美抵禦複合弓乃至火門槍的射擊，並增加騎士的衝擊勢能。在無法使得騎兵摔倒的情況下，重裝騎士在那個時代幾乎是移動的鋼鐵堡壘。事實上，到阿金科特戰役時，英軍的長弓已經難以穿透法軍騎士的盔甲，英軍是靠長弓擾亂法國騎士隊形的，削弱其士氣之後，靠步戰騎士將他們打下馬擊殺。

然而火繩槍的普及顯然令重裝騎士的生存率大大降低。板甲能抵擋火繩槍的射擊被證明是無稽之談。

不過，火繩槍還是存在兩個致命的弊端，一是命中率低，二是射速不足，這就使得騎兵只要能衝到火繩槍兵面前，火繩槍兵將毫無反抗能力地束手被害，顯然火繩槍兵是沒有能力淘汰騎兵的。但騎兵面對火槍遠勝弩的破甲能力，不得不採取減重策略，犧牲一定防護來降低被火槍擊中的機率。在16世紀出現的「半甲槍騎兵（Demi-lancers）」，他們所穿的鎧甲，基本只是四分之三甲，甚至有些槍騎兵乾脆連下半身的裙甲也一起卸下。

這裡我們必須指出，板甲雖然有獨特的卸力結構，但其防禦力優勢絕不宜過於高估。其比起過去的札甲、鱗甲，最大的優勢還是由於一體式打造而輕便，更適應火器時代。全身板甲的重量是20～25 kg，這個重量僅和全身鎖甲（使用直徑0．8～1cm的環）差不多，而同類型的其他重甲，布面甲（按1．5厚度的甲片）在25 kg左右，札甲（按1 mm甲片）能達到30 kg以上。胸甲騎兵一般指使用騎兵刀劍和槍械的重裝騎兵，但減重後的槍騎兵防護和16世紀後期誕生的胸甲騎兵也是相似的。板甲就胸甲部分而言，便於量產，適合廣泛裝備，這就利於武裝大量槍騎兵和胸甲騎兵。

騎兵與火槍是互相克制的關係，不弄清楚這一點，對於16世紀開始的軍事變革就無從談起。並且，火繩槍對於瑞士戟兵之類的重步兵也有很大威脅，因此又導致了重步兵的盔甲減重，加上火槍部隊在軍隊中比例的增加，進一步削弱了方陣抵禦騎兵衝鋒的能力。這是槍騎兵、胸甲騎兵、波蘭翼騎兵等中型裝甲騎兵得以在這一時期大展雄風的關鍵。

波蘭翼騎兵在16世紀末到17世紀末，是當時全歐洲最優秀的騎兵，這源於他們擁有最好的戰技，而法蘭西、德意志則因貴族階層的衰弱導致騎士戰技的衰退。而騎兵的普遍減重也使得東歐騎兵財力不足以裝備重甲的問題不復存在。此外，由於長期的高強度訓練，波蘭翼騎兵也擅長使用簧輪手槍，1610年的克魯希諾戰役中，波蘭翼騎兵就憑藉精湛的迴旋射擊素質大破俄羅斯騎兵，反敗為勝。

顯然，在刺刀普及之前，火槍既能克制騎兵，同時也會成為步兵方陣的阿喀琉斯之踵。不過，隨著火繩槍進化為射速快得多的燧發槍，騎兵的正面衝鋒也就變得越來越艱難了。1854年10月25日，克里米亞戰爭的巴拉克拉瓦戰役中，英國紅衣龍蝦兵甚至只用兩排隊列就擋住了俄軍的騎兵衝鋒，即所謂的「細細的紅線」，他們的刺刀根本沒能派上用場，僅僅是射擊就讓俄軍騎兵死傷滿地了。

近代騎兵的勝利祕訣：看到敵人眼白再開火

「現今的時代真是堂皇，對於能犧牲有膽略的人是大有希望。都邑和城堡改換主人，就和手中流通的小錢一樣。嶄新的族徽與姓氏興起，舊家世族的後裔淪亡；一個可憎北方民族，竟在德意志的土地上蓄息。」

——席勒《華倫斯坦》

就在中國經歷明清易代，無數人感慨神州陸沉之際，德意志各邦國所處的中歐地區也遭遇了毀滅性的三十年戰爭，神聖羅馬帝國淪為一片廢墟。布蘭登堡的人口在10年間逃走、遇難了3／4之多，法國和瑞典最終成為這場血腥戰爭的最大贏家。

不過，對席勒等19世紀初的民族主義者來說，在閱讀這段痛史時，最挫傷他們自尊心的並非法軍入侵（畢竟這在此後數百年裡屢見不鮮）。跟中國明末清初的人們一樣，他們痛苦於瑞典這個人口稀少的「可憎北方民族」竟然在德意志橫行將近20年之久。唯一「幸運」的是，相對於滿族首領們，古斯塔夫二世率領的瑞典軍隊要「文明」和「先進」一些，並且也沒能建立起一個持續200多年的王朝。

帶領「先進」瑞典軍隊的古斯塔夫二世有著「近代軍事之父」的美譽，本節就來聊一聊他備受盛讚、幫他獲得諸多勝利的騎兵戰術。

01

三十年戰爭中，騎兵在瑞典軍隊裡占據著極為重要的地位。在號稱「午夜雄獅」、「北方雄獅」的古斯塔夫二世生前，瑞典野戰軍中的騎兵數量往往能夠達到步兵的1／3乃至一半；到了三十年戰爭後期，托爾斯滕森麾下瑞典軍隊的常見狀況甚至是騎兵數量高達步兵的一倍半之多。

極高的騎兵比例讓瑞典軍隊獲得了強大的戰略機動力，儘管兵力總數較少，卻時常憑藉機動優勢贏得局部主動。華倫斯坦等帝國軍隊統帥就時常感慨，瑞典軍隊似乎是在飛行！可想而知，這樣一支來去如風又擅長劫掠的軍隊會在德意志各地享有怎樣的威名，帶來何等的恐怖。於是，天主教徒和日後的德意志民族主義者有多恨它，新教徒和日後的北歐乃至英美人士就有多愛它，也是因此，作為瑞典軍隊代表人物的古斯塔夫二世在歐美享有諸多美譽，瑞典軍隊也被籠罩在神話當中。

對於當時的瑞典軍隊是如何作戰的，有許多不一樣的說法。開創「軍事革命」研究的邁克爾．羅伯茨在1958年出版的《古斯塔夫．阿道夫：一部1611—1632年的瑞典史》中聲稱，經歷古斯塔夫二世的改革後，瑞典的真正兵器已經成了馬刀，交戰時第一列騎兵儀式性地掏出手槍開火，隨即跑步飛馳著衝向敵軍。與羅伯茨相比，20世紀初的德國軍事史巨擘漢斯．戴布流克在這個問題上的認識要更可靠一些，儘管他出於民族情緒對瑞典軍隊多少有些貶抑，比如蓄意誇大瑞典軍隊的兵力，將瑞典的勝利一部分歸因到人數眾多上，卻還是指出，瑞典騎兵要在距離敵軍很近時才會動用手槍射擊，接下來再跑步飛奔著發起白刃衝擊。

戴布流克的描述更接近實況，手槍對於瑞典士兵來講絕對不是儀式性兵器，而是一種威力巨大的近戰兵器，可他還是和羅伯茨犯下了同樣的失誤：飛馳衝擊、白刃至上的瑞典騎兵要到18世紀初在卡爾十二世的治下才會出現，而古斯塔夫二世麾下的騎兵則更接近一支具備宗教熱忱、紀律嚴明、依賴近距離火力的快步衝擊騎兵。

02

儘管不少人認為古斯塔夫二世廢棄、鄙夷騎兵火力，但這實際上是個誤讀，這位瑞典國王僅僅是出於節約成本、擴大兵源的目的才規定本土騎兵無須自備馬槍的。實際上，儘管瑞典騎兵可能的確比同時期的多數德意志騎兵更偏好白刃近戰，但他們從未輕視火力，甚至某種程度上更依賴槍支——雖然那或許是步兵的槍支。

肯尼茲在其官方著作《在德意志作戰的瑞典王家軍隊》中就記載過瑞典國王規定的騎兵戰術：「第一列騎兵——至多是前兩列騎兵——要接近到足以看見敵人眼白時才開火，然後拔劍。最後一列騎兵不要開槍，要揮劍投入進攻，保留兩支手槍（前列騎兵是一支手槍）用於近距離混戰。」

顯而易見，瑞典騎兵此時的核心戰術理念與後世排槍時代的步兵頗有類似之處，他們並不追求高速奔馳衝擊，而是將手槍齊射作為白刃衝擊前的重要火力準備手段，企圖依靠盡可能近距離的射擊打開敵方騎兵隊形缺口，而後再使用劍、手槍等近戰兵器在混戰中徹底擊潰敵人。

不過，事情往往不會盡如人意，在瑞典捲入三十年戰爭之前，它的主要對手是擁有強大翼騎兵部隊的波蘭立陶宛聯邦。在這些速度飛快且具備凶悍衝擊力的貴族騎兵面前，瑞典騎兵往往顯得孱弱不堪，他們必須依靠己方步兵與炮兵的額外幫助。因禍得福，瑞典騎兵反而因此養成了與步兵、炮兵密切協同的習慣，即便在不再與翼騎兵交戰後，瑞典軍隊也往往會把步兵中的火槍兵單位部署在兩個騎兵單位之間，先擺出守勢，依靠步兵和騎兵的火力大量殺傷前來衝擊的敵方騎兵，而後再適時發起衝擊。

三十年戰爭中，效力於瑞典一方的蘇格蘭軍官門羅就詳述過1631年的布萊登菲爾德戰役中瑞典騎兵的這種打法：

> 兩翼的（敵軍）騎兵相繼發起猛烈衝擊，我軍騎兵懷著堅定的決心，絕不在敵人動用手槍前先開火。然後，等到敵軍繼續迫近時，我們的火槍兵就用一輪齊射迎擊他們。隨後，我軍騎兵使用手槍射擊，然後持劍衝過敵軍，等到我軍騎兵折返時，我們的火槍兵已經準備好發起第二輪齊射。

到了1632年的呂岑會戰時，瑞典火槍兵把團屬火炮也帶到騎兵之間，進一步增強了支援火力。神聖羅馬帝國的蒙特庫科利在反思己方失利時就頗為讚賞瑞典人的這種做法，甚至將它追溯到古羅馬時代的先賢身上：

> 火槍兵和騎兵應當混編起來，前者可以讓後者更勇敢。要是敵人的騎兵更強大，火槍兵就可以恢復實力均衡；要是敵人的騎兵更弱小，火槍兵就足以將其擊潰……可以將小炮部署在火槍兵當中，從而屠戮敵方騎兵……讓投射兵和騎兵配合作戰可以收到雙重好處，尤利烏斯·凱撒在許多次會戰中做到過這一點，而在我們這個時代，瑞典國王因為效仿他得到了益處。

綜上可見，瑞典騎兵的優越之處在於他們能夠更好地運用火力。他們一方面禁止後列騎兵盲目開火，一方面又耐心等待敵方騎兵開火，等到這些距離目標太遠、射擊太過匆忙的子彈落地後，瑞典步兵、騎兵與炮兵就可以更為肆無忌憚地射擊乃至衝擊了。依靠火力殺傷帶來的信心，瑞典騎兵也就更有膽量投入貼身近戰，並且迅速將其轉化為追殺逃敵。

面對這樣既有火力又敢於近戰的對手，已經基本淪為訓練術語的「半回轉」也就徹底失去了殘存的戰術意義。等到1633年1月，帝國軍隊統帥華倫斯坦便下令禁止他麾下的德意志騎兵使用馬槍，認為「射擊完畢就轉身背朝敵人造成了極大的損害」。

至於衝擊速度，步騎緊密配合戰鬥的瑞典騎兵顯然不可能推進太快，即便我們將步兵開火距離定為40～50公尺，騎兵也不大可能在隨後的開火、衝擊中將步法從慢步（每秒1．4～1．8公尺）提升到跑步（每秒5～6．7公尺）。如果考慮到瑞典騎兵等待敵方開火再射擊的戰術，那麼瑞典人顯然不會如戴布流克和羅伯茨所述，跑步飛馳衝擊。事實上，羅伯茨在1992年出版的簡版《古斯塔夫．阿道夫》中也改弦易轍，認為「最終接敵時的速度更接近快步而非跑步」。

當然，到了三十年戰爭後期，瑞典騎兵已經普遍使用3列橫隊的隊形，而神聖羅馬帝國騎兵仍然使用4或5列的橫隊，因此，瑞典騎兵能夠更輕易地完成各式機動。此外，從古斯塔夫二世時代開始，出於節省開支目的，瑞典騎兵也往往僅僅使用胸甲和背甲，而非當時德意志胸甲騎兵習慣採用的四分之三甲。加上已經從德意志掠奪到足夠多的良馬，瑞典騎兵在加速方面的確會占有一定優勢，即便同樣是以快步發起衝擊，也能比神聖羅馬帝國的同行更快、更輕捷。從這個角度來說，當大器晚成的法國名將蒂雷納子爵（他在三十年戰爭中的戰績可謂十分慘澹）在17世紀下半葉真正嘗試跑步衝擊時，他將自己的這套戰術稱為「瑞典式衝擊」也算是「空穴來風，未必無因」了。

古斯塔夫二世麾下的瑞典騎兵儘管並不算是完全劃時代的創新產物，卻也為後來直至卡爾十二世的諸多改革者埋下了變革的種子。

瑞典騎兵的V字橫隊：飛馳衝擊、白刃至上

雖然瑞典國王古斯塔夫二世享有「近代軍事之父」的美譽，但飛馳衝擊、白刃至上的瑞典騎兵以及所謂的近代歐洲騎兵牆式戰術，要在18世紀初卡爾十二世的治下才會真正出現。

01

儘管古斯塔夫二世時代（1611－1632）的瑞典騎兵仍然堅持步騎結合、快步衝擊的戰術，但當蒂雷納子爵在17世紀下半葉推廣跑步衝擊方式時，他卻將這種進攻戰術稱為「瑞典式攻擊」。更奇特的是，當極為關注西歐軍事發展的瑞典軍隊於1676年正式引入跑步衝擊時，他們卻認為這是蒂雷納的「野蠻衝擊」，甚至將手持白刃全速衝擊的戰術視為本國軍隊此前從未用過的「法蘭西方式」。

儘管教學相長是人類社會中的常見現象，但這種互認對方為發源地的做法還是顯得頗為怪異。難道是瑞典人已經遺忘了先輩的戰術遺產嗎？當然並非如此，事實上，法國人把跑步衝擊稱為「瑞典式攻擊」源自一個合情合理的誤會。

三十年戰爭期間，薩克森－耶拿公爵伯恩哈德在20年裡曾先後為新教同盟、荷蘭、瑞典和法國而戰。他雖然的確野心勃勃、反復無常，但在牆頭變換大王旗的時代裡，倒也算不上是特殊。1634年，訥德

林根決戰瑞典戰敗後，伯恩哈德斷然拋棄瑞典，帶走大量老兵，轉而依附法國，給自己在萊茵河兩岸打下新的地盤。只可惜天不假年，1639年他便一命嗚呼，一代梟雄最終落得個為人做嫁衣的結局。

薩克森－耶拿公爵背叛瑞典所帶來的物質、精神財富令法國獲利頗豐，僅就戰術層面而言，伯恩哈德的瑞典經驗就讓部分法軍步兵將荷蘭影響下的10列、8列縱深隊形改為6列。因此，就連伯恩哈德推崇攻勢作戰的原創做法，也就是讓騎兵不再與火槍兵配合防禦，轉而獨立以跑步投入衝擊的方式，也被法國人自然而然地視為「瑞典式」的戰術。

於是，當瑞典人最終採納這種被伯恩哈德、蒂雷納修改到面目全非的戰術時，他們自然也不可能意識到這種戰術可能與三十年戰爭時期的本國騎兵存在一絲關聯，將它稱呼為「法蘭西式衝擊」實屬正常。

02

那麼，當跑步衝擊戰術「出口轉內銷」，被瑞典騎兵輾轉接受之後，他們又是如何結合本國實際情形執行的呢？我們可以從1685年卡爾十一世頒布的條令中管窺蠡測。

根據條令規定，每名騎兵應當攜帶1把劍、1支馬槍和2支手槍。除此之外，瑞典騎兵中隊還採用了一種與眾不同的排列方式：騎手們不會按照西歐各國通用的做法膝蓋靠膝蓋，而是把膝蓋放在膝蓋之後，這樣一來，整個中隊就形成了一個箭頭形狀，或稱淺V形狀。位於第一列中部的掌旗官會成為隊列的頂點，而在行進途中，由於馬匹自然的追逐天性，如果指揮官控制得當，淺V隊形反而會逐漸拉平。

聽到信號後，中隊先是以慢步推進，而後迅速轉為快步，等到距離敵軍200～300步（150～

225公尺）時，瑞典騎兵會冒著火力轉為跑步，朝著敵軍發起衝擊。不過，瑞典人仍然沒有忘記祖先在三十年戰爭中依靠火力與衝擊相結合贏得的輝煌戰績，即便在跑步衝擊途中，他們依舊會按照條令裡不合時宜的要求，在騎兵距敵50～75步（37～57公尺）時動用槍支射擊。

當堪稱天才戰術家的卡爾十二世於1697年登基後，他敏銳地意識到此時的騎兵對決已經更依賴士氣而非火力。他認為，古斯塔夫二世的騎兵火力準備戰術的確適用於以快步進行衝擊的舊時代，但已經與跑步衝擊的新時代格格不入。射擊會打亂己方節奏，降低衝擊速度，而他堅信，速度才是衝擊成功的主要因素，它能夠帶來強大的衝擊力，讓人忘記危險，令對手陷入震撼。與此同時，他也認為絕對不能讓中隊在混亂無序的狀態中進行衝擊，騎手必須要在跑步時保持嚴整的隊形，這就要求騎兵進行嚴格乃至嚴酷的訓練。

作為一個具備騎士精神的軍人國王，卡爾十二世對戰爭的看法，特別是對騎兵的看法即便在普遍推崇進攻的歐洲戰場也可以說是比較激進了——他崇尚進攻至上。而按照《波爾塔瓦》一書的作者彼得·恩隆德的看法，瑞典軍隊就像它的君主一樣，獻身於一種無所不在的進攻精神：「武器裝備、戰鬥方式、對白刃的強調、刺刀攻擊和騎兵衝擊，一切都表明，人們近乎狂熱地堅信進攻是通向勝利的不二法門。」

瑞典社會的變化也有利於卡爾十二世鍛造這樣進攻型的軍隊，古斯塔夫二世時代的瑞典軍隊主要源於自耕農，而在卡爾十一世和十二世的時代，瑞典軍隊的主要成分已經是雇農、僕役出身，或是必須仰賴軍餉和軍方分配的小農場過活、終身與軍隊綁定的無產者，這些人的畢生夢想就是在年滿40歲退役時，讓兒子頂替自己的崗位當兵吃餉。士兵的屬性就意味著，此時的瑞典軍隊雖然後繼乏力，卻也足以打造成一次性的精兵強將。

03

國王樹立的榜樣、不可動搖的紀律和極高的訓練水準，這三者令瑞典騎兵擁有足夠的能力和士氣發動「白刃高於一切」的跑步衝擊。在此之前，西歐和中歐騎兵幾乎從未使用過這種方式，瑞典人的主要對手俄國人採用的戰術更是截然不同。

彼得大帝的騎兵主力是匆忙組建的龍騎兵——從1698年到1709年，俄軍從零起步，整整建立了88個龍騎兵團或獨立中隊。他們起初仍被視為騎馬步兵，主要依靠火力對付瑞典人，希望自己的槍支能夠給對手造成足夠的傷亡或混亂，挫傷敵人的幹勁，使得自己能夠以更有利的態勢投入戰鬥。可是，因為卡爾十二世麾下騎兵的經驗和作戰技能，至少在1709年波爾塔瓦會戰之前，俄國龍騎兵的希望大都是落空的。

觀察員傑弗里斯上尉有這樣的紀錄：

讀者不妨想像一下一個瑞典騎兵中隊主動衝擊一個俄國龍騎兵中隊的戰況。當然，我們這裡首先得假定這兩個中隊人數都在150～200人，均列成3列橫隊。瑞典中隊起初以淺V隊形進入戰場，而後逐步加速，漸漸拉平，等到距離俄軍大約150公尺時開始全速奔馳。俄國龍騎兵看到「那堵由馬蹄和刀劍組成的森嚴牆壁」時，便匆忙用步槍展開散亂的射擊，隨後往往掉頭就跑。

如果俄國中隊敢於直面瑞典中隊，那很可能會被打散，因為瑞典騎兵憑藉速度獲得的衝擊力讓他們能夠利用俄軍隊列中總會適時出現的空隙在實體層面推開俄軍，隨後發生的混戰可能會帶來相當大的殺傷。卡爾十二世是最早表現出明確偏好突刺的人物之一，在對戰中，他會命令他的騎兵用劍突刺。與劈砍相比，突刺當然更難完成，但也會造成更嚴重的創傷，考慮到俄國龍騎兵的防護裝備很差，這份殺傷力自然就更強了。

1708年夏季，跟隨瑞典軍隊出征的英國觀察員傑弗里斯上尉就在霍洛夫欽齊（今白俄羅斯戈洛夫欽齊）目睹了一場兩種交戰風格的典型碰撞：

> 瑞典騎兵需要對付的敵人可就多得多了：兩個禁衛龍騎兵中隊率先投入交戰，可他們實在是眾寡懸殊，和敵方騎兵的兵力對比是1：10。儘管這兩個中隊幾次被困，可還是勇敢地自行突破，持續戰鬥到更多的部隊前來援救為止。從那時起，我看到敵人喪失了勇氣，在整場戰鬥中都不敢再和瑞典人如此貼身肉搏，只是在相隔30～40步時放槍，然後逃跑、裝填、集結、再開火。這樣的狩獵一直持續到晚上7點為止。國王陛下給他的所有騎兵都下達了命令，要求他們不要開槍，而是持劍衝向敵軍。不過我們還是很難追上他們，要不是碰運氣遇上了一塊沼澤，那可就永遠追不上了。俄國人的馬匹矮小、虛弱，因而無法把他們帶出沼澤，逃過我們的追殺。

由此可見，卡爾十二世在世紀之交占據著特殊的地位。他遠遠超越了古斯塔夫二世的原則，在衝擊形態中引入了可觀的創新。卡爾十二世的創新遠不止於跑步衝擊，更在於基於衝擊速度理念得出的衝擊途中禁止使用火器的「白刃至上」信條。在他之前，從沒有一名騎兵指揮官想得如此大膽、如此徹底。

蘇格蘭高地勇士：如何用戰術重挫火槍

在蘇格蘭與英格蘭乃至蘇格蘭高地與低地間的恩仇故事裡，除去因電影《梅爾吉勃遜之英雄本色》爆紅的威廉・華勒斯，1644—1746年這百年間屢屢重創不列顛正規軍隊的蘇格蘭高地勇士也占據著非常重要的位置。這些裝備低劣的氏族戰士用巧妙的戰術重挫裝備著火槍與刺刀的對手，而他們的戰術演化成果在日後成為大英帝國的看家本領。

01

由於缺乏騎士傳統，中世紀的蘇格蘭與愛爾蘭軍隊往往依賴步兵，因此在一定程度上，他們繼承了凱爾特人和維京人的步兵戰吼衝擊傳統，其中的代表人物便是氏族首領豢養的「外來勇士」，他們往往裝備戰斧或戟，以近戰搏殺決定勝負。

隨著時代的變遷，這些蓋爾人（蘇格蘭高地人及其愛爾蘭盟友）的武裝也逐步引入了火器，廢棄了鎧甲，但仍然以闊劍為首要兵器，保留著強烈的近戰傾向。

17世紀40年代，隨著英格蘭內戰波及整個英倫三島，蘇格蘭議會軍也和蓋爾人保王黨屢屢發生衝突。在這類戰鬥中，看似野蠻落後的高地人出色地將火力與衝擊力結合起來，往往能依靠優秀的機動力、耐力和高昂的戰鬥意志擊敗看似近代化的蘇格蘭議會軍。比如在1645年的因弗洛希戰鬥中，蘇格蘭－愛爾蘭保王軍指揮官就下達過這樣的命令：「在能夠將火力傾瀉到敵人胸膛之前，絕對不要開火……也就是說，耐心地承受敵人的子彈，在他們燒著鬍鬚之前絕不能開火。兩翼都要無情打擊敵軍，帶著劍和小圓盾衝入敵軍當中，迅速將其打亂。」最終，忠實執行命令的1500名保王軍以微不足道的代價擊潰了大約2倍於己的議會軍，殲敵1500餘人。

換言之，由於此時普遍裝備的火繩槍射速、精度都有限，且並無刺刀可用，高地人常常能夠利用敵軍的濫射，在付出輕微損失後迫近敵陣。儘管高地人的火器通常較為遜色，雷霆般的近距離開火卻往往能夠震懾住敵軍。之後，高地人會扔下火槍，直接以劍盾衝擊，大肆殺戮既缺乏近戰能力也無暇裝填彈藥的敵人。與依靠機動戰、消耗戰決勝，會戰進程往往長達數小時之久的歐陸交戰相比，「蓋爾式」或稱「高地式」的交戰往往會在不到1小時乃至幾分鐘內結束。

然而，火器的進步終究是時代潮流，火繩槍逐步被淘汰，到了17世紀80年代，相對而言更輕便、更快捷的燧發槍已成為英格蘭－蘇格蘭正規軍的主流裝備，他們的防守能力得到極大的增強。刺刀的引入更使得近戰也變得不再那麼一邊倒。不過，絕非泥塑木雕的高地人也與時俱進地調整己方戰術。

在這一時期的諸多交戰中，1689年7月27日高地人以寡擊眾的基利克蘭基大捷堪稱典範。約有2000人的高地軍隊在此役利用己方的機動力搶先占據可以俯瞰戰場的高地，取得居高臨下的戰術優勢。隨後，他們充分利用敵軍心理，不時發出恐怖號叫，迫使兵力兩倍於己的蘇格蘭政府軍在平地上擺開漫長橫隊，在炎熱的夏日午後一連幾個小時原地備戰。等到政府軍現出疲態後，高地人才在傍晚8時許以多個縱隊發起恐怖的高地衝擊。

包括主將鄧迪子爵在內的諸多高地指揮官依照古老傳統身先士卒。政府軍手中的燧發槍不是擺設，當高地縱隊推進到距離政府軍僅有50～100碼（45～91公尺）時，指揮官們在第一輪射擊中紛紛殞命，數百名士兵非死即傷。可是，高地人的高昂鬥志令他們穩住態勢，硬是推進到距離政府軍僅有20碼（約18公尺）時才發出自己的「雷鳴」一擊——有的記載甚至認為高地人的第一輪射擊是在雙方僅僅相隔一把長槍的距離時打出的！隨後，高地人果斷拋下槍支，拔出各式闊劍，10分鐘內便以白刃戰擊潰敵軍——此時政府軍裝備的插入式刺刀依然不利於近戰。一份戰報寫道：「他們手持闊劍投入混戰……雜訊似乎也沉寂下去，雙方的射擊終止了，只能聽到闊劍的撞擊聲和垂死者、負傷者的痛苦呻吟與吼叫。」

雖然基利克蘭基之戰以高地人大獲全勝而告終，付出的代價是損兵700殲滅政府軍2000人，但這樣的傷亡——尤其是高級軍官傷亡——也著實說明了他們的戰術依然存在改進餘地。經過一番摸索，除去依舊使用減少被彈面積的縱隊隊形外，高地人開始充分運用臥倒戰術減少敵方步兵火力的殺傷，甚至利用防禦方急於開火的心理，誘使他們過早打出最具威力的第一擊。

以1715年的謝里夫繆爾戰鬥為例，此時的高地軍隊已經能夠針對貌似強大的燧發槍火力採用種種巧妙的規避手段。一位目擊者指出：「進攻命令下達後，原先列成極好隊形的2000名高地人便混亂地衝向敵軍，他們總是進行一些仰射，以此吸引敵軍展開一輪（過早的）齊射……齊射一開始，高地人就臥倒，火力弱下去後，他們才站起來。這時候，大部分人會扔掉燧發短槍並拔劍……在4分鐘內殺入敵陣。」

02

1745年，當高地人集結到詹姆斯黨的查理王子旗下，挑戰已經統治不列顛半個世紀的漢諾威派政府軍時，大英軍隊早已在歐陸打出威名，「棕貝絲」步槍和套環式刺刀的結合也進一步地增強了英軍步兵的近身格鬥能力。不過，高地人的戰術同樣發生了諸多進化。查理王子的副官約翰斯通（Johnstone）騎士就描述道：

高地人快速前行，距離敵軍僅有一槍之隔時才開火，然後扔槍拔劍……利用己方（射擊產生的）煙霧猛衝過去。當推進到敵軍刺刀所及範圍內時，他們屈下左膝，用（綁在左臂的）小圓盾護住身體，格擋住對方的戳刺，與此同時揚起持劍手臂攻擊對手。一旦進入刺刀範圍，殺入敵軍隊列，士兵也就不再具備自衛手段，戰鬥的結局一瞬間便定下。

政府軍將領霍利也對高地人的戰術深有體會：

當高地人進至步槍射程——或者說60碼（54公尺）——之內時……（高地縱隊）前列就會開火並扔下槍支，然後攜帶劍盾成群地發出怪叫衝過來，力求擊穿……等到高地人遇上被攻擊的目標時，他們已經堆成了12～14人縱深的隊形。

顯然，面對不斷強化的刺刀，高地人也針對性地拿出了小圓盾格擋和單手劍進攻的對策。面對這樣的近距離射擊和劍盾縱隊衝擊，一旦刺刀起初失效，政府軍單薄的3列或2列橫隊便很容易軍心動搖，不僅會在剛一交手時便告崩潰，甚至往往未及交鋒便抱頭鼠竄。於是，在普雷斯頓潘斯和福爾柯克發生的高地人大獲全勝的戰鬥也就不足為奇了。誠如時人所述，當時的政府軍「習慣於遠端交火，與其說是看到敵人，不如說是聽見敵聲，當他們發現自己要面對肉搏戰，鋼鐵的刀光閃到了臉上，就會沮喪、驚訝」。

直至1746年2月6日，政府軍的里奇蒙伯爵還在私信裡抱怨：「（只要政府軍能夠堅守陣地，就必定可以取勝）……可要是咱們的人老是見敵即逃，那就連西敏寺的學究都打不過。他們逃什麼呢？他們聽說這些（高地）人是拿著闊劍、小圓盾、長柄斧和鬼知道什麼東西的亡命徒……」

然而，政府軍高層也並非全然昏聵，福爾柯克慘敗後，坎伯蘭公爵在亞伯丁冬營裡著手強化訓練，以全營橫隊齊射取代了既複雜又難以阻擋高地衝擊的各排輪射，且以刺刀訓練增強士兵團結對抗高地劍盾的決心，又輔之以強大的炮兵霰彈火力，最終令信心倍增的政府軍收穫了卡洛登之戰的勝利果實。

不過，後世盛傳的一則「向右刺」傳聞則是純屬虛構，儘管早在1746年4月就有人在《蘇格蘭雜誌》上宣稱，政府軍的勝利源自這個「靈機一動」：

隨後改變的是刺刀運用方向。這個變動很小，卻影響深遠。此前，使用刺刀的人會去攻擊直面他的持劍者，此時卻變成攻擊位於他右側戰友面前的敵人……於是，敵人的右側就向他敞開。這個辦法也就克制住了敵軍。

雖然這個故事流傳甚廣，但正如諸多軍史學家所述，這種動作「實用價值難以斷定」，「幾乎不可能在混亂的戰場上順利完成」，「十分不切實際」。此外，由於盾牌過於沉重，筋疲力盡的高地士兵在卡洛登戰場上只攜帶了極少的「小」圓盾，右刺動作即便使出來也派不上什麼用場。更重要的是，早在同年11月的《蘇格蘭雜誌》上，便有親歷者撰文反駁「右刺」觀點：「據我們所知，前文所述毫無根據，使用刺刀的方式並無變化！」

儘管在卡洛登終歸戰敗，高地人的戰術思想卻仍被英軍繼承下來。10多年後，不少高地倖存者作為高地團的一員，跟隨曾擔任坎伯蘭公爵副官的沃爾夫出征北美，在亞伯拉罕平原的血戰中再度展現近距射擊與衝擊相結合的恐怖威力。

刺刀：出現在熱武器時代的冷兵器

「鑑於刺刀訓練需要特定的人員、額外的經費支出和尤為重要的寶貴時間，單兵刺刀訓練在拿破崙時代根本算不上緊要……得等到1825—1850年，歐洲軍隊裡普遍出現體育訓練，才能讓士兵做好肉搏戰的準備。」

——索科洛夫《拿破崙的軍隊》

刺刀是在17世紀末18世紀初登堂入室，成為歐洲各國步兵的普遍裝備的，不過，歐洲軍隊中的刺刀訓練此後仍然長期停留在極為簡單粗糙的水準。雖然刺刀擁躉往往津津樂道於虛構的英軍步兵「右刺」神話，但其實就算是英國人自己也並不那麼重視刺刀術的訓練。

那麼，歐洲的刺刀術是怎麼發展起來的呢？

01

18世紀時，英國軍官普遍認為士兵只需在肉搏戰中運用本能向前突刺就行，甚至覺得，既然野戰中的肉搏拼刺極為罕見，那麼根本無須專門為刺刀設計全套刺殺教程。

英軍第43步兵團的諾克斯中尉在日記裡提到過一則發生在1759年7月的逸事。當時，43團請來一名其他部隊的軍士傳授新的刺刀格鬥技術，結果立刻被人當成笑話，說成是荒謬、可恥之舉，還說他的動作像是懶散的農民在用叉子翻乾草，教學隨即不了了之。

一開始，歐洲各國軍隊幾乎都是沿襲過去的經驗，把昔日長矛的用法直接套到刺刀上，因為刺刀此時往往是在結陣防禦或衝擊時發揮威懾作用。野戰中雖然屢屢發生刺刀衝擊，卻極少出現雙方集體拼刺的場景，如果其中一方在野外發起衝擊，那麼另一方通常會在和雙方短兵相接之前就全體退卻，要是不幸遇上少數退無可退的場合，接下來就會發生近乎屠戮的一面倒戰鬥。

俄羅斯帝國大元帥蘇沃洛夫是主張讓刺刀發揮攻擊潛力的將領，他也的確對刺刀訓練有所貢獻，比如說，他命令部下用土和草製成假人標靶，讓步兵熟悉如何刺殺，讓騎兵掌握如何砍殺。當時歐洲還流傳著一則據說源於蘇沃洛夫的拼刺訣竅：「對付普魯士人，刺一下；對付波蘭人，連刺兩下；對付法國人，刺完兩下再絞一把。」可是，即使是他設置的訓練也往往集中於士兵的心理而非技術層面。以《制勝的科學》為例，書中大力灌輸「用刺刀的是好漢」的意識，鼓吹「敵人不知道如何對付俄國刺刀」，卻對拼刺動作著筆甚少，僅僅提到對付騎兵時要用刺刀猛刺敵人的下腹部、馬面、馬脖和馬胸。而老元帥1799年給俄奧聯軍下達的具體命令裡也僅僅提到如下做法：

> 遇上騎兵，就用刺刀捅馬和人；遇上步兵，就用雙手把刺刀放得更低，（離敵人）更近。
>
> 右手放平刺刀，左手往前刺，要是能用槍托砸到胸部或頭部也不錯。

奧軍當然也像前文中的英軍43團一樣，對此嗤之以鼻。

02

拿破崙戰爭時期的刺刀理論並沒有出現太大變化。雖然英國人戈登在1805年出版過一本《論防禦的科學：在近戰中運用刀劍、刺刀和長矛》，被一些人認定為最早的刺刀教程，但它根本沒有被英軍採用，而且正如標題所示，此書仍以論述劍術為主，刺刀運用的部分不僅有許多空想成分，還留有濃重的長矛痕跡。

拿破崙時代野戰中集體拼刺的情況同樣極為罕見，阿爾當．杜皮克上校在《戰鬥研究》裡聲稱：

據說（1805年11月5日的）阿姆施泰滕之戰是唯一一場其中一方發起刺刀衝擊時，另一方真的就地等待進行刺刀撞擊的交戰。可即便在那次交戰中，俄軍也是在士氣衝擊的影響下退卻，並不是因為遭受實際撞擊而撤退。

不過，在針對村落、隘路、工事等各類複雜地形進行的爭奪戰裡，或是在以士兵個體為單位投入的散兵戰中，肉搏戰的發生頻率還是有所提升。瑞士軍事家若米尼在《戰爭藝術概論》裡對此有過簡要的論述：

> 我只有在村落和隘路裡才見到步兵縱隊的真正肉搏戰，見到走在先頭的士兵上刺刀與敵人戰鬥，但我在列陣會戰中還從未見過這類拼刺。

以1805年10月11日的哈斯拉赫–容金根戰鬥為例。起初，法軍主力第9輕步兵團在野戰中用刺刀衝擊打垮了奧地利軍隊的斯圖爾特步兵團，後來則在容金根村以及周邊地區和奧軍的優勢步騎兵展開苦戰，村莊易手將近10次，9團還差點丟掉了鷹旗，最終不得不放棄據點後撤。根據戰後統計，9團共有10人陣亡、140人負傷、188人被俘（其中傷患34人，7人後來逃脫歸隊）；140名後送傷患中，共有116人被子彈打傷、6人被炮彈擊傷、9人被騎兵馬刀砍傷、1人被步兵刺刀捅傷、8人狀況不明，其中，3人在戰後不久死去。

眾所周知，線式戰術時代的戰列步兵往往不大適應在村落等居民點進行爭奪戰，這一時期的各國軍隊都傾向於讓輕步兵承擔這類作戰任務。於是，法軍的第9輕步兵團雖然多數時間仍然在交火、追殺，但也的確曾在村落戰鬥中發生過若米尼筆下的「真正肉搏戰」，出現了「先頭士兵上刺刀與敵人戰鬥」的情形，否則也不會有人被捅傷。

隨著散兵戰逐漸大行其道，各國進步軍官，尤其是輕步兵軍官開始意識到個體士兵的潛能所在，認為不僅僅要利用士兵的本能，還要透過包括體操在內的各式體育活動培養士兵的心智與體魄。於是到拿破崙戰爭後期，富有民族主義和軍事色彩的體操運動開始在各個德意志邦國內流行起來，截至1818年，各國已有體操俱樂部150家，會員1.2萬人。在此背景下，出現以體操運動為基礎的科學化刺刀訓練手段就水到渠成了。

03

在拿破崙戰爭結束後，符騰堡、薩克森等德意志邦國的輕步兵軍官率先於19世紀20年代出版了第一批詳盡論述刺刀訓練方式的專著。這股風潮隨後逐步傳入法國、普魯士等國，至於英國，得到1849年才出現第一本「科學化」的刺刀訓練手冊。

1824年，《符騰堡王國步兵刺刀格鬥教程》（以下簡稱《教程》）正式面世。這本書明確指出刺刀訓練不僅利於士兵強化體能，也能培養出建立在刺刀技能基礎上的自信心和勇氣。

符騰堡王國是德意志西南部的新興國家之一，直到1806年才被拿破崙升格為王國，該國陸軍素來以革新先鋒著稱，甚至有不少人是公開的拿破崙崇拜者。不過，它在中國的知名度可以說相當一般，中國軍迷最熟悉的符騰堡軍人恐怕還得是第二次世界大戰裡的「沙漠之狐」隆美爾。

作為刺刀這一領域的先行者，符騰堡軍隊提出了許多現代人看來習以為常，當時卻未必有多少人注意的做法。

《教程》開篇就要求選擇寬敞明亮、通風良好、清潔安靜的訓練場館，指出要在刺刀尖上包裹皮球，參訓士兵和教官在對練時都必須穿戴鐵胸甲或皮胸墊，以防出現訓練傷亡。訓練要以10～12人為一組，參訓士兵按個頭高矮排成一列橫隊，相鄰兩人留出3尺（約1公尺）的間距。接下來，《教程》用1／4的篇幅講述了培養士兵身體靈活性的各類體操基礎動作，隨後才開始用8頁內容介紹單兵訓練方式，士兵們要逐步練習如何刺入胸部、腹部，如何快速拔出，如何使用基礎格擋動作。

隨後就是最具創新之處的雙人刺殺訓練。訓練首先由一名教官和一名或多名士兵共同進行，學生根據教官的口頭指令進行刺殺、格擋或閃躲，以此鍛鍊體能和敏捷性，學會在做動作時保持平衡。這類練習完成後，就開始無指令雙人訓練，這是為了讓士兵學會窺探對手弱點、掩蓋己方意圖，從中培養心智、技巧、自信和勇氣。為了避免過多的失敗會挫傷自信，《教程》還特意指出，教官應當儘量將體格、能力相當的士兵結成訓練搭檔。出於防止受傷的目的，雙人訓練中只有突刺對方胸部護具時才能使用全力，突刺面部和腹部時都必須留力。為了貼近實戰，訓練中也絕對禁止蓄意不格擋、不閃躲，與對方同時刺殺的做法：無傷訓練時當然可以「同歸於盡」，戰場上這種事那就非常罕見了。鑑於士兵往往都是血氣方剛的小夥子，訓練中也難免會出現意外，《教程》特別規定，一旦場面失控或刺殺不再規律，教官就必須立刻介入，當場中止練習。

完成步兵刺殺練習後，士兵還要接受刺刀反騎兵訓練。此時，士兵先練習以蹲姿和立姿對付騎兵，練習透過跳躍迫近或遠離騎兵，也以此強化腿部肌肉，培養自身的躍起能力。積累一定經驗後，便開始進行步騎兵對抗練習，也就是讓教官在臺上拿起馬刀或騎槍扮演騎兵，受訓士兵在台下練習對應的攻防動作。

《教程》還對步兵與騎兵的一對一戰鬥給出了有趣的評論。該書認為，馬刀最長不過3．5尺（約1．1公尺），遠不如上刺刀後6尺（約2公尺）長的步槍，步騎格鬥時步兵可以輕易占據上風。可要是和槍騎兵一對一，那麼10尺（約3．3公尺）長的騎槍就難對付一些，步兵此時應把握騎兵單手使用長桿兵器時的不穩定性，以雙手持槍的方式格擋住騎槍。當然，步兵自然可以利用馬匹的本能，透過戳眼、鼻或吼叫的方式恐嚇戰馬，但《教程》還是認為，步兵應當以騎兵為主要作戰對象，不宜在戰馬身上過度分心。

以上是對體操運動影響下符騰堡刺刀訓練方式的簡要概括，從中不難發現，儘管這已是將近200年前的訓練方法，看起來卻仍然頗為科學，其中甚至有不少要素沿用至今。

普魯士騎兵：迎火器而上

在被稱為「真正的第一次世界大戰」的歐洲七年戰爭裡，交戰各方都不約而同地記載了七年戰爭之初普魯士騎兵的恐怖威力。不過，就在二十年前，這支騎兵還是停留在閱兵場的花架子部隊，幾乎受到整個歐洲的鄙夷。

那麼，這支優秀的歐洲近代騎兵是如何打造出來的？

01

（1757年羅斯巴赫會戰中）一發敵軍實心彈削掉了我連憲騎兵席爾拉內克的腦袋，但由於各個隊伍收得非常緊，他的遺體仍然待在馬上，大約行進了1普里（7.5公里）才後返回軍營。

這是普魯士憲騎兵團時任少校什未林伯爵戰後四十多年的回憶，當時，他正用「敵人的語言（法語）」給同樣進入憲騎兵團擔任軍官的侄子進行部隊光榮傳統教育。儘管這樣的言辭多半會被人認為帶有誇張的成分，或者因時隔多年產生了記憶扭曲，但它卻與戰場另一邊的法國將領卡斯翠寫在戰爭結束僅僅4天後的書信不謀而合。按照後者的紀錄：「我們剛剛列隊完畢，全體普魯士騎兵就彷彿列成一堵牆，以難以置信的速度朝我們衝過來」。

普魯士的腓特烈・威廉一世[16]是個熱衷軍隊儀容細節又摳門的人物，頂著「士兵王」、「大道上的國王」、「神聖羅馬帝國的大清潔工」等令人失笑的綽號，他給他的兒子留下了8・1萬人的軍隊和870萬塔勒的金庫。就連與父親勢同水火的腓特烈二世[17]後來也在回憶錄裡承認：「先王所追求的……乃是讓他的國家幸福，使他的軍隊訓練有素，以最明智的方式管理財政。」不過，對於從父王手中繼承的騎兵遺產，腓特烈二世卻大加貶斥：「這是一支糟糕的騎兵，其中很難找到一個了解本行的軍官。士兵害怕馬匹，很少騎行……騎兵裡的高個兒和高頭大馬都太笨重……每次檢閱裡都有騎手因笨拙舉止倒地。」

從實戰結果而言，1741年4月10日的莫爾維茨（現名馬烏約維采）會戰的確證明普魯士騎兵難堪大用，普魯士軍右翼的騎兵甚至犯下了因機動遲緩而公然將側面暴露在敵人面前的兵家大忌，結果自然被奧地利騎兵迅速擊潰。於是，當時還很年輕的腓特烈二世只能騎馬逃離戰場以免被俘，第二天得知己方步兵取勝後才返回軍隊。日後，腓特烈二世在回憶錄中坦率承認自己的失敗：「（普魯士騎兵）在第一場戰爭中的表現太過低劣，我意識到自己不得不重塑整個兵種……莫爾維茨是我和部隊的學校。」

不可否認，腓特烈・威廉一世對高個士兵的熱愛的確對重騎兵有所傷害，瑞士法語區出身的普魯士騎兵團長瓦爾內里也提到當時的「（重）騎兵和馬匹都是巨人，甚至不敢在路況不佳或凹凸不平的地面慢步

---

⑯ 1713—1740年在位。
⑰ 1740—1786年在位。

行進」，不過，腓特烈二世的一大愛好就是反復強調父親的錯誤舉動與自己的正確方針，因此也難免有些言過其實。

事實上，「士兵王」時期的普魯士騎兵規模從54個中隊擴張到114個，龍騎兵完成了從騎馬步兵到正牌騎兵的轉變，驃騎兵首次納入正規軍序列，日後聲名鵲起的騎兵名將賽德利茨、齊滕等人也是在這一時期嶄露頭角的。縱然騎兵多少有些笨重，老國王卻沒有無視瑞典等國騎兵白刃衝擊戰術的發展狀況，而是斷然追隨時代潮流。在1734年，他甚至下達了嚴酷到不近人情的命令：龍騎兵若是膽敢在衝擊期間使用劍以外的其他兵器（火器），就要處以死刑！不過，由於腓特烈·威廉一世在位期間普魯士並未捲入大規模軍事衝突，這道命令實際上從沒有派上過用場。

02

莫爾維茨之戰的騎兵慘敗無疑表明，當時的普魯士騎兵機動能力極為低下，說明這支把多數時間花在擦靴子、理轡頭上的軍隊總體而言只擁有相當低的騎術水準。顯然，如果普魯士騎兵還想扭轉頹勢，就需要透過嚴酷的訓練先讓每個士兵行掌握騎術，然後反復練習如何集體機動，最終才能真正馳騁在戰場上。

這樣的訓練是艱苦的，無論是普魯士國王還是他麾下的將領都已經對訓練傷亡有了足夠的心理準備。賽德利茨將軍的一則名言在當時流傳甚廣：「若是陛下因為幾個傢伙摔斷脖子而大驚小怪的話，就永遠不會得到戰時需要的英勇騎手。」腓特烈二世也公開表示，只要能夠達到足以取得勝利的訓練水準，人和馬都在所不惜。

嚴格至血腥的訓練不等於是徹頭徹尾的蠻幹。瓦爾內里在其著作《騎兵評論》中則提到，他曾在普魯士軍中觀察過「科學」的訓練教程：騎兵新手首先要接受和步兵大體相同的徒步訓練，然後在木馬上進行裝卸馬鞍、上馬、下馬等基礎練習，隨後繼續在木馬上練習各種兵器，完成上述訓練後，才能夠分配戰馬並跟隨軍士或老兵學習各式養護技巧。在洛伊滕戰場被俘的奧地利工兵中校雷班發現，「普魯士長官沉著地對待士兵，面對新兵時尤為耐心」。

不過，普魯士的個人騎術練習在歐洲各國軍隊裡並不算特別突出。當騎兵個體掌握基本馬術後，各個單位的整體機動訓練就要隨即提上議事日程，而普魯士騎兵正是在集體訓練中獨闢蹊徑的。

03

有意思的是，關於普魯士騎兵的訓練狀況，我們手頭最好的材料之一竟然源自在前文提到的奧軍中校雷班。他在淪為戰俘期間不忘觀察敵軍內部細節，並在長篇報告中對普軍騎兵的訓練不吝讚賞：

> 我們必須像普魯士人那樣訓練自己人……他們設立標靶，讓士兵必須學會在快步和跑步行進時刺中靶子，然後四人並列行進，每個人都必須刺中靶子……接著練習在快步和跑步行進時使用手槍直射，隨後學習突入敵陣後保持隊形，由於這一切訓練都在馬背上進行，馬匹也就在同時得到了訓練……這當然是艱苦的工作，可成果必須來自努力和實踐。

關於集體訓練，瓦爾內里同樣提供了許多豐富、有趣的細節。比如說，當某個騎兵中隊在訓練中遭遇能夠躍過的溝渠時，指揮官就要大喊一聲：「Graben（溝渠）！」讓3列橫隊中的後2列停止行進，第一列則高呼：「Hop（跳躍）！」集體催馬跳躍，隨後第二、第三列也依次進行跳躍。由此，馬匹聽到「Hop」就躍過溝渠的習慣就養成了。

儘管普魯士各個騎兵團在全年多數時間裡仍會出於節約經費的目的分散屯駐，但春秋兩季的集訓仍然產生了相對較好的成果。春季集訓的主要目的在於夯實騎兵戰術水準，當時的訓練強度往往能夠高達每週6次騎乘訓練和1次徒步訓練。秋季集訓則以大演習為核心，在演習準備過程中，各中隊要進行為期12天的整訓，隨後各團進行為期30天的整訓，接下來還有多個團的聯合訓練。等到最終實施軍事演習時，普軍的表現時常讓外國觀察員驚呼這是「沒有子彈的戰爭」。

隨著訓練水準的提升，普魯士騎兵也就越來越習慣於以相對齊整的隊形發動跑步衝擊。1741年6月，腓特烈二世僅僅要求騎兵在衝擊的最後30步（約22公尺）中跑步，到了1742年3月，普魯士軍隊中的教令就改為以跑步完成最後100步（約73公尺），1744年7月已經變本加厲到200步（約146公尺），而且要求在最終階段完全放鬆轡繩，任由馬匹奔馳。

1745年的實戰更是提供了最好的證明。當年6月，普魯士拜羅伊特龍騎兵團在霍恩弗里德貝格會戰中突然從己方步兵隊形的空隙裡殺出，先是以慢步行進，如同訓練的那樣輕鬆躍過了幾條溝渠，然後逐步加速到快步，再加速到跑步。龍騎兵們乘著有利風向和煙霧掩護，緊貼在馬身上，全速向奧軍步兵營發起衝擊，奧軍一直堅持到距離普軍僅有20步遠時才打出一輪稀稀落落的「齊射」，隨即轉身逃跑。龍騎兵在突破後立刻轉向左右兩側，橫掃了六七個奧軍步兵團。最終，拜羅伊特龍騎兵團以10個中隊的兵力擊潰整整20個奧地利步兵營，不到1小時就俘虜了2500人，繳獲大炮5門、軍旗67面，而付出的代價僅僅是戰死28人、傷66人，算得上是非常輕微。

同年9月，普軍與奧軍展開索爾會戰。當時，奧軍的45個騎兵中隊分成3線據守一塊前有溝渠的高地，但26個普軍騎兵中隊飛快地躍過溝渠，而後一邊上坡一邊衝擊，冒著奧軍稀疏的馬槍火力突入敵陣，幾乎在頃刻之間便將第一線一掃而空。隨後他們開始追殺殘兵敗將，第二、第三線也迅速崩潰。普魯士國王戰後的評價可以說很好地概括了此戰中騎兵的表現：「這是我所見過的最美妙景象，軍隊終於超越了自我！」

18世紀末的一場長弓復興夢

英國長弓作為歐洲中世紀時期的遠射利器，因在英法百年戰爭中的表現變得世界聞名，英國人也因此有了很大的「長弓情懷」。

就像中國歷史上不時有人主張採用古代的「神兵利器」一樣，近代歐美也時常出現鼓吹長弓的名人：英國內戰前夕的約翰·史密斯、威廉·尼德乃至美國獨立戰爭中的富蘭克林都曾大肆宣揚長弓的神威，更有人主張應該用長弓取代火器來裝備軍隊，以復興國粹。

本文要講的，就是拿破崙時代一位英國「長弓俠」的軍事狂想曲。

01

18世紀末19世紀初，法國大革命的烽火燃遍歐洲。作為反法同盟裡最頑固的成員，英國始終面臨著一衣帶水的法國的威脅，因而舉國上下人心惶惶，於是，諸多軍事愛好者開始另闢蹊徑，提出各類「發明衛國」的新奇想法。

1798年，倫敦出現了一本書名冗長的59頁小冊子——《為祭壇與灶台而戰：關於目前復興長弓及長矛理由的思考》，它的作者是「弓箭同好會」的活躍成員之一理查·奧斯維德·梅森（Richard Oswald

Mason）。

應當承認，梅森並不是一個完全沉溺於空想的紙上談兵者，他不僅熟悉英國長弓，而且清楚地了解當時戰爭方式存在的種種弊病：只需經歷步兵橫隊的幾輪射擊，戰場上就會煙霧繚繞，士兵非但很難辨別射擊目標，甚至很可能不聽上級的命令裝填、開火，陷入近乎癲狂的脆弱狀態。就算敵人不會利用這樣的戰機投入預備隊一錘定音，等到軍官最終能夠重新掌控部隊時，士兵也已經漫無目的地浪費了大量彈藥。換句話說，每殲滅一個敵人都可能耗費幾百發子彈，這樣的殺傷率實在是和弓箭時代差距太大了！

另一方面，法國大革命中的「全民皆兵」令戰爭規模急劇擴大，為了應對這樣的局面，英國不得不一再擴張正規軍，同時也開始大建海防堡壘，大辦民兵。縱然英國財力、物力相當豐沛，如何訓練、裝備這些新兵也著實令人頭疼。而且，英國當時的人口僅有1000萬而已，與海峽彼岸足足有4000萬人的法國在人力資源上存在不可逾越的差距。可是，以槍炮為主的戰鬥方式往往會令交戰雙方付出大體相當的代價，英國無論如何都無法長期負擔這樣的消耗戰，只能想方設法地尋覓「盟友」。於是，梅森理所當然地希望英國能夠創造出以少勝多的戰法，從而改變消耗戰的不利局面。

作為弓箭同好會的一員，梅森將目光轉向了自己最愛的長弓。他在小冊子開篇就大力鼓吹弓箭乃是以寡擊眾的絕佳選擇：

> 在古代，最大的勝利都是依靠弓箭贏得的，它讓數量較少卻更為強壯、活躍的人擋住最強大的帝國。

隨後，梅森開始列舉各式各樣的證據，其中雖有真實可考的戰例，多數卻只是他腦洞大開的產物：

斯基泰人面對波斯大軍仍然保持不敗……羅馬人在其巔峰時代也對帕提亞帝國毫無辦法，一再輸給帕提亞弓箭手……最終推翻西羅馬帝國的阿蘭人、匈人、達契亞人都以弓箭聞名……阿拉伯部落依靠弓箭建立起哈里發的強權……突厥人用同樣的兵器消滅了東羅馬帝國。

接下來，他筆鋒一轉，開始強調弓箭才是大英國粹：

此後，唯一一個精於用弓的民族就是英格蘭人，英格蘭弓箭手的業績至少與前文所述的各個民族相當……得益於超人的力量和堅定的氣質，他們極大地提升了弓箭的威力，使之凌駕於萬國之上……不管是難以操縱的弩，還是最堅固的鎧甲，都擋不住英格蘭弓箭手的射擊，他們乃是世上最可畏的部隊。

梅森更是提出，火槍與英國人的民族性格不符：

英格蘭人在戰鬥中擁有獨特的冷靜，這讓他們（在射箭時）擁有巨大的優勢；法國人性格中的衝動則妨礙了他們掌握弓箭，可是，這種衝動卻對運用火槍有利……火器讓數量居多的一方占據優勢，可英格蘭弓箭手從不在乎數量……弓箭讓英格蘭人能夠憑藉其個人力量彌補數量差距。

顯然，梅森先生認為，長弓兵能一個打10個。

02

絮絮叨叨地說了這麼多，梅森終於從全書第30頁起給出了他想像中的完美長弓兵模型。他認為，長弓兵射擊時不產生煙霧，也沒有巨大雜訊，於是就可以輕易觀察軌跡，從而能夠適時調整、準確射擊。與火槍相比，長弓射程相當、射速占優，必定能夠給無甲目標造成更大的殺傷。

不過，梅森版的長弓兵應當接受怎樣的訓練，又攜帶需要哪些裝備呢？

在梅森的幻想中，長弓兵只需訓練一到兩個月就能夠在橫隊裡正常射箭。戰場上，他們會像普通步兵一樣嫻熟完成橫縱隊變換，乃至以2列橫隊輪流射擊推進，最終集體端起長矛決死衝鋒。

至於裝備，按照自古以來的慣例，長弓兵當然必須配備一把與自己體格相稱的長弓和24支箭。為了準備近戰，他還得帶上一支10英尺（約3.05公尺）的長矛和一口闊劍：用矛的時候就順便把長弓挎在背上，射箭的時候也只需把矛繫在手臂上。為了給弓箭同好會招攬生意，梅森還在書中特意推薦了協會領導湯瑪斯・韋林（Thomas Waring）家裡生產的長矛。

既然中世紀的長弓手為了抵禦騎兵需要隨身帶木棍，這時候自然也得每人帶上幾根，屆時只需把長矛往外一伸，再用木棍架住，就可以形成一道矛頭直抵馬胸的拒馬工事。梅森大概不知道，就連俄、奧兩國，當時也都已廢除了妨礙步兵行動的野戰拒馬。

考慮到需要面對各式各樣的火槍手，長弓兵們還得配備一面「奧地利胸甲騎兵式的防彈胸甲」和一頂頭盔。

在梅森寫作的那一年（1798年），法國胸甲騎兵尚未出現，俄國、普魯士的胸甲騎兵徒有虛名卻不穿胸甲，他也就只能參考奧地利了。梅森自以為奧地利的防彈胸甲重量不超過7磅，可根據奧匈總參謀部的戰史來看，革命戰爭中奧地利胸甲騎兵身穿的單面胸甲（後背無防護）雖然的確能夠擋住100公尺開外的步槍射擊，但它厚約4公釐，重達7公斤！再加上頭盔、長矛、闊劍、長弓和箭矢，如果按梅森的想法配齊裝備，全身堆得小倉庫一般的長弓手會成為貨真價實的「重裝步兵」，負載要比當時絕大部分步兵都重得多。

梅森也知道自己筆下的「重裝長弓兵」實現起來有些困難，因而還在書中推出了只帶弓箭和闊劍的「輕裝長弓兵」。他認為他們十分適宜投射作戰，甚至幻想「1000名弓箭手1分鐘就射出6000支箭，這可以造成何等的殺傷效果」！然而，以長弓的射速射頻，隨身攜帶的24支箭5～10分鐘之內就得打光，按梅森設計的長弓兵攜行量好比是威靈頓公爵的英國步兵在滑鐵盧每人只帶6～8發子彈上戰場，而現實中，步兵可是人均攜行子彈60發！

簡而言之，即便不考慮長弓的製作週期和成本，也不在乎人員訓練狀況，最終按照梅森的設想創立起一支長弓兵部隊，待他們走上戰場後，恐怕也會因體力迅速耗竭在「交火」和肉搏中難以為繼，或是在短暫「交火」之後箭囊告罄，徹底淪為俎上肉。顯然，儘管若干長弓愛好者還在幻想著弓箭時代重來，現實卻已經無情地把他們從戰場送回了射箭靶場。

槍騎兵：在熱武器時代迎回第二春

冷兵器時期，槍騎兵一度成為整個戰場上最為顯眼的存在。而當工業革命的號角吹響，世界逐步進入熱兵器時代後，槍騎兵就成了被忘記的存在，但拿破崙戰爭的打響意外讓槍騎兵進入第二春。

在拿破崙戰爭當中，衣飾奇特、戰績卓著的波蘭槍騎兵為法軍提供了相當大的幫助，從而引領了槍騎兵復興的潮流，這一原本即將被歷史掩埋的兵種重新出現在歐洲各國的軍隊中。無論是原來就已存在少量槍騎兵編制的俄羅斯、普魯士、奧地利，還是幾乎從零開始的法蘭西，都在戰爭期間大力發展本國槍騎兵。

然而，英軍卻是這股浪潮中的一個特例。儘管英國人對槍騎兵所能達到的戰力已經具備了一定程度的了解，且早在半島戰爭中便吃過波蘭槍騎兵的苦頭，可他們卻等到整場拿破崙戰爭結束1年後才突然改弦更張，直接把多個輕龍騎兵軍團改成槍騎兵軍團。

英軍為何要拖到戰後才引入槍騎兵？

01

即便不考慮中世紀與近代早期的英國槍騎兵戰例，在革命戰爭與拿破崙戰爭期間，英軍也已經與槍騎兵有過接觸，對槍騎兵並不是全然陌生。當時，向來缺乏人手的英軍正四處尋覓來自歐洲大陸的士兵，希望他們執行各類前哨勤務，承載戰爭中的諸多雜役，以此把正牌英軍從這些他們不樂意幹也做不好的工作裡解放出來，以便專注於最擅長的大規模戰鬥。於是，在波蘭冒險家兼詐騙犯盧博米爾斯基的提議之下，由法國流亡貴族布耶經手的「不列顛槍騎兵」在1793年應運而生。

雖然盧博米爾斯基聲稱能夠從他家的龐大莊園里弄來1000個槍騎兵好手，但布耶等人最終還是得依靠原來隸屬於波旁王朝法軍的瑞士人、德意志雇傭兵乃至法軍逃兵，才能勉強把全團兵力維持在300～400人，而且這些傢伙雖然制服、裝備、武器都像足了技藝嫻熟的波蘭槍騎兵，可連如何使用騎槍都得現學。如此空有其名的槍騎兵自然談不上什麼戰績，也不會給英軍留下太好的印象，後來人盡其才物盡其用，他們乾脆被投放到疾病死亡率極高的加勒比海島嶼充當步兵使用，最終於1796年解散了事。

自此之後，英軍再度遭遇成建制的槍騎兵已經是整整15年之後的事情了。1811年5月16日的阿爾武埃拉之戰，他們不幸碰上了法軍中經驗最老到的波蘭槍騎兵部隊——維斯瓦河軍團第1槍騎兵團。

這支部隊隸屬於法軍而非當時的華沙大公國軍隊，當年年底正式改編為法軍第7槍騎兵團。說起這個團，還有一則頗能體現官兵精神風貌的軼事。在波蘭槍騎兵打出威名之前，不大了解騎兵也不大懂波蘭人的拿破崙曾打算讓他們放棄「累贅」的騎槍，認為那些稀奇古怪的東西不過是小孩子的玩具，還不如換成能夠在馬上開火的槍支。這種認知一直沒有改變，以至於1808年，拿破崙在巴約訥閱兵時還向時任第1槍騎兵團團長的揚·科諾普卡問了一個傷害性不大但侮辱性頗強的問題：「你們（騎槍上）的紅白色燕尾小旗難道能夠嚇到馬嗎？」科諾普卡沒有用言語回擊，而是請求皇帝稍做測試。拿破崙同意了，於是，一群平端騎槍、燕尾小旗飛揚的波蘭人衝出來，嚇得拿破崙的坐騎迅速掉頭，帶著他逃走了。待到拿破崙平復心緒後，他告知科諾普卡：「你們的騎槍就留著吧！」

英國人在阿爾武埃拉遭遇的便是這群連皇帝都敢衝擊的驕兵悍將。當時，英軍科爾伯恩旅的4個步兵營展開成左右相繼的4個營橫隊，左起依次為第31步兵團1營、第66步兵團2營、第48步兵團2營、第3步兵團1營，士兵們形成一條漫長單薄的戰線，以猛烈火力射殺法軍，甚至大有發起刺刀衝擊之勢。

眼看科爾伯恩旅側翼和後方門戶大開，法軍騎兵以第1槍騎兵團為首，多個驃騎兵團和龍騎兵團跟進，趁著戰場上能見度較低，越過一條寬闊的沖溝迫近英軍橫隊，而後一路風捲殘雲，打得英軍士兵落荒而逃，英軍總指揮貝雷斯福德幾乎被生擒。最後，英軍的4個營中僅有位於最左側、人數也最少的第31步兵團1營有時間列成方陣抵抗，損失勉強不到4成，其餘3個營均遭到毀滅性打擊。

法軍此次勝利得如此迅速又徹底，也是因為槍騎兵的出現令步兵慣用的伏地保命策略失效了。此前，步兵一旦被騎兵突破隊形就會臥倒在地，使得騎兵的刀劍「鞭長莫及」。儘管這種做法並不存在於當時的條令之中，卻已成為各國步兵通行的應急措施，1799年特雷比亞河會戰中的俄軍步兵、1801年亞歷山大港會戰中的英軍梅諾卡團、1811年豐特斯－德奧尼奧羅會戰中的英軍某蘇格蘭團、1812年克雷姆斯科耶戰鬥中的法方西班牙僕從軍約瑟夫．拿破崙團都曾熟練運用過這種手段降低傷亡。然而，在波蘭槍騎兵將近3公尺的騎槍面前，上述保命招數幾乎等於是催命符。波蘭人不但喜歡用騎槍隨手殺戮地上的英軍，還蓄意催馬踩踏，結果，許多原本還有逃命可能的英軍士兵非死即傷。

關於這一悲慘的現狀，從阿爾武埃拉戰場上存活下來的英軍第48步兵團2營營長布魯克說得很清楚：「得勝的法軍騎兵中有一部分是波蘭槍騎兵……他們騎馬從傷患身邊路過時，野蠻地把騎槍插入他們體內……這惡棍竭盡所能地想讓他的馬踩踏我……可這畜生都比騎手仁慈！」

可是，雖然英軍步兵在槍騎兵手中吃了大虧，但步兵橫隊側後方的防禦力十分低下本屬常識，從這個角度來說，不論當天參戰的是槍騎兵、驃騎兵、獵騎兵還是龍騎兵乃至胸甲騎兵，只要被法軍騎兵抓住側翼空虛的戰機，科爾伯恩旅就注定要被重創。

此外，在當天早晨的前哨戰中，英軍第3近衛龍騎兵團（374人）也的確讓法軍波蘭槍騎兵的兩個排（約100人）吃了些小虧，沃伊切霍夫斯基少尉雖然諱敗誇勝，卻承認他的槍騎兵排「遇到了麻煩，每個人得著手對付幾個龍騎兵」，「遭到英格蘭人的包圍攻擊，我的排就損失了14個人」。

基於以上種種原因，當時的英軍主要還是將自己的慘重損失歸咎於指揮失誤，而非歸因於敵軍陣營中槍騎兵的強大戰鬥力。

02

英國人遲遲不願組建槍騎兵部隊，也是因為法軍中某些良莠不齊的「槍騎兵」在無意中敗壞了全體同行的名聲。

1811年9月25日，英軍第14、第16輕龍騎兵團的4個中隊在卡皮奧村附近擊潰了法軍第26獵騎兵團和僕從軍貝格大公國槍騎兵團的4個中隊，之後追殺了大約3公里，把潰兵攆進河裡。此戰英軍僅有11人負傷、1人失蹤，法軍及其僕從軍則有11人戰死、37人被俘，俘虜多數已經受傷。法方記載，貝格槍騎兵團的勒塞爾夫中尉負傷被俘，施維特爾上尉在戰鬥中被削掉2根手指。貝格團後繼單位的團史也承認：

「英軍的第14、第16（輕）龍騎兵團的猛衝把『勇敢』的槍騎兵趕到了河對岸。」

英軍的自信找回來了。戰後，隸屬第16輕龍騎兵團的威廉·湯姆金森上尉在日記本上信心滿滿地寫道：「我們迫近之前，槍騎兵看起來的確很不錯，確實令人畏懼，可一旦展開近戰，他們的騎槍就成了累贅……我們總共才有一個人被騎槍弄傷而已。」

騎槍淪為累贅的原因其實並不複雜。普魯士名將格奈森瑙曾指出，至少3年的教學與練習才能培養出一個槍騎兵，雖然這話有些誇張，但熟練使用騎槍的確需要長年累月的努力。可貝格槍騎兵團直到1809年12月17日才奉拿破崙之命裝備騎槍，1810年2月就要開往西班牙戰場，加之人員流動頻繁、馬匹狀況不佳，這些來自萊茵河畔貝格地區的德意志人更沒有波蘭人那樣的復國信念，即便偶爾存在一點復仇情緒，也是以針對法國人的居多，於是戰敗也就成了正常的事。

阿爾武埃拉戰場上槍騎兵獲勝的原因被歸到其他種種因素上，與戰鬥力無關，卡皮奧村戰鬥中槍騎兵的失敗又固化了英軍的原有想法，槍騎兵的形象在英國人心中簡直要低入塵埃。英國王家騎炮兵E連威廉·斯韋比中尉在1812年7月15日的日記就很好地反映出當時英軍的典型心態：「槍騎兵乍看起來的確是非常好的競技場門面貨，可一旦他們單打獨鬥，實際上騎槍就沒什麼用了。他們的名聲不過是得益於在阿爾武埃拉殲滅了一大批隊形已經崩潰的我軍步兵而已。雖然槍騎兵看起來令人生畏，可一旦對上列陣完畢的部隊，實戰效果就很荒謬了，一個手持闊劍的龍騎兵抵得上兩個槍騎兵。」

一言以蔽之，哪怕在法、俄兩國大肆進行槍騎兵擴軍競賽的時刻，英國國內仍然普遍認為槍騎兵就是個運氣好的花瓶。

03

儘管國家整體國情如此，英軍中仍不乏希望引入槍騎兵的人。1811年10月15日，英軍第15輕龍騎兵團就請來一位德裔軍官講解如何使用騎槍，後來還挑出12人接受訓練。同年12月，第12輕龍騎兵團的龐森比中校也自學騎槍用法，並製作了幾把騎槍準備帶回部隊練習。同樣是在1811年，從法軍或僕從軍轉投英軍的軍官讓・巴蒂斯特・德魯維爾撰寫了一本名為《論組建英國槍騎兵》的小冊子，主張運用投奔英國的法軍東歐裔逃兵組建具有民族特色的槍騎兵團，然後送到歐陸戰場為英國效力。

應當承認，德魯維爾顯然相當了解法軍，他的想法並不算是空談，儘管法軍中的確有許多波蘭小貴族和知識分子具備強烈的愛國情懷，但也同樣有很多只求當兵吃餉的來自波蘭、立陶宛、韃靼、白俄羅斯、烏克蘭的普通人，一旦待遇下降或遭遇區別對待，他們便可能轉投他國。斯韋比中尉也曾近距離觀察過投奔英軍的「波蘭」人：「今天，有9名波蘭逃兵出現在列雷納，他們似乎是在服役期間積累了某種普遍的憤慨情緒，其中有7個是軍士，據說還有10個人被法國人抓住之後以逃亡為由處決了。值得一提的是，他們在去年還十分盡忠職守地替法國人效勞。這些槍騎兵裝備著一根又長又銳利的尖物或長矛（騎槍），在馬鐙上有一個安放長矛的矛托。它有一根鬆弛的吊帶掛在手臂上，以防在脫手時丟失。長矛上面裝飾著一面旗。」

德魯維爾在1811年年底將他寫的小冊子進獻給英軍總司令約克公爵，但這個人微言輕的外來戶顯然沒有說服英國軍方的大人物。英軍的總體指導方針仍是將大部分外籍部隊視作廉價消耗品，將他們部署到疫病橫行的西印度群島，把原先屯駐於此的英國本土部隊替換到半島戰場用於主力會戰。

1814年，英軍第9輕龍騎兵團少校莫勒斯根據親身經歷撰寫了一本頗為詳盡的槍騎兵手冊，主張英軍應完全採用波蘭體系訓練槍騎兵。

莫勒斯此前曾在凡爾登等地當了3年俘虜，在此期間多次目擊法軍中的波蘭槍騎兵訓練，因而積累了豐富的經驗。儘管這本書從技術角度來看頗有可取之處，但莫勒斯在與波蘭人和法國人相處的幾年裡已經被潛移默化成了一個「精神波蘭人」，無條件崇拜著孕育出波蘭槍騎兵的貴族土壤，成了中世紀騎士精神的狂熱追隨者。回國後，他自稱祖先是法國顯貴，把自己的姓氏改成法國式的「德．蒙莫朗西」，主張騎槍乃是貴族的專利。此後莫勒斯又以「德．蒙莫朗西」的名義將這本手冊進獻給可能對各類新銳想法已經見怪不怪的約克公爵，並且設法在倫敦出版此書。雖然他此時在大眾眼中已是數典忘祖的笑話，但終究還是提煉出不少戰術見解，也算是獻書有功，因而補償性地獲得了中校軍銜。

如前文所述，直至拿破崙戰爭結束前夕，英軍中的槍騎兵鼓吹者大多不是外來戶就是被外國人同化了的傢伙，主流觀點對這個兵種仍然頗有懷疑。即便有些高級軍官能夠承認槍騎兵的價值，也往往認為只有波蘭人等「騎槍民族」才能夠有效運用騎槍，而他們並不需要。

1815年6月17日發生在熱納普的騎兵惡戰徹底改變了他們的念頭。

04

就在前一天，即1815年6月16日，拿破崙親自指揮法軍主力擊潰普魯士軍隊，取得利尼會戰的大勝，內伊元帥的法軍偏師也在四臂村與英軍形成僵持，迫使英軍統帥威靈頓公爵在得知普軍失敗後向北退往滑鐵盧方向。17日，擔任英軍騎兵後衛的第7驃騎兵團、第23輕龍騎兵團與擔任法軍騎兵前衛的第1、第2槍騎兵團在熱納普小鎮遭遇，雙方展開大戰。

此戰中，法軍的主力為第2槍騎兵團。這是一支老牌騎兵精銳，團史可以追溯到路易十四初年。法國大革命前，它名為「波旁龍騎兵團」，後來改名「第3龍騎兵團」，在拿破崙戰爭中的阿布基爾、奧斯特利茨、埃勞、弗里德蘭等會戰中屢立戰功，直至1811年6月18日才更名為「第2槍騎兵團」。這支槍騎兵團的士兵與波蘭人毫無關係，是在更名後才開始集體學習使用騎槍的。此後，該團參與了1812年至1814年從莫斯科到巴黎的多數戰役，積累了豐富的騎槍作戰經驗。輕騎兵專家德·布拉克曾對龍騎兵改編成的槍騎兵給予了過度誇張的讚美：「騎手的技藝，再加上人馬的體格與靈巧和一顆法蘭西的心臟，接受新理論兩個小時後，龍騎兵就成了全歐洲最強的槍騎兵！」

下午3點半左右，隨著英軍第7驃騎兵團和法軍第1槍騎兵團的前哨戰告一段落，法軍第2槍騎兵團的先頭部隊出現在熱納普小鎮。英軍第7驃騎兵團的奧格雷迪中尉在書信裡提到，該團的「先頭部隊是一個槍騎兵連，都是非常年輕的小夥兒，騎在非常矮小的馬上……他們在鎮子入口停頓了15分鐘，兩翼得到房屋的保護，道路也不平直，後面的人不知道前面已經停頓，還在往前拱，很快就擠成了一團」。

正在鎮外高地指揮英軍後衛的騎兵統帥阿克斯布里奇侯爵見此情景，決心讓他親自兼任團長的第7驃騎兵團出動3個中隊發起衝擊，挫挫法國追兵的銳氣。正在和旅館主人閒聊的霍奇少校領命，率領他麾下地位最高、資歷最老的騎兵中隊一馬當先衝了出去，完全把旅館主人的忠告拋在腦後：「先生們，你們最好還是避讓一下！」

英軍騎兵的確有理由鄙視法軍槍騎兵的矮小戰馬：即便在法蘭西帝國戰馬資源最豐富的征俄前夕，拿破崙皇帝規定的槍騎兵戰馬肩高也僅有4尺6寸到8寸（約153．3～160公分），在法軍騎兵當中都屬於最矮，如今，在歷經了此前幾年的慘重損失後，就更不能與向來使用高頭大馬的英軍相比了。屢敗屢戰的第2槍騎兵團也可能的確補入了太多的青年士兵，看起來確實其貌不揚，但法軍騎兵軍官、軍士的豐富經驗仍然足夠讓輕敵的英軍吃到苦頭。

熱納普街道上的法軍槍騎兵雖然擠成密集隊列，看似無法動彈，可左右兩邊依託房屋保護，實際上已經形成了一道密不透風的長槍森林。英軍第7驃騎兵團的上尉弗納在回憶錄中對此有一段相當痛苦的記載：「（衝擊槍騎兵）就像是衝擊一棟房屋，敵軍在陣前排出了一道騎槍做成的拒馬……槍騎兵用騎槍戳刺著我軍，我們的人卻無法用馬刀觸及他們。」同樣隸屬第7驃騎兵團的科頓上士則在回憶錄中從對手的視角回答了拿破崙7年前的問題。「燕尾小旗難道能夠嚇到馬嗎？」科頓寫道，「他們是很難打交道的客人，尤為特別的是，那還是一個我們相當不熟悉的兵種。當我們剛剛發動衝擊時，他們的騎槍是豎起來的，可等我們衝到距離他們僅有兩三個馬身之後，他們就放平槍尖，搖動（燕尾小）旗，導致我們的某些馬匹畏縮不前。」

當然，「騎槍拒馬」終究不能完全阻止英軍迫近，英、法騎兵最後還是要近戰。英軍奧格雷迪中尉含糊其詞，暗示雙方打得難解難分：「我們的衝擊當然沒有效果，可我們持續不斷地朝他們劈砍，我們不後退，他們也不動……這種戰況持續了幾分鐘……我們接到了向後的命令……等到我們最終能夠脫離接觸時，他們也沒有嘗試追擊。」倒是第1近衛騎兵團的凱利上尉說得清楚：「第7驃騎兵團衝擊失利，指揮官（霍奇少校）和少數幾個人突入敵陣後被俘、被殺，其餘人員在混亂中後撤。」騎兵統帥阿克斯布里奇的長子在7天後寫給家裡的信中更加坦率：「第7團的全部軍官裡只有一個沒受傷，400人裡戰死（和失蹤）了200人，埃爾芬斯通身上被騎槍戳傷了兩三處。」

前方遲遲不下，統帥阿克斯布里奇又命令第23輕龍騎兵團繼續投入戰鬥，可按照他後來的隱晦說法，那個團竟然「沒有以所預期的熱情遵守命令」。當時正在一旁圍觀的英軍第1近衛騎兵團軍醫哈迪·詹姆斯對此事的紀錄十分簡潔：「阿克斯布里奇的團，也就是第7驃騎兵團，和第23（輕龍騎兵）團一部被擊潰了。」

最終，等到法軍第2槍騎兵團得意忘形地穿過熱納普鎮進行追擊，英軍第1近衛騎兵團才打退了這些隊形已經有些散亂的槍騎兵，勉強替英軍騎兵挽回了些許榮譽。儘管如此，熱納普之戰落入法軍手中的10多名英國軍官和足足60把英倫雨傘也足以說明雙方此戰的勝敗。

熱納普戰鬥開打前，阿克斯布里奇和多數英軍高層一樣，認為馬刀優於騎槍，但此後他不得不承認現實：「不管我對一般情形下的槍騎兵有什麼看法，我認為那種狀況下的槍騎兵在面對驃騎兵時就是具備決定性的優勢。」他還表示自己見證了法軍騎槍的燕尾小旗令驃騎兵戰馬陷入混亂。不管怎麼說，把戰鬥失利歸因於敵方的強大和「盤外招」總比歸咎於自己人的無能好。

當阿克斯布里奇等英軍將領目睹並非波蘭人出身的法國槍騎兵的優異表現後，在英國軍中推廣槍騎兵的障礙已被徹底掃除，《太陽報》（並非如今那個同名的現代報）很快就爆出英軍高層有意給每個騎兵團均配備一個槍騎兵連的消息。後來，英軍總司令約克公爵經過反復權衡，乾脆照搬法國的模式，將4個輕龍騎兵團全體改為槍騎兵團。

1816年9月19日，隨著英國軍方一聲令下，英軍第9、第12、第16、第23輕龍騎兵團正式改制為槍騎兵團。第9輕龍騎兵團的莫勒斯自然是欣喜異常，只是不知道第16輕龍騎兵團那位5年前還在日記中肆意臧否、把騎槍視為累贅的湯姆金森，此後要如何在軍中與它日日為伍了。

19世紀初的最強炮兵

法國皇帝拿破崙之所以能橫掃歐陸，領先世界的法國炮兵是必不可少的重要助力，而炮兵出身的拿破崙更是在炮兵運用上有自己獨到的地方。

弗里德蘭會戰中，法軍「大炮衝鋒」的壯舉展現的就是炮兵的輝煌。

01

1807年6月，法軍與俄普聯軍在東普魯士的對峙已經進入最終階段，儘管拿破崙占盡上風，但俄軍依然在海爾斯貝格等會戰中與法軍打成平手，雙方仍舊維持著脆弱的僵局。

6月10日夜間，由於諸多跡象表明法軍可能會利用兵力多、機動性強的優勢直插俄普聯軍後方的柯尼希斯貝格（又譯為柯尼斯堡），俄軍指揮官本尼希森不得已之下命令部隊撤出海爾斯貝格的野戰工事，行經阿勒河畔的弗里德蘭前方，同樣朝著東普魯士的心臟行進。

6月14日，俄軍大部隊已經抵達阿勒河右岸，留在左岸的後衛部隊突然發覺自己身處十分糟糕的陣地上：一條既寬又深的河谷將俄軍正面的弧形陣地切割成兩段，陣地兩端則一直延伸到阿勒河畔，這讓俄軍很難將部隊從其中某一地段轉移到另一段去，也就是說，俄軍兩翼很難互相協助。

俄軍左翼有一片面積很大的索特拉克樹林，能夠掩蔽法軍機動，使得法軍可以迅速集結並迫近俄軍。陣地後方則是弗里德蘭鎮和阿勒河，而阿勒河上只有幾座橋梁。意識到戰機來臨，拿破崙當即決心打響大會戰。

拿破崙對此戰信心充足，他甚至有心情和一位帥副官開玩笑。

「你記性如何？」

「挺好的，陛下。」

「噢，那今天6月14日是個什麼紀念日？」

「馬倫戈。」

「對，就是馬倫戈。就跟當年打敗奧地利人一樣，今天我會幹掉俄國人。」

6月14日上午，兵力上處於劣勢的拉納軍（第5軍）抵達弗里德蘭，可是它依舊在前哨戰中纏住了俄軍後衛，以嫻熟的機動阻止了俄軍大部隊繼續向柯尼希斯貝格行進的計畫，為法軍其餘部隊抵達戰場爭取了時間。不得已捲入會戰的本尼希森只得調兵遣將，將包括禁衛軍在內的若干俄軍部隊投入左岸，並在阿勒河右岸設立多個炮群，希望在火力上壓制法軍。

指揮法軍右翼的是內伊元帥，他得到如下指示：率領第6軍將俄軍左翼逐回弗里德蘭，奪取該鎮後令右翼繼續推進，與拉納、莫爾捷部先頭部隊會合。法軍忠實地執行了這一命令，但或許是使用了過期地圖的緣故，法軍在轉向過程中竟將側翼暴露在位於河流對岸的多個俄軍炮群的射程範圍之內。

俄軍炮群對法軍展開攻擊，阿勒河灣環繞的某座小丘上的炮群更是給法軍造成了恐怖的殺傷效果：由於河水將俄軍炮手和法軍隔開，法軍步兵匆忙之間根本無法過河攻擊，俄軍炮兵可以安心地瞄準開火。混亂、猶豫的跡象出現了，面對如此致命的炮火，士兵的勇氣開始動搖。拿破崙派出第1軍的杜邦師協助內伊的第6軍，不過，由於內伊的戰線已經陷入混亂，這個安排還是來得太晚了。很快，俄國禁衛軍迅速從藏身的河谷裡衝出來布陣，加入了戰鬥，法軍步兵的混亂達到了極點。

02

在這一片災難般的景象中，時年38歲的法軍第1軍炮兵主任塞納蒙和他麾下的炮兵站了出來。

亞歷山大－安托萬．胡羅．德．塞納蒙，1769年4月21日生於法國的邊境重鎮斯特拉斯堡的軍人世家，1780年入讀軍校，畢業後於1785年獲得炮兵少尉軍銜。革命戰爭期間，他堅守崗位，積功升為上校，最終在皇帝拿破崙賞識下於1806年晉升為旅級將軍，一時間出盡風頭。傳說拿破崙和他曾有如下對話：「你可真年輕！」、「陛下，我和您一般大。」

塞納蒙麾下的里奇上尉此時正在指揮杜邦師的師屬炮兵，他命令6磅炮和3磅炮朝著俄軍步騎兵開火，總算為杜邦師的幾個團爭取到足夠展開戰鬥隊形、接應第6軍潰兵重整旗鼓的時間。面對如此戰績，塞納蒙不禁讚歎道：「漂亮啊，就像是在靶場上一樣！」里奇欣慰之餘也感到擔憂：「可是，看看俄國人有多少炮對著我們啊！」塞納蒙說：「堅持一會兒，援軍立刻就來。」

俄軍騎兵很快就朝著里奇的火炮殺來，所幸6磅炮的霰彈不是吃素的，杜邦師中號稱「無比」的第9輕步兵團也有一個營在炮群旁列陣保護，法軍龍騎兵也及時趕到增援，總算是解除了威脅。此時，回到後方搬援軍的塞納蒙積極發揮主觀能動性，在第1軍軍長維克托的放權指揮下，匆忙集中了第1軍麾下包括師屬火炮在內的多數火炮，開赴前線後與里奇所部會合，形成了左右兩個炮群：左炮群包括9門6磅炮、2門3磅炮、3門榴彈炮；右炮群包括10門6磅炮、2門3磅炮、3門榴彈炮。後來，可能還有友軍的6門6磅炮前來支援。

塞納蒙一聲令下，兩大炮群進至距離左岸俄軍戰線大約400公尺處，而後脫駕（解下前車）、放列（列成戰鬥隊形），將部分挽馬送回第1軍後方，擺出一副破釜沉舟、絕不後退的架勢。俄軍對塞納蒙的大膽機動備感驚詫。

正如西弗斯少將戰後檢討的那樣，俄軍通常會把炮兵部署在陣地裡的每一座小丘上，所以法軍簡直不費吹灰之力就清點出了幾乎所有的俄軍火炮。俄軍的列陣方式也導致火炮分散在整條戰線上，匆忙之間他們無法將火力傾瀉於一點，因而難以殺傷塞納蒙手下的法國炮兵。與此相反，集中成兩個炮群的塞納蒙部火力卻能夠逐個點名，由近及遠一一壓制俄軍炮群。

當時盛行的炮兵教條是嚴厲禁止反炮兵射擊的，要將火力保留到敵方步騎兵的頭上。比如英國炮兵專家埃迪就在他的《炮手袖珍手冊》中堅定表示：「炮兵永遠不應當射擊炮兵。」可理論家們隨後便添上了附加限定條件：「要是敵軍步騎兵得到掩蔽，而炮兵又暴露在外，又或是我方步騎兵因敵方炮火蒙受的損失超過我方炮火對敵方步騎兵的殺傷，那就屬於例外。」毫無疑問，塞納蒙此時便要動用這個例外，去壓制俄軍炮兵，拯救己方步騎兵了。鑑於第1軍炮兵和右岸俄軍起碼相隔500公尺，3磅炮和榴彈炮很難殺傷到對手，塞納蒙主要能夠仰仗的自然就是6磅炮的實心彈——500～1100公尺正是這個彈種發揮作用的絕佳距離。法軍的19～25門6磅炮在此戰中消耗的實心彈竟有1662發之多，其中絕大部分恐怕正是用於轟擊俄方炮兵的。

此前在河灣小丘上大肆殺戮法軍的俄軍炮群首當其衝，軍中的挽馬幾乎悉數死傷——由此可見，塞納蒙此前將部分挽馬送回後方的決策頗為英明。他們的火炮也被迅速打啞——當然，法軍炮群自然也不會毫無損失，6門榴彈炮中同樣有2門被俄軍毀傷。

隨後的幾個小時，這裡成了炮兵交鋒的舞臺。俄軍企圖堅守戰線，進而組織炮火反擊，但炮兵往往在行進途中就會蒙受慘重的損失。本尼希森失望之餘，又擔心重演奧斯特利茨大戰裡丟棄大批火炮的慘劇，居然下令預先將重炮撤出戰場，這個舉措進一步削弱了俄軍的炮兵實力。

03

將突出在外的俄軍右岸炮群徹底壓制住後，塞納蒙率部繼續推進，他以最為靈活機動的3磅炮為先導，用鉤索拖拽著它們在6磅炮和榴彈炮的實心彈、榴彈火力掩護下前行，進至距離俄軍左岸步騎兵不足200公尺處迅速放列射擊，然後各類火炮交替掩護前行，逐步將火力轉向俄軍步騎兵，並將適用於中遠程的實心彈漸漸切換成適用於近程的霰彈，繼續給俄軍造成巨大的損失。塞納蒙麾下的4門3磅炮在整場戰鬥中耗彈共計160發，其中竟有1／3以上是霰彈，這個占比已經相當高了，因為6磅炮只占18.9％，而榴彈炮則只有不到5％。

拿破崙得知法軍迫近俄軍、怒射霰彈，為塞納蒙的大膽感到震驚，派了自己的副官穆東（Mouton）將軍前去一探究竟。面對問詢，塞納蒙答道：「讓我帶著炮兵自己解決問題，我負責到底！」穆東折帶回消息，拿破崙聽聞此語放聲大笑：「（咱們）炮兵真是難纏，隨他去。」他不僅讓這位愛將自行其是，還令步騎兵全力配合。

塞納蒙有恃無恐，再接再厲。在意識到此時的戰場關鍵已轉化為能不能及時擊潰俄軍的步騎兵後，他轉而下令禁止反擊俄軍炮兵，然後把左右兩個炮群合兵一處，先後推進到距離俄軍戰線120公尺乃至60公尺處。他對俄軍的剩餘炮火不管不顧，專心轟擊步騎兵，製造大量殺傷，為己方的突破創造戰機。

俄軍騎兵企圖再度突向法軍炮兵，可高強度的炮擊讓他們只能看到面前的火焰和煙霧，最終在法軍多兵種的聯合反擊下蒙受了恐怖的損失。俄軍近衛步兵也渴望展開反擊，可擁有步騎兵配合的法軍炮兵一樣給予了他們迎頭痛擊。對此，塞納蒙在家書中吹噓：「平生僅見的恐怖霰彈火力持續了25分鐘……敵軍僅在此一地便陣亡4000人。」這個資料也許太過誇張，但就連俄軍戰史也得承認，伊斯梅洛沃近衛團1營的520名士兵幾乎在頃刻之間便折損了400人之多。

趁此戰機，維克托的第1軍與內伊的第6軍終於殺入弗里德蘭，整場會戰的勝負由此決定，俄羅斯與普魯士也終於下定決心簽署屈辱的和約。

就這樣，與拿破崙同齡的塞納蒙以大膽的炮兵戰術打出了天崩地坼的效果，幫助他的皇帝陛下登上權力的巔峰。

在拿破崙時代用騎射打敗火槍

19世紀初期，拿破崙時代的法國軍隊遭遇過一支使用弓箭的敵人，他們來自俄羅斯，是蒙古人後裔。

「歐洲戰爭中最後一次使用弓箭得追溯到1813年，當時，充當俄軍輕騎兵的巴什基爾人和卡爾梅克人仍然擁有弓箭，法軍將領馬爾博在萊比錫會戰中就是被俄軍的箭射傷的。」

——伏龍芝軍事學院斯韋欽教授《戰爭藝術的演化》

「卡爾梅克人居然選擇箭這種古代兵器而非現代兵器，實在是令我們倍感憐憫，比起我們槍支的威力，再沒什麼比這些兵器更好笑了。」

——法國大軍團第80號公報，1807年6月19日

當時，俄軍的巴什基爾、卡爾梅克騎兵以其獨特的弓箭兵器吸引了各國觀察者的注意。在法國的大話王馬爾博的筆下，巴什基爾人雖然射死了他團裡的一名軍士，也射中了他的大腿，卻「除了弓箭別無武器，是世上最無害的部隊」，許多人甚至將這些騎射手稱作「北方的丘比特」、「北方的愛神」，以此來開他們的玩笑。但在英國人威爾遜眼中，巴什基爾人總歸有些戰果，而且「時常能夠運用他們那悄無聲息的

武器」。

01

18世紀末19世紀初，中國蒙、藏地區的騎兵已經大面積火器化，叉子槍甚至成為他們的特色兵器之一，土爾扈特的渥巴錫汗雖然在東歸之後鄙夷地表示俄國人「馬上一般，耐寒亦差，其征戰之武器除鳥槍、腰刀外，不曉騎射」，可當他身處俄國境內時，也同樣選擇讓最驍勇的士兵手持火槍。結果，到了拿破崙戰爭時期，巴什基爾人和卡爾梅克人——後者就是土爾扈特東歸時未能一同離開的部族——反倒還堅持著質樸的弓箭騎射傳統。所以，在分析這些俄軍遊牧騎兵的戰鬥力之前，我們不妨先思考一個問題，他們身處槍炮比重更高的歐洲，為何仍然會使用弓箭？

原因其實並不複雜。俄國素來對這些東方遊牧騎兵秉持既利用又限制的政策，以1736年2月22日針對巴什基爾人的法令為例，文本裡就明確規定禁止他們擁有鐵匠鋪和槍支。至於臣服更晚的卡爾梅克人，各類限制就更為嚴厲甚至有些苛刻了。直到俄國即將捲入反法同盟戰爭的1798年，才從兵源角度出發，一邊在遊牧民中劃分徵兵區，一邊稍稍放寬了限制。不過，幾十年的禁令顯然已經造成槍支使用技術的斷層，反倒促使牧民們對箭術精益求精。

在1812年至1814年這場決定歐洲命運的戰爭中，俄國可以說是竭盡全力，不僅徵召了數十萬俄羅斯、小俄羅斯（今烏克蘭）、白俄羅斯士兵，動員了上萬名南俄各地的哥薩克，也抽調了1萬餘名來自東南的其他民族騎兵：20個巴什基爾團、4個克里米亞韃靼團、兩個捷普佳爾團、兩個米沙爾團、兩個阿斯特拉罕卡爾梅克團和一個斯塔夫羅波爾卡爾梅克團（改信東正教的卡爾梅克人）。以一個團500人計算，僅僅巴什基爾人就出動了1萬多名壯丁，卡爾梅克人也出動了1500人。另一方面，1812年的俄國面臨著單兵火器短缺的嚴峻現實，甚至到了要求正規軍騎兵交出馬槍，分給原本只有長矛的民兵使用的地步，遊牧騎兵當然就更難分到火器。於是，等到俄國最終把如此多的巴什基爾和卡爾梅克騎兵弄上戰場時，雖然若干先鋒終究會配備火器，絕大多數人的投射武器卻還是弓箭。

02

那麼，俄軍徵召的這些遊牧騎兵具體武備到底如何呢？雖然來自他們本身的口述材料少之又少，但當時的歐洲各國已經有了相當完整的紀錄，因而也能夠還原一二。

以數目最多的巴什基爾人為例，曾在1805—1808年遊歷俄國的英國畫家波特有過如下描述：

我大概是在目擊成吉思汗或者跛子帖木兒的軍隊吧……這些人套在鎖子甲裡，戴著亮閃閃的頭盔，裝備著長矛，頂上飾有彩旗，其他兵器包括刀劍和弓箭。每個箭筒裡裝有24支箭。弓相當短，材質和形制都是亞洲式的……儘管存在諸多缺陷，可他們在遠距離射擊移動目標時的表現還是相當驚人。

一位19世紀30年代的佚名記錄者如此描述巴什基爾騎兵的戰鬥狀況：

40步（25～30公尺）是優秀射手的平均射程。巴什基爾人在戰鬥中把背上的箭筒移到胸前，用牙齒咬住

2支箭，把另外2支搭在弓上，立刻一支一支地射出去。在受到攻擊時，他……大聲喊叫、敞開胸膛、擼起袖子，大膽地衝向敵人，射出4支箭後，他就改用騎槍去戳刺。

巴什基爾人的戰弓通常是不到1公尺長的複合弓，配備長約1．2公尺的箭矢，箭頭形狀各異，箭筒裡一般存有16～25支箭。準備射擊時，他們往往會將幾支箭含在嘴裡，幾支夾在左手，以便快速射出，而後用騎槍或刀劍展開近戰。當然，在1807年和1812年最初出動的幾個巴什基爾團裡，士兵的裝備、訓練都還不錯，但後期動員的巴什基爾人裝備往往就沒有那麼富裕了，儘管還能做到弓箭人手一套，但騎槍、刀劍時常出現短缺，火器就更不用提了。遲至1812年11月，波羅的海沿岸的幾個巴什基爾團還是僅有弓箭，於是只好暫時用於押解戰俘、維持後方治安。

03

巴什基爾和卡爾梅克騎兵要到1807年6月才首度出現在拿破崙戰爭的戰場上。根據沙皇的旨意，奧倫堡軍區在1806年年底、1807年年初徵召了9500名巴什基爾人和500名改宗東正教的卡爾梅克人——至於在依然信奉佛教的卡爾梅克人那裡，徵兵工作就進行得頗為困難了。這些人總共編成20個團。與通常一人一馬的正規騎兵不同，這些遊牧騎兵均為一人雙馬，以斯塔夫羅波爾卡爾梅克團為例，該團在1807年1月27日共有599名官兵和1226匹戰馬。

1807年6月16日，第1、第2巴什基爾團和斯塔夫羅波爾卡爾梅克團終於抵達東普魯士前線。雖然此時俄普聯軍敗局已定，可雙方還是不時發生戰鬥，這3個團隨即參與了發生在塔普拉肯的後衛戰。英國觀察員威爾遜爵士對這些新來的騎兵頗感興趣，做了過於理想化的描述：

1500名巴什基爾人從大韃靼地區趕來，在韋勞與（俄國）主力軍會合，他們頭戴鋼盔，身穿鎖子甲……對著一個敵軍（法軍）中隊射出了一陣箭雨，造成了一定的殺傷，而後衝向敵軍，抓獲了若干戰俘。

不過，威爾遜提到的戰鬥倒是真有其事，巴什基爾、卡爾梅克團在6月16日和7個頓河哥薩克團一起投入戰鬥，與法軍的龍騎兵師和輕騎兵師交了手。就連大軍團公報都可以間接證明這一點：

一群卡爾梅克人在提爾西特附近用箭作戰，看到這樣的場景，我們的士兵大笑不已。

法軍第3輕騎兵旅（下轄第1驃騎兵團、第13、第24獵騎兵團以及義大利獵騎兵團）當天的作戰日誌寫得糊里糊塗：

在塔普拉肯戰鬥中，我們得去對付那種除了騎槍之外還攜帶箭筒和箭的哥薩克，人們把他們稱作巴什基爾人。

軍官傷亡名冊倒是給出了一些額外資訊：此戰法軍共有2名龍騎兵軍官和5名獵騎兵軍官負傷，按照正常比例推算，總損失應在100人左右。

俄軍方面的材料則要系統一些，統帥本尼希森在回憶錄裡說得簡明扼要：「當天（6月16日）抵達戰場的兩個巴什基爾團和一個卡爾梅克團表現出眾。」原來，等到格魯希的龍騎兵師先頭部隊在桑迪滕村過河後，指揮俄軍後衛騎兵的普拉托夫將軍就動用巴什基爾人伏擊面對俄軍左翼的法國龍騎兵，另外又出動手頭最好的阿塔曼哥薩克團準備側擊向俄軍右翼行進的法國龍騎兵。

崔克維奇參謀對隨後戰鬥的描寫更為細緻：

中午時分，敵人在大炮的火力掩護下用浮橋渡河，敵方右翼騎兵在格魯希師長的指揮下分成兩個縱隊向上游運動，準備攻擊哥薩克左翼……普拉托夫將軍下令巴什基爾人攻擊法軍，他們以出眾的勇氣執行了命令：幾名志願者用槍支與敵人對射，把他們誘了出來，引到了科爾姆村，惹得幾個法軍騎兵中隊過來追擊他們前所未見的民族。一支巴什基爾部隊就埋伏在丘陵後頭，敵人很難觀察到他們，等到進入射程後，隱蔽著的巴什基爾人朝著敵方騎兵放出了幾百支箭，然後迅速向右轉，用騎槍攻擊敵軍側翼。敵軍在這種「新鮮」的兵器面前陷入了震驚和迷惑，根本無力抵抗衝擊。巴什基爾人毫不留情地展開追擊，一直追到步兵所在地為止。

法軍第1軍的作戰日誌則從側面證實了崔克維奇的說法：

一個由擲彈兵和騰躍兵組成的前衛營剛剛列隊完畢，就遭到哥薩克和卡爾梅克人的衝擊，後者還朝他們射出了黑雲般的箭矢，不過還是無法突破步兵。

隨後的戰鬥基本符合後衛戰鬥的流程：普拉托夫的俄軍騎兵見好就收，帶著阿塔曼團和巴什基爾人俘獲的3名軍官和32名士兵朝著塔普拉肯且戰且退，拉薩爾的法軍輕騎兵和格魯希等人的龍騎兵不斷前進，但也沒有太大戰果。英國觀察員威爾遜還提到一件令人啼笑皆非的軼事：有位被俘的軍官誤以為自己中了毒箭命不久矣，一直鬧騰到第二天才確信自己其實沒什麼大礙。

普拉托夫很快就開始充分利用巴什基爾人和卡爾梅克人的潛力，時而讓他們在夜間多燃篝火偽裝援軍，時而等到日暮再讓斷後的弓騎兵全線「開火」，狠狠地用箭雨虛張聲勢一把。於是，雖然這些遊牧騎兵至多參與了4天的戰鬥，卻給法軍留下了極其深刻的印象，因而在戰後立刻成為被關注的焦點。

可以說，俄軍遊牧騎兵的首次亮相的確證明了自身實力，雖然他們的訓練完全不適合正面大會戰，也的確啃不動步兵，但在後衛戰這種場合，巴什基爾人和卡爾梅克人卻可以發揮自身靈活機動的長處，成為合格甚至可以說是優秀的輕騎兵。此外，他們的弓箭作為「投射火力」，也能夠很好地幫助原本就缺乏槍械的哥薩克。

巴什基爾弓騎兵：靠弓箭殺進巴黎

「在巴黎花花公子日常調情的地方，一個巴什基爾人站在煙燻火燎之中，他戴著一頂配有長護耳的油膩大帽子，正用箭頭炙烤著牛排。」

——俄國軍官拉熱奇尼科夫

「一個穿著紅色長袍、戴著黃色狐耳帽、背著弓箭的巴什基爾人碰巧路過，在人群中惹出一陣笑聲。」

——俄國軍官拉多日茨基

正如上面這兩則目擊見聞所述，1812—1814年的歐洲大決戰不僅讓拿破崙帝國壽終正寢，還令烏拉爾山麓的巴什基爾牧民第一次以俄國軍人身分來到塞納河畔的巴黎城。那麼，在這場戰爭中，巴什基爾人除了以古怪的外表吸引眾人眼球，又拿出了怎樣的戰場表現呢？

01

眾所周知，沙俄軍隊內部存在著各式各樣的鄙視鏈，正規軍往往鄙視非正規軍的紀律鬆弛、無法無天，非正規軍也鄙夷正規軍的等級森嚴、官僚習氣濃厚。在種類繁多的非正規騎兵當中，也根據歸附早晚、民族親疏有著內外之別，說俄語、信東正教的哥薩克無疑是非正規軍裡最「正規化」也最令俄國政府放心的；早在16世紀就「自願歸併」（俄國官方對領土擴張的文雅說法）且事實上採用哥薩克軍區制度的巴什基爾穆斯林和已經改宗東正教的卡爾梅克人緊隨其後，某種程度上可以說是「御賜同哥薩克出身」；仍舊保持藏傳佛教信仰的卡爾梅克人則通常被視為是最不可靠的族群，在1807年徵兵時，這群佛教徒甚至鬧出了徵兵暴動，導致編組兩個團的計畫徹底泡湯。

1811年4月，考慮到法俄戰爭可能爆發，沙皇亞歷山大一世下令組建兩個巴什基爾團和一個斯塔夫羅波爾卡爾梅克團，要求入伍士兵一人雙馬，而且得「按照傳統風俗習慣武裝起來」。

6月初，3個民族騎兵團組建完畢，隨即踏上了西進征途。不過，俄軍高層雖然普遍欣賞哥薩克在輕騎兵勤務上的表現，但對民族騎兵的看法仍然存在不小差異。第2西方軍團司令巴格拉季昂就認為這些人馬矮小、武裝奇特的遊牧騎兵派不上什麼用場，甚至在1812年開戰前夕，他還下令隸屬於該軍團的巴什基爾部隊按照哥薩克模板重新武裝。

被分配到第1西方軍團的第1巴什基爾團則要幸運不少，他們遇到了1807年戰爭時的老熟人普拉托夫，於是能夠在戰爭第1階段發揮自身特長。該團原本下轄5個百人隊，此時根據人員、馬匹狀況，從中挑選出兩個精銳百人隊用於戰鬥，其餘人員則依靠馬匹數量優勢開起了「順風車」，也就是用空閒的馬匹搭載俄軍人員、物資行進。獵兵營長彼得羅夫因此對普拉托夫感恩戴德，他在回憶錄中坦率表示，要不是巴什基爾矮馬載著背包、工具和勞累的獵兵默默負重前行，他們營恐怕得垮在半路上！

02

法國輕騎兵專家德·布拉克曾在《輕騎兵前哨》裡將哥薩克稱作「真正的輕騎兵」，甚至是「歐洲最佳輕騎兵」，而1812年戰爭中普拉托夫麾下以頓河哥薩克為主的各族騎兵的實際行動，就是對德·布拉克總結的最好證明。

1812年7月9日、10日，法軍的3個波蘭騎兵旅（6個槍騎兵團）在白俄羅斯中部的米爾遭遇了普拉托夫麾下的哥薩克後衛集群（11個非正規騎兵團和兩個正規騎兵團），交戰2天後，損兵近600人的波蘭槍騎兵被迫撤退，士氣大挫。

如前文所述，第1巴什基爾團並未以全團規模參戰，而是出動兩個百人隊投入戰鬥。根據俄方嘉獎文書，巴什基爾軍官伊赫桑·阿布巴基羅夫、吉爾曼·胡代別爾金，士兵烏茲別克·阿克穆爾津、布蘭巴伊·丘瓦舍夫均在米爾戰鬥中有出色表現。波蘭將領圖爾諾的回憶錄中也對俄軍的遊牧騎兵有所提及：

我們在路上只看得見哥薩克人、巴什基爾人和卡爾梅克人，他們以慣有的敏捷到處奔馳，在河谷間穿行，然後貼近了射擊……轉瞬之間，平原就被輕裝部隊淹沒了，我從未聽到過如此可怕的號叫……（遭遇俄軍預備隊後）可以看到成群的巴什基爾人、卡爾梅克人和哥薩克人在原地不動的（波蘭槍騎兵）中隊周圍盤旋、包圍、絞殺，他們3次嘗試衝擊，3次都被擊退，較為狡猾的哥薩克人則傾瀉了大量的子彈，當他們用了整整4個小時耗盡怒火後，戰鬥中止了，（俄軍的正規）輕騎兵出現在戰場上。與此同時，號叫著的遊牧騎兵繞過樹林，衝向我們業已展開的左翼，將其擊垮，在第2、第11槍騎兵團裡播撒恐怖和死亡……我軍所有部隊都出現了可怕的混亂。

同年8月8日，普拉托夫又在莫列沃沼澤尋覓到戰機，以6個頓河哥薩克團、一個克里米亞韃靼團、一個巴什基爾團（第1團）和一個頓河哥薩克騎炮連的大約3000名騎兵，奔襲法軍第2輕騎兵師——這個師下轄第7、第8、第16輕騎兵旅，共7個騎兵團，合計約2300人，另有第24戰列步兵團第4營助戰。

清晨6點，俄軍突入法軍營地，急得對面的高級將領們連靴子都沒穿就衝出去匆忙組織部隊上馬迎戰。首當其衝的法軍第8輕騎兵旅很快便陷入苦戰，雪上加霜的是，行軍神速的普拉托夫突然抽出兩個哥薩克團和兩個巴什基爾百人隊突襲法軍側翼，法軍第8旅當即潰敗。指揮巴什基爾人的日林中尉在戰後獲得4級聖弗拉基米爾大公勳章，其授勳詞指出，巴什基爾騎兵先是投入到散兵戰當中，與敵軍展開對射，而後與哥薩克團一同衝入敵陣將其擊潰。此外，還有6名巴什基爾官兵「為其他人樹立了榜樣，表現異常勇敢，擊潰敵軍騎兵，一直追到後援部隊為止」，因而獲得了晉升。

8點左右，法軍第7輕騎兵旅開始列隊前進，迎擊俄軍，可這種上趕著送菜的添油打法實在是非常符合普拉托夫的胃口。約瑟芬皇后的遠房堂親——法軍上尉莫里斯·德·塔捨不得不見證又一次潰敗：

我們寡不敵眾，無序地以梯隊後撤。混亂導致路上障礙叢生，我的坐騎也戰死了……那裡居然還有拿弓箭的卡爾梅克人和巴什基爾人！

最後一批前來迎戰的第16輕騎兵旅是法軍中的外籍部隊，下轄符騰堡第3獵騎兵團、波蘭第10驃騎兵團和普魯士混合槍騎兵團。德意志人和波蘭人的馬匹養護水準普遍高於法國人，而且當天的備戰時間也相對較長，因而在哥薩克面前，他們只是有序後撤，並未出現崩潰跡象。符騰堡軍醫羅斯後來回憶說，自己是在此戰中首次目睹弓箭：「有名波蘭驃騎兵軍官被它射中了屁股右瓣，還有個獵騎兵同胞被箭矢射穿了衣服。」

此後，巴什基爾人幾乎參與了俄軍的每一場輕騎兵前哨戰和後衛戰。俄軍第3輕炮連的拉多日茨基中尉回憶說：

我們尤其喜歡觀賞巴什基爾人各式各樣的花招和騙術，他們戴著耳帽，像丘比特一樣射箭，在法國獵騎兵周圍嗡嗡作響，衝擊、退卻，把他們誘入伏擊地點，然後又聚成一團，尖叫著發起衝擊，接下來再度散開。

法軍第8獵騎兵團的孔布中尉也指出，哥薩克人、巴什基爾人、卡爾梅克人組成了厚重的散兵線，掩護俄軍主力部隊退卻，有些法國獵騎兵因而被弓箭射傷。不過，獵騎兵在散兵戰中也幹掉過一些「非常醜陋的巴什基爾人」。

第9槍騎兵團的槍騎兵齊默爾曼則在回憶錄中把俄國的遊牧騎兵描述成「一幫橫衝直撞的魔鬼」。他說，他們有著黃褐色的皮膚，身穿窄小外套，戴著尖頂頭飾，騎著矮馬敏捷地來回行動，能夠嫻熟地運用武器，叫聲也極為恐怖。

03

這裡已經無須再多列舉雙方的回憶和記載，總而言之，巴什基爾人在1812年的輕騎兵戰鬥中的確能夠拿出上佳表現，但在列陣對戰時往往缺乏發揮空間。以博羅金諾會戰為例，在戰前、戰後的後衛戰中，第1巴什基爾團都有過不錯的發揮，可唯獨在會戰當天卻是無所事事。

不過，人們後來搜集的口傳史料裡，倒是提到過一則巴什基爾遊牧騎兵與法國重騎兵（可能是胸甲騎兵）的對決往事。巴什基爾老兵占秋里亞曾經講述過，他和大約50名戰友在巡邏時遭遇了20個「掛著鋼鐵胸牌」的法國騎兵，巴什基爾人認為這是以多打少的好機會，於是就跳上馬端起騎槍衝了過去。占秋里亞借助坐騎的速度立刻刺穿了一匹法國戰馬，可他剛要拔出騎槍，另一名法國騎兵就一劍砍了過來，占秋里亞仗著身穿鎖子甲沒被當場砍死，但也落馬不省人事。等他以俘虜身分醒過來後，就發覺20名法國騎兵已經只剩下12人，但50個巴什基爾戰友則是全軍覆沒：一半戰死、一半被俘。

這則故事傳神地說明了一個問題，那就是巴什基爾人這樣以弓箭為副武器的輕裝槍騎兵在與重騎兵正面對決時存在巨大劣勢。好在故事的結局對占秋里亞來說還算是個喜劇：戰鬥一打響，他隨軍出征的妻子就跑出去尋找哥薩克主力，一個半小時之後，一個哥薩克百人隊突然出現，解決了剩餘的法國騎兵。

不過，第1巴什基爾團這樣的「老資格」部隊也在與時俱進。隨著俄軍的反攻和法軍的退卻，他們開始想方設法搜集利用各式繳獲來的裝備，後來不僅越來越適應硝煙彌漫的熱兵器時代戰場，自身也漸漸朝著火器化的方向發展。

1813年4月2日，第1巴什基爾團參與了俄普聯軍在呂訥堡附近突襲法軍的戰鬥，在交戰中，他們一反當時人們對遊牧騎兵的傳統認知，竟然冒著炮火端起騎槍率先突入了負責掩護炮兵的法軍步騎兵當中。同年12月19日，該團又和一個驃騎兵中隊帶著2門火炮突襲了荷蘭的泰爾海登渡口，俘獲了前來搶占渡口的200名法軍。

手持火器在巴什基爾人的戰鬥中發揮著越來越大的作用。同樣以第1團為例，該團僅在1813年10月7日、8日發生於萊比錫附近的散兵戰當中，就消耗長槍（步槍、馬槍）子彈2000發，短槍（手槍）子彈1270發。

簡而言之，和這一時期其他的俄國非正規騎兵一樣，巴什基爾人在戰爭中學習戰爭，武器也逐步朝著歐洲輕騎兵的通用標準靠攏：騎槍、馬刀、馬槍、手槍。但是與此同時，巴什基爾人仍然自豪於祖祖輩輩傳下來的弓箭技能。

1814年4月26日，一支巴什基爾部隊在歸國途中路過圖林根地區的施瓦察，他們向德意志人炫耀了自己的弓箭技藝，不料卻有人攪局，聲稱要當場檢驗弓箭的威力。一番來回翻譯過後，多管閒事的牧師乾脆讓他們拿百米開外的教堂尖頂來個試射，於是，一名巴什基爾射手下馬立定，一箭射過廣場，乾淨俐落地直中尖頂！

第一場戰地記者的盛宴與「細紅線」的背後真相

「俄國騎兵……衝向高地人，他們的馬蹄下方塵土飛揚，每一步都在加速，徑直衝向那條頂著鋼線的纖細的紅線條……等到他們迫近到150碼（約137公尺）之內，端平的步槍打出又一輪致命的齊射，給俄國人帶來死亡和恐懼。他們打馬回轉，向左右兩側散開隊列，跑得比來時還快。」

——拉塞爾《10月25日巴拉克拉瓦騎兵戰》，1854年11月14日發表於《泰晤士報》

「被派來攻擊第93高地團的幾個俄軍騎兵中隊，遭到了步兵在15碼（約14公尺）距離上的一輪蘇格蘭式冷靜齊射而四散逃竄。」

——恩格斯《東方戰爭》，1854年11月17日成稿，11月30日發表於《紐約每日論壇報》

1853—1856年發生的克里米亞戰爭⑱是拿破崙戰爭以後規模最大的一次國際戰爭，鄂圖曼土耳其帝國、大英帝國、法蘭西帝國、撒丁王國等先後向俄羅斯帝國宣戰。

這場戰爭也是第一場戰地記者的盛宴。當時，得益於科技進步和媒體發展，各大報紙的普通讀者終於能夠在不到一個月內了解到世界彼端發生的動態，《泰晤士報》記者拉塞爾、《晨報》記者尼古拉斯·伍茲和《紐約每日論壇報》特約撰稿者恩格斯等人生動傳神的描述則讓英軍步兵以「細紅線」，也就是單薄的2列橫隊，擊退俄軍騎兵的戰績，成為大西洋兩岸乃至世界各地軍事愛好者耳熟能詳的經典戰例。

然而，細心的讀者立刻會發現前文摘引的兩段經典描述裡已經出現了巨大的分歧：親歷者拉塞爾明確提到，俄軍騎兵在百米開外就被擊退，他的稿件要到11月14日才在英國各大報紙上登出；可身處曼徹斯特的恩格斯卻在3天後就宣稱，高地團是以一輪「蘇格蘭式冷靜齊射」，將距離自己僅有十幾公尺遠的騎兵打退。

事實上，和諸多由歷史變為傳奇的戰例一樣，由「纖細的紅線條」演變而成的「細紅線」背後同樣存在著難以計數的歪曲、誇張和演繹。恩格斯的失誤或許僅僅源自他看漏了一個阿拉伯數字0，但其他人的報導偏差可就沒有那麼簡單了。

01

首先，出於禮貌，我們應當確定「細紅線」這齣傳媒大戲的參演人員究竟都有誰。這乍看起來純屬多此一舉，正如羅伯特·吉布那張名畫《細紅線》所示，無數藝術品都將第93高地團放在聚光燈下，可是，倘若我們仔細閱讀拉塞爾的報導，便會發現事實可能遠比想像複雜。

⑱ 又譯為「克里木戰爭」或「東方戰爭」（西方人的稱呼，常見於西史）。

當俄軍騎兵撲向那道「纖細的紅線條」時，最早開火迎擊的卻是左右兩側的藍衣士兵——他們並不是與紅衣英軍恩怨交織的藍衣法軍，而是先被俄軍從野戰工事裡攆出來大加殺戮，又被英軍連打帶罵後勉強列隊的「土耳其」人。還算厚道的英軍高地旅旅長科林·坎貝爾少將在戰報裡提到，1號多面堡的「土耳其」守軍先是竭盡全力抵抗了很久，後來又在俄軍的追殺中死傷慘重，2號、3號、4號多面堡的守軍也是在釘死大炮火門後才退卻，總體而言表現還算不錯。

記者拉塞爾認為，「土耳其」士兵「在相距800碼（約730公尺）時展開了一輪齊射，然後轉身就跑」。不過，第93高地團的上尉連長布萊克特還是比記者先生公道一些，他在家書裡表示，「土耳其」人雖然看到騎兵就跑，可隨後又被英國軍官攆回隊列當中。

事實上，這些來自鄂圖曼帝國的可憐士兵甚至未必能算鄂圖曼土耳其人，其中一大部分人來自帝國的北非屬地突尼斯，當地於19世紀40年代廢除了奴隸制，隨後，大量衣食無著的黑奴湧入軍隊。突尼斯軍人的訓練、裝備、薪餉、給養都嚴重不足，他們能夠依託工事抵禦俄軍一兩個小時已屬不易，此時自然也不宜要求過高。

這陣雷聲大雨點小的齊射過後，粉墨登場的便是第93高地團的大約600名士兵了。正如軍團的名稱所示，該團的中堅力量來自蘇格蘭高地。拉塞爾頗具詩意地描述了他們的戰鬥場面：「當俄軍推進到相隔600碼（約549公尺）時，那條位於前方的鋼線終於放了下來（指士兵放平刺刀），迸發出一陣米涅步槍的輪流射擊聲，可距離還是太遠，這並不能擋住俄國人……在令人窒息的焦慮中，人人等待著浪濤拍擊蓋爾人礁石戰線的時刻。」

「蓋爾人」是對愛爾蘭人與蘇格蘭高地人的統稱，不僅符合拉塞爾的行文筆調，也在一定程度上揭示了實情。就英軍而言，相對尚武的蘇格蘭人與相對貧困的愛爾蘭人的參軍比例都高於其人口比例。以1845—1849年募兵狀況為例，愛爾蘭在人口大量外流的狀況下，仍以占全國30%的人口數提供了占全軍33%的兵員，蘇格蘭更是以不到10%的人口提供了15%的兵員！

發生於這一時期的大饑荒，不僅導致上百萬愛爾蘭人流落海外，也讓英軍各個團裡都充斥著找不到出路的愛爾蘭兵員。即便是在蘇格蘭色彩較為濃厚的第93高地團中，同樣有像法蘭西斯・達菲這樣的典型愛爾蘭士兵。達菲18歲就已入伍，此後不僅參與了克里米亞戰爭，還前往南亞鎮壓印度兵變，接下來又轉入第65步兵團，奔赴大洋洲投入毛利戰爭。作為「細紅線」的一員，達菲在這3場戰爭裡一共拿到過3枚獎章，可他為大英帝國出生入死幾十年的報酬，不過是流落到紐西蘭，以挖掘貝殼杉膠（一種可用於製作油漆的樹膠化石）為生，最終在貧困中孤獨死去，屍檢報告稱之為「因缺乏必要的、常用的生活必需品加速了自然死亡進程」。

02

視線返回戰場。「蓋爾人礁石」的對面同樣是一群帝國軍隊中的異類：第53頓河哥薩克團的3個百人隊的總共不到300名哥薩克。作為非正規騎兵，哥薩克的主要價值體現在戰鬥層面，他們是優秀的偵察兵、出色的劫掠者，擅長殺入敵軍後方追擊、破壞，以至於俄國民間流傳著一則諺語：「哥薩克經過的地方沒有雞鳴。」在戰術層面，哥薩克雖然善於散兵戰和單打獨鬥，卻極少死打硬拼，幾乎不會主動衝擊步兵密集隊列。

按照巴拉克拉瓦之戰中俄軍總指揮利普蘭迪將軍的命令，這個頓河哥薩克團的任務實際上只是搜索俄軍左前方一帶敵情而已。該團列成僅有6人寬的疏開縱隊，發出可怕的「烏拉」吼聲，像是一群大雁般迅速向前推進到距離英國、鄂圖曼步兵約700公尺處。這樣的陣勢無疑令布萊克特上尉心驚膽戰，以至於他在家書裡竟將3個百人隊誇張成足足12～14個實力雄厚的騎兵中隊。倒是記者坎貝爾見多識廣，在戰報中也只將這個哥薩克團說成400名騎兵而已。

隨著黑壓壓的哥薩克騎兵縱隊越來越近，步兵的心理壓力也越來越大。最後，先是原先隱蔽在背坡上的鄂圖曼軍殘兵起身開火，接下來英軍也展開射擊，這讓哥薩克以極為輕微的代價偵察出英軍步兵所處的位置。換言之，拉塞爾文中的前兩輪「齊射」不僅和朝天開槍的殺傷效果不相上下，而且還暴露了己方位置與實力。

作為拉塞爾最能幹的同行對頭，《晨報》記者尼古拉斯·伍茲也對射擊效果頗為懷疑，按照他的說法，「高地人和鄂圖曼土耳其人在這麼遠的距離打出齊射，顯然毫無效果」。

布萊克特上尉的家書則比兩位記者更專業，他指出英軍始終是各部分輪流投入射擊，也就是說，「齊射」輪次只是記者想要便於讀者理解的階段劃分而已。布萊克特還提到，相隔500碼時的射擊只導致少數俄軍騎兵落馬，而其他騎兵很快繼續冒著稍稍猛烈起來的火力向前推進，直到距離英軍步兵橫隊大約300碼（約274公尺）處，接下來驟然轉向左側，意欲包抄英軍右翼。

眾所周知，步兵橫隊雖然正面火力強勁，側後方防禦能力卻頗為低下。見此情景，坎貝爾當場讚歎：「那傢伙（哥薩克團長亞歷山德羅夫）還真懂行！」不過，在半島戰場摸爬滾打出來的坎貝爾也不是泛泛之輩，他雖然沒有將橫隊收攏成空心方陣或實心方陣（緊密縱隊），卻當即下令，命位於最右側的擲彈兵連集體左肩、左腳向前，形成向右前方斜向射擊之勢。迫近的哥薩克感受到擲彈兵連的火力，隨即打馬後撤。

儘管拉塞爾誇張地認為「端平的步槍打出又一輪致命的齊射，給俄國人帶來了死亡和恐懼」，伍茲卻不客氣地指出：「高地人站定後的第2輪齊射和第1輪一樣缺乏明顯戰果……敵軍騎兵也顯然無意衝擊高地人。」

03

戰爭結束了，軍事史上赫赫有名的「細紅線」就是這樣平淡無奇。關於戰鬥本身，最為簡潔明瞭的定論出自享譽英俄兩國的《騎兵史》作者喬治・泰勒・丹尼森中校之口：

許多人——特別是許多英格蘭作家——把這場戰鬥當作步兵擊敗騎兵的偉大勝利，可它實際上毫無教益。一位就在現場的著名英格蘭騎兵軍官明白無誤地向筆者指出，俄軍騎兵中隊當時毫無衝擊動機，只是想透過佯動迫使聯軍暴露部署狀況。當93團在山上列出橫隊時，騎兵就已完成目標，隨即撤退。科林・坎貝爾爵士是位經驗豐富的軍人，他清楚地知道騎兵要幹什麼，也做了相應的安排。

可見，戰鬥中既沒有騎兵與步兵的貼身近戰，也沒有步兵依仗新式線膛槍屠戮騎兵的戰況。儘管克里米亞戰爭中的英軍和俄軍高層被無數人詬病，可僅就巴拉克拉瓦一戰中步騎交鋒的狀況而言，無論是高地旅長坎貝爾還是哥薩克團長亞歷山德羅夫，都做出了正確的抉擇，也都讓自己麾下的大多數士兵全身而退。只是戰爭中管理得當的成功行動多半頗為枯燥乏味，與自然、合理、有組織地完成任務相比，英勇、魯莽、瘋狂的失誤更能激起讀者（尤其是業餘讀者）的興趣。於是，隨著諸多後方人士的添油加醋，這場無關緊要的短暫交手就迅速升級為千鈞一髮之際的步騎對抗，甚至被視為步兵近距離打垮騎兵的經典戰例，「細紅線」的神話也就從此成為經久不衰的談資。

讀史不能沒有對比和提問

西歐的冶鐵鑄造技術真的落後中國2000年？

西歐在15世紀就能打造板甲，是讓歐洲歷史崇拜者十分自豪的事情。但一個真相說出來可能令人大跌眼鏡：能打造板甲的歐洲，冶鐵鑄造技術卻仍然落後中國2000年。

這件事聽起來實在是奇怪，但筆者必須指出，很多人很明顯無法分清「鍛造」和「鑄造」兩個概念。板甲是典型的鍛造產物，而非鑄造。

鍛造和鑄造有何區別呢？現代的鍛造，是利用鍛壓機械對金屬坯料施加壓力，使其產生塑性變形，以獲得具有一定機械性能、一定形狀和尺寸的鍛件；而在古代，鍛造主要就是指鍛打，一般是常溫下操作，即使要加熱也不會到金屬熔化的程度。鑄造，則是將熔融態金屬澆鑄到與零件形狀相適應的鑄造空腔中，待其冷卻凝固後取出，以獲得零件或毛坯。由於青銅的熔點比較低，所以在青銅時代，東、西方都很快掌握了鑄造技術，但進入鐵器時代之後，鐵的熔點要比青銅高得多，技術難度也就增加了。

冶鐵技術最早應該是從西亞傳入東亞的，但那只是最簡單的塊煉鐵技術。

冶煉塊煉鐵，一般是在平地或山麓挖穴為爐，裝入高品位的鐵礦石和木炭。點燃木炭，鼓風加熱，當溫度達到1000℃左右時，礦石中的氧化鐵就會還原成金屬鐵，而礦石成為渣子。塊煉鐵是有極大缺陷的，初步冶煉只能得到疏鬆多孔的海綿鐵，礦石中其他未還原的氧化物和雜質不能除去，所以還要經過高強度的鍛打。但是，趁熱鍛打只能擠出一部分或大部分雜質，最後的成品中仍然會有較多的大塊夾雜物留存，即便使用的是品位非常高的鐵礦石，品質也不能保證。

古代中國人是極有智慧的。由於在青銅時代已經廣泛使用高爐煉銅，華夏先民很快也開始使用高爐煉鐵，並使用鼓風爐強化木炭的燃燒，促使冶鐵的產量提高。為了得到高溫，中國古代還在送風裝置——風箱上做了改進。溫度升高，滲碳量就增加，於是含碳量較高的鐵，也就是生鐵就產生了。

鐵含碳量較低則會柔軟且富於延展性，含碳量較高則會硬而脆，不適合鍛造。生鐵便是後者，除此之外它還有一個特性，那就是熔點低，容易熔化為鐵水，利於鑄造，因此生鐵又被稱作鑄鐵。

在東亞，絕大部分地區的鐵礦石品位不高，富含硫、磷等雜質，這對於製造兵器鎧甲來說顯然是很不利的，但是這一特點卻帶來了另一項重大利好：含雜質的生鐵熔點更低，更容易熔化。世界其他地區的人們未嘗沒有得到過生鐵，但他們只注意到生鐵不耐鍛打，而古中國人則發現了生鐵能夠如同青銅一樣進行鑄造。比起以古代的低下生產力進行人力鍛打，靠模具鑄造製造鐵器的效率要高太多了。

生鐵作為中國人的專利持續了多少年呢？在春秋時期，古中國就已經開始使用白口鑄鐵。據《左傳·昭公二十九年》記載，西元前513年，晉國鑄造了一個鐵質刑鼎，把范宣子所制定的《刑書》鑄在上面。鑄刑鼎的鐵是作為軍賦向民間徵收來的，這說明最遲春秋末期就出現了民間煉鐵作坊，而且已較好地掌握了生鐵的冶鑄技術。

生鐵（鑄鐵）在14世紀之前僅在中國及其周邊地區進行規模化生產，這項技術是中國古代的重要發明創造。14世紀之前，歐洲是沒有生鐵的，更不用說透過鑄造的方式來打造鐵器了，而歐洲開始運用中國在南宋末年發明的焦炭煉鐵，則要等到18世紀末期。

鐵器運用普及之後，鐵是比青銅便宜很多的，1門鐵炮的鑄造成本只有青銅炮的1／4。鑄造技術的發達，使得古代中國的火炮有著比西方高得多的產能。

山西省博物館就收藏有3門洪武十年（1377）鑄造的鐵炮，口徑210公釐，長100公分，兩側有雙炮耳，用於調整火炮的射擊角度，這證明中國在明朝初年就能夠鑄造鐵炮。而在1543年，隨著鑄鐵技術傳入歐洲，英國人才發明了歐洲第一門鑄鐵炮。鐵炮相較於銅炮不容易炸膛，耐久度更高，而且比較輕便，方便裝載到船隻上，所以迅速占領市場。一直到16世紀末，英國一直壟斷著這項技術，其他國家空有大把的鐵礦卻只能低價出售給英國人，英國人則將廉價的鐵礦鑄造成大炮再高價賣給其他國家。英國在鐵炮貿易上賺得盆滿缽滿，經濟實力迅速上升。

由於當時歐洲的火炮產能過低，三十年戰爭中古斯塔夫二世甚至發明了著名的「皮炮」，即用薄的（相對於鑄造）銅皮或鐵皮鍛接成管，然後在銅管或鐵管上纏繞用乳香熬煮強化過的皮條，接著加上數道鐵箍，再蒙上數層皮革，最後在炮尾鑽出炮眼。

總的說來，就鑄鐵這項技術，古代中國顯然要比古代歐洲走得更快。更令人咋舌的是，中國在漢朝已經普及了炒鋼法，即透過「炒」為生鐵脫碳，而這項技術到18世紀才開始在歐洲使用。

所以說，我們不必因為歐洲在15世紀就製造出板甲，就過於高估西方的制鐵技術，中國幾千年的實用技術傳統成果是非常偉大的，妄自菲薄要不得。

現代製造的刀劍回到過去能否大殺四方？

無論是古典小說裡，還是現在的影視劇、遊戲中，總有俠客、將軍拿著神兵利器大殺四方的橋段，比如《三國演義》中就對趙雲在長坂坡使用青劍的場景多有描寫：「雲乃拔青劍亂砍，手起處，衣甲平過，血如湧泉。」這一段文字中，盔甲在青劍面前都跟普通衣服一樣毫無防禦力。

可能有不少人會想，只要有一件神器在手，自己一定能天下無敵。但他們都忽略了一件事：首先，冷兵器是靠人力驅使的，人的作用相當重要。想要僅僅拿一件好兵器就殺遍天下無敵手，恐怕是癡人說夢。就算是青劍，也是在趙雲的手裡才能顯露鋒芒，夏侯恩拿著它時不也是默默無聞？

又有很多人覺得，拋開人的因素不談，憑藉現代很厲害很高端的材料學成就，如果請專業的研發團隊專門研發適合長刀長劍的刃材，然後按照人體工程學來設計製作，一定能造出遠超古代刀劍的好兵器。就算自己不行，將寶刀、寶劍交給古代名將，那些猛將是不是會如虎添翼呢？

實際上，如果要製作長刀長劍，現有的材料裡還沒有能代替鋼材的，而作為鋼材來說，即便現代可以多加一些元素進去提升性能，冶煉純度也更高，其本身的物理性質也依舊是有限的。換句話說，想要研發出超過古代鋼鐵性能的鋼材一定可以做到，現代技術製作的刀劍性能肯定會更好，但絕對到不了產生巨大代差的地步，想要達到砍鐵甲如同砍衣服的程度，多少還是有點不現實的。

中國歷史上最喜歡說神兵利器的時期是春秋戰國。當時還是青銅時代，但也已經有冶鐵能力了，所以才產生了大量的寶劍傳說，比如干將、莫邪、湛盧、純鈞等——鋼鐵製作的劍在面對青銅劍的時候是真的存在巨大代差的，鐵劍跟青銅劍相比確實算是神兵利器。但因為生產力水準有限，鐵礦難尋，所以在春秋戰國時代，鑄劍就有「采五山之鐵精，六合之金英」這樣的描述。在漢代，中國進入鐵器時代，寶刀寶劍的傳說就明顯少了很多，到後來，也就只有在傳奇小說中才會出現一刃既出天下無敵的兵器了。

優秀的刀劍也需要適宜的使用環境和相應的使用技法，不同的使用環境以及不同的技法決定了刀劍的形制，人體工程學則管不到這方面。如果覺得現代人體工程學是萬能的，靠它一定能做出更好的刀劍，這就很片面了。

比如，刀劍的握柄有直柄、前彎柄、後彎柄、紡錘形柄等，這些柄的形狀就跟人體工程學關係不大，反而跟使用技法直接相關。紡錘形柄常見於中式劍、鐧、小袖錘，因為這些兵器有很多畫圈打擊的技法。一般情況下，為了省力，使用者會用食指和拇指扣住柄部，其餘三指張開，方便把兵器轉起來畫圈，然後在打擊的瞬間握緊，這樣能有個瞬間加速的力，增加武器傷害。紡錘柄中間粗兩邊細，就是為了不容易在轉起來的時候脫手。奧運擊劍則使用的是手槍形柄，這也不是因為手槍形柄更符合人體工程學，而是為了強化刺擊——手槍形柄只能拿來刺，揮砍就完全不好用了。

再比如，在被一些人捧為利刃世界第一的大馬士革彎刀中，最常見的也是最符合人們心目中想像的形制是舍施爾彎刀，這種刀一般不起脊，刃直接從刀背開到刀鋒，截面呈現等腰銳角三角形。這種開刃方式使得刀身很薄，一般厚度在5公釐以下——作為對比，日本刀的厚度一般在7公釐以上。舍施爾彎刀的薄刃就是為了強化其鋒利屬性，所以傳說中的薩拉丁才能用這種彎刀凌空切斷了一條絲巾。

然而，即便舍施爾彎刀如此鋒利，假如用現代更好的鋼材做出一把來拿去給中國古代需要衝鋒陷陣的軍官或身經百戰的士兵用，對方也可能只會將它收藏起來觀賞，並不會帶上戰場。這是因為舍施爾彎刀根本不符合中國戰場的情況，它的刀身太彎，無法直刺，中國的單刀技法和它並不相容，一不小心可能導致後彎的刀尖把自己捅了，反而拖了後腿。而且，舍施爾彎刀的刀身太薄，雖然靈活有餘，但面對身穿鎧甲的敵人基本只能抓瞎，和別的兵器磕碰起來也必然受損嚴重。舉個極端點的例子，如果跟中國八面劍這種加厚加鈍的劍碰撞，即便在材料等方面都更強，舍施爾彎刀的受損程度會比八面劍更重——厚度以及開刃角度的差距在材料性能沒產生代差的時候是無法抹平的。

但其實，舍施爾彎刀也是軍隊列裝的制式刀型，它是阿拉伯輕騎兵攻擊輕步兵時用的。中東地區氣候炎熱，普通士兵穿不住厚重的盔甲，舍施爾彎刀的鋒利刀刃就是為他們而設計。刀身弧度也是如此，弧度大就可以進行拖割，對無甲步兵而言傷害更大。另外，騎兵衝鋒時基本不會考慮拿刀去格擋，拖割的使用方式也避免了大力劈砍，這就意味著舍施爾彎刀不需要太高的強度，用極薄的刀身換取鋒利和輕便也就成了可能。

還有一個例子是歐洲文藝復興時期流行的雙手劍。雙手劍受到歡迎是因為板甲的盛行，騎士們穿著防禦嚴密的板甲可以不用擔心防禦問題，於是解放了原先拿盾牌的手，可以使用雙手劍進行力量更大的揮砍。在當時，士兵們會裝備長柄斧錘來對抗重甲對手，在面對無甲對手時則更傾向於使用雙手劍。

如果把雙手劍拿到中國古代，即便是用更好的鋼材製作出來，也一樣成不了神兵利器。中國主要還是單手刀配盾牌使用，很少使用雙手刀劍，重步兵寧願用長柄刀，因為攻擊距離更長。明代，荷蘭駐台末任總督揆一在回憶錄《被忽視的福摩薩》中這樣描述鄭成功的士兵：「許多士兵雙手都揮動著令人生畏的戰劍，裝在半人長的木棍上。每個士兵的上身都穿一件鐵甲來護身，就像屋頂的瓦片環環相扣。」可見，沒有板甲的協助，雙手使劍很容易因為防禦不夠、攻擊距離太短而死在衝鋒的路上，想要大殺四方是不存在的。

另外，即便是用現代最好的鋼材和技術，也做不出能夠一下斬斷正常品質的古代鋼制刀劍的正常重量刀劍，同樣也做不出戰鬥中與對方刀劍磕碰後不會受損的正常厚度的金屬刀劍。這也是為什麼在真實的中國歷史上很少有名將使用的著名刀劍流傳。實際上，只要拿來使用，刀劍不過是消耗品罷了，根本不可能在身經百戰後還能保存完好拿去傳家。

舌尖上定輸贏：人類戰爭史上，食物扮演著怎樣的角色？

戰爭從來不僅僅是刀光劍影的廝殺，很多因素都決定著戰爭的勝負，其中相當重要的一個就是軍隊的食物供應。如果說軍人是戰爭機器上的零配件，那麼食物就是驅動戰爭機器運行的燃料，食物供應是軍隊戰鬥力和作戰半徑的重要保證。中國的古話「兵馬未動，糧草先行」，正充分說明了食物供應的重要性。如果不能做好充分的軍糧供應準備，想贏得戰爭就是天方夜譚。

在古代，由於生產力和組織力都不夠發達，發動一場戰爭前都要先做海量的後勤準備，有時候，軍隊糧食的供應甚至會成為一場戰爭的決定性因素。

比如秦昭襄王時，秦、趙兩國在長平展開戰略決戰，最終秦軍大勝。這場勝利與其說是因為秦軍的戰鬥力更強，倒不如說是因為秦軍的策略更對。當時雙方近百萬大軍在長平僵持了5個多月，秦軍使盡渾身解數，軍事、外交、間諜等各種手段都用上了，但距離戰爭結束貌似還是遙遙無期。其間，秦軍曾派出精兵截斷趙軍的糧食供應，並將趙軍分割，但是趙軍原地築壘堅守，後方也在拼命往前支援，秦軍依然無法取勝。最危急的時刻，秦王親自趕赴鄰近戰場的河內郡，給當地百姓加封爵位一級，徵調郡內所有15歲以上的青壯年到長平，以攔截趙國的援軍和糧運，這個舉措為秦國最終取得決定性的勝利創造了條件。趙軍斷糧40多天後，士兵開始相互殘殺為食，主將趙括不得已率軍突圍，最終被射殺，無力再戰的趙軍棄械投降。

但是，像這樣嚴重依賴後方供給的長期戰爭會給國力造成嚴重的消耗。漢武帝時期，反擊匈奴的戰爭持續了44年之久。在廣袤的草原上，漢軍根本沒有可靠的糧食供應，朝廷必須事先為遠征軍準備大量的糧秣。數經血戰後，「匈奴遠遁，而漠南無王庭」，但也使得「海內虛耗，戶口減半」，各地「盜賊滋起」，如果不是漢武帝和其後繼者認識到問題所在，及時更改了執政路線，讓百姓休養生息，西漢這個強盛的朝代說不定就提前滅亡了。

更慘的是東晉與南朝的北伐戰爭。當時的北方各個民族政權林立，相互混戰，南方政權雖只有半壁江山，但勝在大部分時候都比較穩定，更能夠專注於發展，於是很快積攢起強大的軍事實力，數次發動北伐戰爭。南方政權北伐是為收復故土，自然不能劫掠當地百姓的糧食，所以每次北伐都要先積聚糧草。在當時的技術條件下，軍隊只能靠水路進行大規模運輸，於是當時的南軍北伐就形成了這樣的規律：至少提前一年囤積糧草，然後趁著第二年春天水漲時節，沿淮泗逆流北伐。

南軍往往一開始進軍神速，一過黃河，捨舟上陸，其依賴河流的弊端就顯露出來了——黃河以北河流稀少，且水量較小，運輸的困難瞬間增加。更可怕的是，黃河流域的河流冬天會結冰，所以到了冬天，南軍的補給和援兵一旦跟不上，北軍就趁勢越過封凍的河流發動反攻，南軍往往因此大敗虧輸。形勢不好時，北軍還會順勢殺到南方。宋文帝劉裕的北伐就是因為這樣被北魏打得「百守千城，莫不奔駭」，以致「傾資掃蓄，猶有未供，於是深賦厚斂，天下騷動」。從東晉到南北朝大概270餘年，大規模的北伐戰爭有9次，除了劉裕的北伐比較成功，其他基本都以大敗告終，雖然導致失敗的原因是多方面的，但是後勤供給始終都是一大掣肘。

到了近代，特別是在文藝復興運動後17—18世紀的歐洲，因為戰爭形式的演變和戰爭規模的擴大，發動戰爭前，歐洲各國都不得不先精心籌畫建立補給站，開闢補給線，以此來保證軍隊的食物供應。這樣，作戰前就必須先進行長時間的謀劃，而軍隊嚴重依賴補給站的情況也使得快速攻擊和長途行軍變得不太可能，戰爭開始曠日持久，時人甚至將這一時期的戰爭稱為「烏龜的競技」。

在這一時期的幾次典型戰爭中，譬如荷蘭和西班牙之間的八十年戰爭、爆發在神聖羅馬帝國境內的三十年戰爭、西班牙王位繼承戰爭，以及後來的美國獨立戰爭，後勤補給始終決定著戰爭進程。特別是美國獨立戰爭期間，英國的陸海軍戰鬥力都很強，理論上可以輕易平定叛亂，但是數萬英軍孤懸海外所需的糧草數量實在太過龐大，他們不得不維持一條長達4800公里的補給線。戰爭後期，法國、西班牙、荷蘭紛紛介入戰爭，英國再家大業大也經不住這麼消耗，結果吃了一兩場敗仗後，英軍就輸掉了整場戰爭。

戰爭造成的損耗如此巨大，發動戰爭者就會想盡一切辦法轉嫁負擔。這種做法文雅點說是因糧於敵，說白了就是殺入敵境後，靠繳獲和搶掠敵國的糧食來滿足自身供應。這種方法能夠節省很多的軍費，同時因為後勤壓力驟降，在進攻作戰時能夠大幅提高進攻的速度，只要前方有足夠的的食物，作戰範圍幾乎不受限制，這也是為什麼亞歷山大能帶領數萬精兵連續作戰10年，縱橫萬餘里，從希臘一路打到印度。

但是，一旦軍隊停駐下來，如果仍依賴這種方式，就會釀成嚴重的後果。古時生產力低下，通常土地的產出物除了供應當地人民食用外，就只有少量的盈餘。這種情況下突然來了數萬大軍，不啻發生了蝗災，當地的餘糧很快就會耗盡，物價也會飛漲。缺乏食物的占領軍會毫不客氣地搶奪居民的口糧，沒有什麼比這種行為更能激起激烈抵抗的了。

舉個例子。1494年，法王查理八世介入義大利戰爭，有英法百年戰爭的歷練和瑞士傭兵的加持，法軍如入無人之境。8月底出發，次年2月就打到了義大利南端的拿坡里，查理八世加冕為拿坡里國王。

法國獨霸拿坡里的行為激起了眾怒，威尼斯、教皇國、西班牙和神聖羅馬帝國結成同盟，截斷了拿坡里法軍的補給線，法軍沒辦法，只能從當地人的口中搶奪糧食。本來法軍橫徵暴斂的行徑已經讓當地人怒火衝天，現在簡直是不讓活了，於是拿坡里爆發了全民起義，到處攻擊法軍，法軍抵抗不過，不得不倉皇撤離。1495年7月，撤退路上的法軍先後經過福爾諾沃戰役和塞米納拉戰役兩場硬仗，精銳的敕令騎兵和驍勇的瑞士步兵拼死奮戰，只不過逃跑路上缺乏糧餉，再加上梅毒流行，殘餘法軍還是在半路崩解了，回到法國的查理八世幾乎僅以身免。

歷史演進到18世紀末，法國爆發大革命，整個國家都陷入混亂中，舊體系的崩潰也波及了軍隊的供給體系，法軍不得不自力更生，開始自行徵集糧食。最初，法軍也許是迫不得已，但是很快他們便將其發展成有組織的系統。每個連隊都會有一個8～10人的糧秣徵集隊，徵集隊在行軍隊伍的後方分散開來，就地徵集糧食，有時會給付金錢，但是更多時候是打個承諾戰後償付的白條，是否真會賠付就只有天知道了。最後，徵集隊會把糧食統一分配給整個連隊。這樣的做法相比毫無章法的劫掠大大減少了浪費，也提高了效率，影響也沒那麼壞。這些糧秣徵集隊都成了善於尋找隱藏食物的專家。當時的一位法軍士兵說：「居民將所有東西埋在森林或房屋地底下，在費了一番功夫後，我們發現了藏匿處，找到了各種糧食。」

當絕大部分的後勤壓力轉嫁給戰區的百姓後，只需攜帶少量糧彈輕裝上陣的法軍變得十分敏捷，機動性和作戰半徑大大提升。行軍途中法軍分散覓食，以超乎時人認知的速度到戰場附近集結，各個擊破敵軍。就這樣，法國一連5次擊敗反法同盟，一時間風光無限，成了歐洲大陸的主宰。

但是這種方法並不是總能奏效。1812年，拿破崙策劃入侵俄國，根據他一直信奉的「軍隊靠它的胃作戰」的信條，戰爭爆發前法軍也囤積了巨量的糧食，同時準備了不計其數的馬車用來輸送。但是，俄國廣袤的領土和堅決的抵抗決心顯然超出了法軍預料。俄軍一方面避免正面決戰，派出輕裝部隊不斷襲擊法軍的補給線和後方，一方面動員民眾堅壁清野，使得法軍既無法捕獲敵軍主力，又無法獲取補給。9月14日法軍占領莫斯科後，俄國人的一把大火實際上徹底斷絕了法軍贏得戰爭的希望。戰事遷延至10月19日，隨著冬季的來臨，拿破崙不得不下令撤退。

這大概是史上最淒慘的撤軍，除了核心精銳，法國軍隊組織解體，軍紀蕩然無存，所有人如同牲畜一般但求苟活，吞下所有能夠找到的食物。但死亡始終如附骨之蛆，如影隨形，饑餓、寒冷、疾病隨時都會吞噬生命。一旦士兵掉隊，尾隨的哥薩克騎兵會毫不猶豫殺死他；如果被當地農民捕獲，也會被折磨致死。到12月，法軍撤出俄羅斯的只剩2．5萬餘人，屍體和丟棄的武器裝備在身後幾乎鋪成了一條道路。有不少人提到，法軍是敗於俄羅斯的「冬」將軍，但這種說法並不準確的。1812年俄羅斯的冬天實際上比往年來得要晚，只是11月的天氣比往年更為寒冷。毫無疑問，是俄羅斯避免決戰和堅壁清野的策略擊敗了法軍，隨後到來的寒冬只是大大加速了這一進程。

法軍這種用白條徵集食物的方法雖然弊端如此之大，但是作為一種轉嫁戰爭成本的方法，一直屢見不鮮，後世日軍使用的臭名昭著的軍票就是最典型的一個變種。

19世紀以前，因為不能及時獲取新鮮的食材，歐洲地區的軍隊供給系統發放給士兵的食物，特別是發放給海軍的食品堪稱恐怖：肉食是又鹹又乾的陳年僵屍肉，據說克里米亞戰爭時期英軍供應給士兵的牛肉還是拿破崙時期生產的，食用前必須先打桶水浸泡去除鹽分，然後才能入口；餅乾上爬滿象鼻蟲，好不容易清理乾淨，咬一口，說不定裡面還有一條蛆蟲；乳酪更是硬得能夠雕刻鈕釦；至於海軍，出海後的淡水會迅速變得發黏，散發異味。如此糟糕的飲食導致當時各國海軍的非戰鬥減員率高得驚人，再加上極低的待遇，根本沒什麼人願意加入海軍。即便是縱橫四海的英國海軍，也要在軍艦靠港後靠軍官帶隊到岸上強拉商船水手入伍，以此補充兵員。

陸軍在外作戰時獲取的食物也好得有限，而且費勁力氣供應前線或者搶掠到的食物非常容易腐敗變質，這一切都在呼喚一種更好的食物出現。

1795年，為了改善戰時軍人的伙食，法國政府懸賞1．2萬法郎，徵求一種便於長期貯存和運輸食品的方法。最終拿到賞金的是一位名叫尼古拉．阿佩爾的廚師，受益於平時的經驗，經過長期實驗，他發現了一種貯存食物的好方法：將處理過的食物裝進廣口玻璃瓶中，再用軟木塞封住瓶口，放進沸水中加熱一定的時間，再次用細繩和蠟將瓶口徹底密封，既可長期保存食物風味不變，還便於運輸存儲。1810年，這種方法通過了法國政府的驗收，尼古拉．阿佩爾拿到了這筆相當於今天600萬元新台幣的賞金，同時也同意不在法國申請專利。不過，就在當年8月，英國商人彼得．杜蘭就以幾乎完全相同的技術在倫敦從英王喬治三世手中拿到了專利許可，1812年又以1000英鎊的價格將這項專利賣給了布萊恩．唐金和約翰．霍爾。這兩人將這項技術進行了改良，用鍍錫鐵罐代替了玻璃罐，並在倫敦開辦了世界上第一家商業罐頭廠，1813年開始給英國海軍供應罐頭。

長期以來，人們都認為是杜蘭偷了尼古拉的技術，不過據後世研究，杜蘭應該是受尼古拉委託在英國申請專利再出售獲利。尼古拉曾在1814年借著拿破崙第一次被趕下臺的機會到倫敦去，大概就是去收取應得收益的，不過看起來他是被欺騙了，只好兩手空空回到了法國。

罐頭剛開始出現時，因為生產成本高被視為奢侈品，一般只供應精英部隊和探險隊。不過，此時的技術還不夠成熟，罐頭是用鉛錫合金焊接密封的，這就留下了兩種致命缺陷：一、焊接密封會留下不少縫隙，罐頭容易腐壞變質；二、用合金焊接會致人鉛中毒，這導致了後來的一次慘烈事故。

1845年5月，英國海軍部授命探險家約翰．富蘭克林率領133名官兵乘「幽冥號」及「驚恐號」開拓「西北航道」。此前，針對這條航道曾有57次失敗的探險，為了奪取這頂人類地理發現史上最後的皇冠，英國人的準備不可謂不充分。富蘭克林是參加過拿破崙戰爭的老兵，此前曾經到過北極地區探險，麾下都是經驗豐富的水兵，不少人還參加過不久前的鴉片戰爭。他的2艘船都裝備了當時最先進的蒸汽機，具備一定的破冰能力，還有前所未有的熱水管供暖系統。船上儲備了包括8000罐罐頭在內的各種食物，可供全體船員食用3年之久。除此之外，船上甚至還有一個藏書2400餘冊的圖書館。有了如此豪華的配置，在時人眼裡成功是必然的。

5月19日，船隊從倫敦出發。7月26日，士氣高昂的探險隊在加拿大巴芬灣遇到了2艘捕鯨船。在捕鯨船的幫助下，他們將航海日誌交給海軍部，之後就消失在世人的眼裡。

1848年至1859年，英國海軍部和富蘭克林的夫人先後派遣了40多個救援隊進入北極地區搜索，即便損失了遠超富蘭克林探險隊的人員和船隻數量，搜救隊也沒有救回一人。根據找到的遺體和包括手稿在內的遺物，以及後世的調查發掘，人們大致還原了探險隊全軍覆沒的經過。

一開始，探險隊的工作進行得很順利，他們成功挺進到北緯77度圈，並於1946年9月來到威廉王島外海。在這裡，船隻被牢牢凍住，從此再未脫困。原本船上的物質足夠他們支撐一段時間，然而攜帶的罐頭有一半已經壞掉，用於預防壞血病的果汁也變質了。1947年6月11日，剛過完62歲生日並仍堅信船隻很快會脫困然後繼續西行的富蘭克林去世了，剩下的人處境更加艱難。不久，2艘船被浮冰擠破。第二年春天，剩餘的105人決定棄船逃亡。然而，長期缺乏新鮮食物讓大部分船員得了敗血症，食用含鉛的罐頭又讓他們鉛中毒，上岸後的船員在饑餓、寒冷和鉛中毒導致的瘋狂中自相殘殺，甚至出現了同類相食的慘劇。所有人陸續死亡，手稿上記錄的時間最終停留1848年4月25日。

1846年製罐機的發明和1858年開罐器的發明，讓人們不用再擔心鉛中毒的問題，也能便捷地食用罐頭，罐頭的生產成本也大幅降低，從奢侈品成為平民食品。

隨著時間的推移，軍隊和戰爭的規模越來越大，軍隊的作戰半徑也越來越大，強國的軍隊能夠在全世界範圍內全天候作戰。這一切，都得益於因科技的進步得到大幅改善的軍隊食物供給：罐頭的出現解決了食物生產和存儲的問題，火車和汽車的出現則解決了食物長途運輸和終端輸送的問題。從此，有完整食物供應體系的軍隊中的士兵，基本不用太過擔憂要餓著肚子在前線作戰了。

不能遠征，文藝復興時代的後勤能力在倒退嗎？

古羅馬人動不動就兵臨波斯都城之下，大漢軍隊北逐匈奴直殺到狼居胥，古典時期的軍隊經常能超遠距離作戰。可到了文藝復興時代，為什麼遠征或者說洲際作戰反而成了天方夜譚？是基礎設施和國力在退步嗎？

必須要承認，羅馬帝國崩潰後，歐洲軍事後勤能力的退步確實是存在的。文藝復興時期出現的所謂半近代軍隊，其後勤系統雖然比起中世紀有所進步，但仍然落後得令人髮指，哪怕是到三十年戰爭時代也未必恢復到羅馬帝國時代的水準。

至於東亞的中國，明清時代的後勤能力比起漢朝卻絕不存在倒退，這個時期沒有出現超遠距離的戰爭，無非是統治者並不像漢武帝一樣，有以在冊戶口減半為代價去打一場戰爭的決心罷了。明朝初期的討伐北元、五征漠北自不必說，哪怕是到了萬曆時代，在明緬戰爭中，明軍仍然能跨越整個雲貴高原和緬北群山，深入榛莽當中，攻克緬甸東吁王朝的北都阿瓦城（後成為貢榜王朝的國都）。到了清朝，清軍憑著強大的後勤能力發動了清緬戰爭，但因為遭到裝備了1．2萬條燧發槍的緬甸軍阻擋，他們未能攻入阿瓦城，反而損失慘重。

由於引入高產作物等因素，清朝時期人口暴漲，其能夠調動的國家資源其實要多於明朝。雖然因為防漢政策等原因軍隊的規模常常受到限制，但乾隆時期福康安登上青藏高原之後翻越喜馬拉雅山攻打廓爾喀

（今尼泊爾）的行動，無疑是國力雄厚、後勤能力強大的最佳體現。不過，清朝也只能維持不到萬人規模的軍隊翻越喜馬拉雅山。

文藝復興時代的鄂圖曼帝國，在與馬木路克王朝與薩法維波斯等勢力的作戰過程中也體現出強悍的後勤補給能力。在滅亡馬木路克王朝的終戰中，鄂圖曼大軍直取馬木路克王朝的大後方埃及。雖然受到馬木路克王朝蘇丹圖曼貝伊的煽動，附近的阿拉伯部落又一再騷擾，但鄂圖曼軍隊還是只用5天時間就把所有的輜重和火炮運過了西奈半島，速度之快令人瞠目。

而在對薩法維波斯伊斯邁爾一世的作戰中，面對伊斯邁爾一世的堅壁清野策略，塞利姆依然憑著鄂圖曼帝國強大的後勤補給能力在一片荒蕪之中長驅直入，經過數月追殺獲得查爾迪蘭大捷，攻克了伊朗高原西北部的薩法維首都大不里士。這一戰，後勤供給的難度還要高於羅馬帝國攻克帕提亞王朝和薩珊波斯的帝都泰西封。

隨後，在穆拉德三世時代，鄂圖曼軍隊又一次長途行軍攻克了大不里士，並占領此地長達20年之久。出身突厥遊牧部落的鄂圖曼人從拜占庭帝國那裡繼承了羅馬強大的後勤系統，並將之發揚光大，其後勤能力很長一段時間冠絕歐洲。

鄂圖曼帝國的軍隊規模往往極為龐大，因為他們有遠超作戰人員數目的後勤人員。每次帝國的軍隊出征前，都會有大量民兵進入軍營，負責為前線部隊運輸糧草和修築工事，為了提高運輸效率，他們常常用駱駝馱運糧草。在這支後勤補給隊中，更存在各種職業的人員，包括鞋匠、鐵匠、皮匠、成衣匠、軍醫，甚至還有各色娛樂業從業者。

蘇丹親兵們對食物的熱愛是出了名的，他們在行軍打仗時會攜帶大大小小的銅鍋用來烹飪食物，他們的軍旗上的標誌也是「卡贊銅鍋」，甚至當他們造反的時候也會「掀鍋為號」，即以掀翻銅鍋的行為表示自己不再對蘇丹效忠。當時，歐洲的騎士們在吃乾硬的麵包，而鄂圖曼帝國的蘇丹親兵每天都能享受到烤肉、抓飯和新鮮的麵包。即便是鄂圖曼帝國步入衰退期的1683年，在維也納之戰中，根據歐洲史書的記載，遠道而來的20萬鄂圖曼士兵甚至還每天都能吃到新鮮的麵包，而城內在波蘭援軍趕到之前已經開始殺馬、捉貓狗，甚至以老鼠為食了。

鄂圖曼帝國的後勤系統經過了「羅馬式」官僚的精密計算，當然，「羅馬式」這個詞語未必恰當。在與羅馬帝國相近的時間內，東方的波斯帝國與東周諸雄也發展出了強大的動員組織和後勤體系，其代表就是開闊的道路與綿延的長城（戰國時代，中國北方的長城已經有大規模修築；波斯帝國也有長城形式的軍事設施）。當波斯式的官僚系統與文化風格經希臘人之手傳入羅馬時，羅馬歷史學家塔西佗嗤之以鼻，但到三十年戰爭之後再過百十年，中西歐的日耳曼後裔們終究要接受這些來自亞洲的龐大而精細的官僚系統和後勤管理體系。

中世紀歐洲的後勤系統之所以出現能力斷崖式下滑的情況，是因為原本的地主封建制已經轉變為了領主封建制。領主封建制雖然可以遏制因為腐敗和機構臃腫導致的軍隊戰鬥力崩潰，但從體制上說終究是低效的，且與之相對應的是中央財政掌控能力衰退。官僚系統的極端簡化只適合中小體量的國家，難以適應大帝國，也難以適應遠征的需求。

這種情況不僅出現在文藝復興時代的歐洲，即便到了三十年戰爭時期，備受讚譽的古斯塔夫二世的軍隊在補給上的表現仍然非常不如人意。1632年，紐倫堡戰役爆發，華倫斯坦將古斯塔夫二世引誘到人口稠密的紐倫堡，然後劫取古斯塔夫二世的糧草補給隊，結果饑餓和瘟疫使古斯塔夫二世的軍隊中有2萬餘人死亡，古斯塔夫二世不得不狼狽撤出紐倫堡。

顯然，三十年戰爭時的西歐雖然在戰術體系上已經超越鄂圖曼帝國，其後勤補給系統卻仍差之甚遠。直到拿破崙時代帶來之前，歐洲各國都是以在人口稠密的地區打短平快戰爭見長的，並嗜好用搶掠來補充軍需。

拿破崙並非百戰百勝，他的戰略戰術也有許多缺陷，但他開啟了一個大戰爭時代，從此，歐洲的後勤系統徹底地超越了東方（包括鄂圖曼帝國和大清），也超越了他們自己崇拜的古羅馬時代。

同樣農耕，為何中國一直缺馬，歐洲卻以騎士聞名？

騎兵是古代軍隊不可或缺的兵種，具裝騎兵更是能夠摧鋒折銳、所向無敵。然而，要想訓練出大量的騎兵部隊，就必須要有能夠良好運轉的馬政支持，而自古以來，無論在東方還是西方，農耕帝國都會被馬政運轉所困擾。

為什麼農耕民族養馬不易？為什麼被稱為「馬背上的民族」的遊牧人卻很少培育出優良馬種？

馬喜高寒、乾燥、陰涼，而多數地區都是溫帶、亞熱帶季風氣候的東亞雨熱同期，夏季格外炎熱潮濕，這種氣候適宜農耕，可極易導致馬匹疾病。可以說，東亞地區天然地不適合養馬。但由於在生產力上獨步全世界，處於這裡的古代中國仍然憑藉國力優勢維持著極高的馬匹蓄藏量，只是疾病導致的馬匹損耗可是個驚人的數字。

需要維持龐大的馬匹蓄藏量，是古代中國的歷朝歷代培養具裝騎兵的需要。當時中國使用的主要是蒙古馬，肩高遠不如中西亞的優質馬種，因此必須擁有龐大的基數才能篩選出能夠作為戰馬的馬匹。如果要承擔具裝騎士和馬鎧的重量並能發起衝鋒，那就需要更加健壯的體格，能夠合格的馬匹數量就更少了。

相較而言，地理位置相對靠西、靠北的蒙古高原、河套平原等地更適合馬匹的生存。那裡是溫帶大陸性氣候，夏季乾燥少雨，年均氣溫較低，而且這些地區人口密度小，草場又廣闊，一方面能夠散養馬匹，減少投餵的人力投入，另一方面也能減小馬匹密度，在疫病暴發時極大地減小傷亡。這無疑是生活在東亞地區西、北部遊牧民族得天獨厚的優勢。

然而，馬種的局限仍使得這些遊牧民族擁有的能夠勝任具裝騎兵的高頭大馬也不多，散養的牧馬方式更意味著他們不能像農耕民族一樣使用大量糧食馬，戰馬的體格也就不會長得太大。加上冶鐵技術和鐵礦來源的限制，東亞遊牧民族的具裝鐵騎數量向來比較少，往往作為可汗控禦部族的底牌使用，不會輕易投入作戰。

古代日本的馬種也是蒙古馬，那裡的騎兵戰馬之所以普遍矮小，是因為日本的馬匹蓄藏量有限，能夠用於篩選的種群數量不足。

除了在自身擁有的馬群中進行篩選，解決馬種問題的另一個思路則是引種。然而，儘管西漢王朝從中亞引入了為數不少的大宛馬、烏孫馬等優質馬種，有效改善了涼州地區的馬匹品質，威名赫赫的涼州大馬因此產生，但涼州馬不耐潮濕，只能生存在乾旱的西涼，很難在廣袤的關東地區長期繁衍，並不適合在全國推廣。

農耕社會養馬的另一個問題，是農業發達帶來的人地矛盾，這也是馬政逐漸敗壞的重要原因。

在蒙古草原上，馬匹可以放養，能夠活動的空間是巨大的，因而也相當健壯；而在農業發達的地區，馬匹只能圈養在馬場中，由於密度上升、糞便大量堆積等原因，牠們非常容易患病。可以說，馬匹密度越小，對養馬越是有利。因此，蒙古人建立的元王朝為了養馬乾脆大量毀壞耕地，以此製造出龐大的人為草場。

在巔峰時代，東亞帝國養馬數量是很驚人的。唐朝在開元年間豢養軍馬110萬匹，民間養馬多達數百萬，全國的具裝鐵騎也達數萬。但是，龐大的養馬量必然會不利於農業規模的擴張，因此後來保守的宋人對養馬便不再熱衷。

古代歐洲又是什麼情況呢？歐洲人運用馬耕，但這些「祇辱於奴隸人之手，駢死於槽櫪之間」的農業用馬一般只能作為馱獸或者給騎馬步兵使用，說起戰馬，歐洲還是缺的。

西歐基本上是溫帶海洋性氣候，其特點是冬無嚴寒、夏無酷暑，一年四季降水比較均勻。由於夏季不像東亞那樣炎熱，因此到夏天，這裡的馬匹也不容易因為大規模的疫病而死亡——這裡適於馬匹生存。

生存條件沒有問題，下一個要關注的就是馬種了。

與古代東亞相比，中世紀歐洲其實並不像人們想像的那樣有多少優勢，甚至在古羅馬時代，歐洲的馬種比起東亞的毫無優勢。中世紀中期開始，歐洲人引進中東、北非的良種馬改良馬種，培養出了佩爾什馬等一些名種，但由於生產力的局限，品種改良的規模都不大，良種馬的數量是有限的。

不過，古代歐洲以采邑制為基礎發展出了騎士文化，用強化騎士個人戰技的方式來彌補騎兵尤其是具裝騎兵數量的不足。冒著生命危險進行騎士比武可以獲得驚人的財富，還能得到許多美麗貴族小姐和貴婦人的青睞，所以騎士們熱衷於這項運動，這就使得騎士比武本身就起到高強度軍事訓練的作用，而夾槍衝鋒的作戰方式也正需要決鬥一樣一往無前蹈死不顧的決心。也是因此，歐洲騎士面對中東騎兵時往往能以寡擊眾、所向披靡，騎士之名大盛也就不是奇怪的事了。

相比而言，中、西亞地區在養馬上可謂最有優勢。古代歐亞大陸的良馬多半都出於中亞和西亞，這些馬種不但體格天然高大健壯，許多熱血馬還耐熱耐饑渴（馬喜高寒這一定律對於熱血馬並不適用），阿拉伯馬甚至能夠在沙漠中生存。不過，中東和中亞地區的馬匹更加畏懼潮濕，這就給古代歐洲和東亞引種馬匹帶來了困難。

由於馬種的優勢，中、西亞地區的國家只需要豢養遠少於東亞帝國數量的馬匹，就能獲得足量的能夠充任具裝騎兵坐騎的高頭大馬。另外，這裡豐富的淺層鐵礦、充足的糧食來源也十分適合打造具裝騎兵部隊。

當然，養馬最有利的時代還是近現代。近代以來，防治動物病害的醫療技術的發展使得豢養馬匹所需的土地面積急劇縮小，豢養成本也快速降低。1939年，美國擁有軍馬1063萬匹，蘇聯則擁有軍馬1720萬匹，這是古代帝國無法想像的數字。只是到了這個時代，騎兵已經不再是戰場上的決定性力量了。

明清水師對陣西方風帆戰艦，能透過計謀獲勝嗎？

從歷史上看，以弱勝強的例子無論中外比比皆是。我們最熟悉的赤壁之戰、淝水之戰以及紅軍前四次反圍剿都是典型案例，至於三國時期的合肥會戰，張遼800精騎大破孫權10萬人馬的故事更是經典。可以說，只要合理運用軍事手段，以弱勝強並非不能實現。

17－19世紀中國水師的裝備情況不那麼樂觀，現在的問題是，如果不考慮國家政治腐敗等因素，單純考慮軍事層面，這一時期的中國水師對陣西方海軍，能透過計謀實現以弱勝強嗎？

要回答這個問題，先要了解當時的海戰戰術。

與陸戰戰術相比，海戰戰術更加強調對技術裝備的運用，因此，裝備的發展對於海戰戰術的影響極為深刻。17－19世紀，海軍中的主要艦船都使用風帆動力，少部分帆槳並用，總體來說航速不高，槳帆船航速雖然快一些，但是持續時間並不長。一般情況下，西方戰艦正常航速在6～10節，而中國戰船在4～7節，接戰時甚至只有1．5～3節，如此緩慢的航速，當然也不能指望舵效有多高。一旦進入接敵狀態，軍艦的戰略和戰術機動能力都不足，基本上就是固定的模式。但是總體上說，如果風力夠大，西方戰船的機動性還是要更好一些。

西方在風帆時期的海戰模式是什麼？一般情況下，距離遠則使用重型火炮轟擊，距離近則使用槍械或者迴旋炮等輕型火器轟擊，再近就是接舷近戰。為了能夠最大化發揮火力，後來又出現了線型戰術，這也促成了西方最重要的艦種——戰列艦的誕生。戰列艦誕生後，由於指揮系統的完善，混戰戰術又流行起來，英國海軍中將霍雷肖．納爾遜就特別善於此道。此外，火攻船也是西方海軍中的常見裝備。

那麼，這一時期的中國水師又是如何作戰的呢？明代名將戚繼光和俞大猷分別在《紀效新書》和《洗海近事》中有詳細紀錄。戚繼光在書中明確表示，２００步以內使用佛朗機（子母炮）和鳥銃，30步以內是噴筒、弓箭、標槍，再近就是火箭、火磚等。俞大猷對於火器的使用卻有獨到的看法，他要求士兵要做到百發百中，因此特別強調開火距離必須盡可能地縮短：「大小火筒須兵船犁及賊船乃放，不待言也……下恕火箭、佛朗機及哨船發熕，亦須近及乃放。」

到了明末以及清代，艦載紅夷炮大量裝備，取代了佛朗機成為水師進行轟擊的主要力量，但是根據史料記載，中國水師的戰術並沒有發生很大變化。提督李長庚的兩個侄子李廷鈺和李增階都曾跟隨李長庚參與到剿捕蔡牽的軍事行動中，他們對清軍海戰戰術運用的記載反映了當時的情況。李廷鈺在《靖海論》中說：「遠則施威遠、劈山（均為火炮名）以擊其船，近則用噴筒、火箭以燒其篷，又進則擲火斗、火罐以燃其賊，蓋船無蓬則伎盡，人觸火則心慌，水師之備無以過此。」李增階在《外海紀要》中說：「敵遠者，用大炮；略近者，用鳥槍、火器、噴筒、鑽箭；再近者，用火磚、火斗、石塊；最近者，火具一齊開發……敵船被燒，敵人比逃避，我弁兵便乘其煙焰，持擋叉、鉤鐮、挑刀，用藤牌蓋遮過船。」總體來看，這一時期的中國水師戰術依舊是以前那樣：在遠距離用火炮等大型管型火器轟擊，在近距離使用鳥槍、弓箭以及噴筒、火箭等具有一定遠射程的火器接敵，待到距敵很近則使用火磚、火斗等拋擲型的燃燒性火器攻擊，靠幫之後則執冷兵器登船格鬥。

當然了，中國也有火攻船，鄭成功用過，李長庚也用過。李增階就記錄了火攻船的結構和用法：採用米艇，船頭安裝帶尖鐵杆，船後把舵之處用篷弓、網紗厚厚遮蓋，以保護舵工和士兵。火攻船有舵工和士兵20～30名，都是水性好有膽量的死士，執有藤牌、擋叉、鉤鐮、挑刀等武器。出擊前，他們會提前將松香、火藥一桶一桶照排散開，放置於船艙內及甲板上，另外用長竹一條打空心，內裝火藥，由船內通至舵尾後伸出，以為引信。戰鬥時，火船要撞進敵船，或前撞，或橫撞，保證2支鐵杆插入敵船的木板內，待時機已到，就在舵門後下落舢舨船，點燃引信，使火攻船與敵船共焚。

在反映這一時代水戰、海戰的作品中，「上風」、「下風」都是比較常見的術語。這很符合實際，海上作戰時常使用的就是上風位置或者下風位置，前者指的是兩艦相遇時處於風吹來的方向，後者指的是處於風吹去的方向，由於帆船只能依靠風來推動船隻，掌握合適的風向就意味著戰鬥中船隻有了機動性。

其實這也是軍事原則的要求。由於接敵之後採用何種戰法相對固定，那麼如何在接敵之前營造出利於己方的態勢就成了關鍵之所在，在戰鬥時使用上風還是下風戰術，如何利用氣象和水文條件等都應提前考慮。

通常來說，處在上風位置就搶占了先機，能夠快速逼近敵人，方便發起攻擊，不過一旦攻擊失敗可就難以撤退了。另外，上風位置迎敵一側的船體背風，船體會向迎敵一側傾斜，導致火炮仰角減少，火炮的射程也會受到影響。還是由於船體傾斜的問題，在採用多層火炮甲板的船隻上，底層炮甲板的使用會受到很大限制，不利於發揮重炮火力，但是由於順風開炮，在滑膛炮時代炮彈飛行速度卻可以得到有效提高，並且火藥煙塵也會更快被吹散。下風位置則相反。

這裡需要說明的是，上下風位置都是相對的，如果不能搶占上風位，那麼要嘛在下風位迎戰，要嘛撤退。由於上下風戰術各有利弊，因此如何做就看將領的選擇了。18—19世紀，英法海戰中的英國人喜歡上風戰術，法國人卻正好喜歡下風戰術，雙方正好鬥得你來我往。不過，中國水師一般就沒有這麼複雜的考慮了，會直接搶占上風向。原因很簡單，從史籍記載的攻擊手段看，明清時代中國水師使用燃燒性火器的比例還是很大的，要使用這類火器肯定要在上風向位置，否則就是引火焚身。

利用氣象、水文條件取得勝利的例子更是數不勝數。在中國亦是如此。1661年3月，鄭成功率船隊憑藉大潮一舉駛過被荷蘭人視為天塹的鹿耳門，奠定成功收復臺灣的基石。西方戰例中比較有名的是1798年的尼羅河河口海戰（阿布基爾海戰），霍雷肖．納爾遜大膽地在夜間發動攻擊，一舉摧毀了法國艦隊。

那麼，如果明清水師與西方海軍交戰，會出現什麼情況呢？

如果戰鬥發生在外海，並且是傳統戰術，那麼明清水師基本上沒有取勝可能，這是因為雙方在船隻和火器的製造技術上差距過大：西方戰船體積更大，船殼更厚，抵抗火炮轟擊的能力更強，明清水師的火炮、火槍很難傷及它們；西方戰船裝備的火炮數量更多，且性能比更好，在火炮對轟中更具火力優勢；西方船隻高大，明清水師慣用的燃燒性火器也難以操作，接舷登船更是不可能。無論從哪個角度來看，結果都是明清水師會毀於西方船艦的炮火轟擊。

明清水師是否有取勝的可能呢？有，鄭成功就製造過成功案例，不過條件過於苛刻。

首先，交戰海域必須相對封閉，水深相對較淺，這就限制了西方戰艦發揮其航速優勢的機會；其次，明清水師要有足夠多的船隻，包括能夠和敵方進行一段時間炮擊戰的大戰船和數倍於交戰船隻數目的火攻船。在滿足這些條件的基礎上，以炮戰牽制敵方火力，用火攻船發動攻擊，明清水師是可以取勝的，只是代價會比較大。鄭成功的成功案例，是在40：3的戰船數量對比，並且荷蘭艦隊都是武裝商船，火炮數目不超過30台的條件下獲得的。

總而言之，由於雙方的技術差距過大，這一時期的明清水師即使合理利用軍事手段，取得勝利的條件也很苛刻，以至於很難創造機會加以實施。而且即便是取勝，也只能是殺敵一千自損八百的慘勝，甚至只是贏了個面子而已。

如果亞述帝國對戰西周（二）：弓手部隊與甲士

在大秦對抗馬其頓、漢朝對抗羅馬之類的網路熱門話題後，西周跟同期的亞述帝國在戰場上孰強孰弱又成了一個新的爭論熱點。按照一些人的說法，在秦朝以前，中東地區在軍事體系上一直強於東亞地區，華夏是到了秦漢之際才慢慢追趕上來的。事實真是如此嗎？

由於亞述人喜歡用各種碑刻吹噓自己的武功，透過考古很容易就能得知他們的軍事體系。從考古研究的成果上看，亞述人有著很明確的兵種分工，比東方更早地建立了成體系的騎兵部隊，經過提格拉沙爾三世的改革，他們還建立了工兵和輜重兵隊伍。而且，他們也比西周人更早開始使用鐵器。

如果仔細探究，我們會發現另一個問題：比起商朝、周朝的軍隊，在亞述帝國的軍隊中，步兵的主體竟然是弓箭手而非近戰步兵，身著亞麻甲的重裝弓箭手才是亞述軍隊的精華。號稱善戰嗜血的亞述人為何如此不重視近戰呢？

由於中東各邦的貴族、祭祀、大地主階層在當地綿延數千年，勢力盤根錯節，亞述人在進行征服的時候雖然也曾有殘酷的殺戮，但更多是採取安撫的手段，尊重當地既得利益者的特權。這樣一來，由來已久的土地兼併問題就延續下來了，帝國因此無法獲得充足的自耕農兵源，而貴族們只願意充當地位高的戰車兵或騎兵，不願意充當步兵。

因為缺乏能夠在戰場上捨生忘死的近戰步兵兵源，亞述人才更加重視遠攻武器，他們在進攻要塞時經常讓弓手站在攻城車上與敵人城頭的弓箭手對射。然而，奢靡享樂的貴族們占用了帝國大部分的資源，限制了帝國冶鐵和青銅產業的規模，因此即便弓兵是亞述帝國步兵的主體，他們仍大量使用石質、骨質的箭頭，只有地位高的重裝弓箭手能用上銅鐵製成的箭頭，殺傷力十分有限。

相比之下，西周軍隊又是怎麼樣的呢？其他方面且不論，我們來說說作為國之柱石的重裝步兵。

在西周時期的車戰中，步兵和戰車是分別配置的。《孟子・盡心》中說：「武王之伐殷也，革車三百乘，虎賁三千人。」《呂氏春秋・簡選》亦說：「武王虎賁三千人，簡車三百乘，以要甲子之事於牧野。」從這些記載中可以知道每乘戰車的甲士數：每乘10名甲士，故300乘便有甲士3000人，戰車5乘組成1隊，25乘為正偏，100乘為1師。另外，有2倍於車兵的徒卒獨立編組，一般在車戰中協同戰車作戰。

顯然，西周是有充足的甲士來輔助戰車部隊的，他們來源於西周的國人階層。西周的國人類似古希臘城邦的公民，地位比野人高，屬於特權階層，但不能完全脫離農業生產，一般處於富農階層。透過戰爭，他們能夠獲得包括奴隸在內的各種戰利品，因此對自己的國家有很強的認同感。

周厲王專斷獨裁，引發國人暴動，隨後周公、召公、共伯和在國人的擁戴下一同建立了共和政治，這種與西方古典時代的民主政治非常相似的共治持續了一段時間，共伯和的地位就如同古希臘、古羅馬的執政官。可以看出，西周時期君主的權力實際上還較為有限，需要與國人聯合治政。

西周王朝僅僅在王畿就擁有宗周6師、成周8師，每師3000人，合計4・2萬人，其中戰車1400乘，甲士1・4萬人，這還不算各諸侯國的力量。諸侯國也都採用與周王室類似的制度，包括國人制度。眾所周知，在西周時期，齊、楚、晉等都是千乘之國，即國內擁有戰車千乘之多，實力強勝。到了牧野之戰及周公東征之後，周王朝的武德便主要透過各諸侯國體現了。

從另一個角度說，西周時期周王室的分封其實是武裝殖民。在西周時期，周王室透過分封逐步地把中原腹地的夷狄部落消化；到了春秋時代中後期，楚國向南，晉國向北，秦國向西，齊國向東，華夏族的基本生活空間得以奠定。由此可見，以大量甲士為基礎又敢於肉搏死鬥的國人軍隊擁有多麼可怕的擴張能力。

反觀亞述帝國，即便是在巔峰時期，舉國之兵也很難達到10萬人。而且，亞述雖然在新亞述時代組織體系有所進步，不再是城邦聯盟的性質，但境內民族眾多，管理體系依舊跟不上，對很多邊區的控制力還是比不上周王室對諸侯國。即便不討論動員能力的差距，以軍隊的組織而言，也很難想像亞述的弓手部隊能夠擋住西周的甲士衝鋒。至於亞述人聊勝於無的騎兵優勢，我們只能說，到了騎兵在戰爭史上獲得了決定性地位的時候，亞述已經湮沒在歷史的長河中了。

如果亞述帝國對戰西周（二）：鐵器與青銅器

亞述人很早便開始使用鐵質武器，而西周則一直在使用青銅武器。鐵器對於青銅器是降維打擊，由此有人認為，如果兩者相遇，西周哪怕有組織體系的優勢，也將因為武器的代差而變得不堪一擊。是這樣嗎？

在原屬亞述帝國大王薩爾貢二世（前722—前705在位）修的都城杜爾舍魯金的地方，人們發現了一處遺址，這就是豪爾薩巴德遺址。在遺址中出土了160噸鐵器和鐵錠，也就是說有整整160噸冶好的鐵。這些鐵器主要是實用工具。

發掘出的大量鐵製品常常被認為是亞述治鐵業發展遠超東亞的證據，但必須指出的是，在亞述的核心地區上美索不達米亞（兩河流域上游，今伊拉克北部），並沒有發達的冶鐵業。亞述對於鐵資源的獲取非常不穩定，其來源主要有二，一是對敘利亞地區城邦的武力索貢，二是從西臺帝國崩潰後形成的小亞細亞各邦掠奪。亞述國王阿淑爾納西爾帕二世（前883—前859）攻占敘利亞地區的卡爾凱美什城時，其國王桑卡拉繳納了大量貢賦，其中包括250塔蘭同[19]的鐵。後來沙爾馬那塞爾三世（前858—前824）又從大馬士

[19] 1塔蘭特約合26公斤。

革掠奪了大量的鐵，多達5000塔蘭同。可見，無論是敘利亞還是小亞細亞，冶鐵業都比亞述帝國的核心區發達得多。薩爾貢二世宮殿中的160噸鐵並不能代表亞述的實際產能，而是他一生東征西討到處搶劫索貢的戰利品。

只是，早期的鐵器對於青銅兵器來講真的存在優勢嗎？

第一個鐵器帝國是西臺帝國。西臺帝國的體量與古埃及的新王朝基本相當，然而，即便西臺軍隊使用的是更先進的鐵器，也沒能在古埃及軍隊面前占到多大優勢。

這裡需要再次強調一個化學知識：鐵單質是柔軟的，而一旦含碳量過高，鐵又會變得很脆。早期冶鐵業因為技術的限制，不能很好地去除鐵礦石中的雜質，所以當時生產的鐵器大多過脆，性能都遠不如冶煉技術已經成熟的青銅器，只能充作農具等實用工具，比起青銅工具也未必有什麼決定性優勢。

日後的東亞，冶煉技術水準和冶鐵業規模都在強盛的大漢帝國得到了突飛猛進的發展。漢朝士兵之所以能「一漢當五胡」，憑藉的是以炒鋼法、百煉鋼技術等製造出的精製鐵器。要說明的是，除了技術的限制，鐵礦石的品質也是限制之一，不是隨便什麼鐵料都適合做優質兵器，絕大部分品質不夠的鐵料依然被拿去做了農具。

18世紀中葉，英國才開始使用炒鋼法，這種冶鐵技術在工業革命中起了很大的作用。馬克思懷著極大的熱情給予了它很高的評價，說不管怎樣讚許也不會誇大這一革新的重要意義。由此可見，冶鐵技術的發展是個長期的過程，認為早期簡陋的冶鐵技術就能煉製出對青銅武器形成降維打擊的優質鐵器，無疑是想法簡單了。

何況，從考古成果上看，亞述人的箭支箭桿既細且直，大概是用蘆葦或某種輕而堅韌的木料製成，雖然有一些用青銅、鎳、鐵等金屬製成的箭頭，但在亞述的廢墟中發現更多的還是石質箭頭乃至骨質箭頭。這足以證明，亞述軍隊的品質參差不齊，石質箭頭依然在亞述軍隊中廣泛使用，而它們的殺傷力比起青銅兵器，就更不具備優勢了。

國家圖書館出版品預行編目（CIP）資料

戰爭裡的世界史：有人之地必有紛爭，戰事不休3000年／冷兵器研究所著. -- 初版. -- 臺北市：臺灣東販股份有限公司, 2023.09
332面；14.7×21公分
ISBN 978-626-329-986-3（平裝）

1.CST：戰史 2.CST：軍事史 3.CST：世界史

592.91 112012225

戰爭裡的世界史
有人之地必有紛爭，戰事不休3000年

2023年9月1日初版第一刷發行

著　　者　冷兵器研究所
主　　編　陳其衍
封面設計　水青子
發 行 人　若森稔雄
發 行 所　台灣東販股份有限公司
＜地址＞台北市南京東路4段130號2F-1
＜電話＞(02)2577-8878
＜傳真＞(02)2577-8896
＜網址＞http://www.tohan.com.tw
郵撥帳號　1405049-4
法律顧問　蕭雄淋律師
總 經 銷　聯合發行股份有限公司
＜電話＞(02)2917-8022